Die Förderung von Forschungs-
und Entwicklungskooperationen

Europäische Hochschulschriften

Publications Universitaires Européennes
European University Studies

Reihe V
Volks- und Betriebswirtschaft

Série V Series V
Sciences économiques, gestion d'entreprise
Economics and Management

Bd./Vol. 2407

PETER LANG
Frankfurt am Main · Berlin · Bern · New York · Paris · Wien

Stephan Wimmers

Die Förderung von Forschungs- und Entwicklungskooperationen

Eine Untersuchung der Förderung von grenzüberschreitenden Forschungs- und Entwicklungskooperationen als Bestandteil der Forschungs- und Technologiepolitik der Europäischen Union

PETER LANG
Europäischer Verlag der Wissenschaften

Die Deutsche Bibliothek - CIP-Einheitsaufnahme

Wimmers, Stephan:

Die Förderung von Forschungs- und Entwicklungskooperationen : eine Untersuchung der Förderung von grenzüberschreitenden Forschungs- und Entwicklungskooperationen als Bestandteil der Forschungs- und Technologiepolitik der Europäischen Union / Stephan Wimmers. - Frankfurt am Main ; Berlin ; Bern ; New York ; Paris ; Wien : Lang, 1999
(Europäische Hochschulschriften : Reihe 5, Volks- und Betriebswirtschaft ; Bd. 2407)
Zugl.: Köln, Univ., Diss., 1998
ISBN 3-631-34390-6

D 38
ISSN 0531-7339
ISBN 3-631-34390-6

Ich widme dieses Buch meinen Eltern
zum Dank für die Ausbildung, die sie
mir ermöglicht haben.

Vorwort

Die vorliegende Untersuchung ist das Ergebnis eines langjährigen Lernprozesses. Am Beginn des Vorhabens existierte lediglich eine vage Vorstellung darüber, welche Erkenntnis gewonnen werden soll und vor allem darüber, welche Methoden schließlich zum Ziel führen werden. Die Anwendung verschiedener ökonomischer Ansätze zeigte dann, welche Fragen beantwortet werden können und welche nicht. Ich betrachte es deshalb als einen großen Erfolg, einen Einblick in die Funktionsweise und Anwendungsmöglichkeiten ökonomischer Modelle und einen Eindruck von ihrer Aussagekraft gewonnen zu haben.

Dies verdanke ich in erster Linie meinem Doktorvater, Herrn Prof. Dr. Dr. h.c. Herbert Hax, der mich einerseits auf Irrwege aufmerksam machte und mich andererseits ermutigte, wenn ich mich auf dem richtigen Weg befand. Dies tat er in einer aus meiner Sicht unvergleichlich sachlichen und zugleich menschlich fairen Art und Weise. Dafür möchte ich ihm herzlich danken.

Mein Dank gilt weiter Frau Prof. Dr. Uschi Backes-Gellner für die Erstellung des Zweitgutachtens. Erwähnen möchte ich auch Herrn Dr. Peter von Hinten, dem ich einige wertvolle Anregungen verdanke. Auch ihm sei für seine Hilfsbereitschaft herzlich gedankt.

Während der Bearbeitungszeit war es mir immer sehr wichtig, meine Gedanken anderen Menschen mitzuteilen, sie zu diskutieren und manchmal auch Verständnis zu finden. Die Bereitschaft dazu habe ich bei meinen Freunden und Kollegen Wolf Richter, Friedrich Kaufmann, Hans-Jürgen Wolter, Ralf Schikora und Maja Becker gefunden. Ihnen allen möchte ich danken.

Die Veröffentlichung einer Untersuchung wie der vorliegenden ist nicht möglich, wenn sie nicht in eine ansprechende Form gebracht wird. Dies hat Petra Schön übernommen, der ich dafür großen Dank schulde.

Besonders herzlich möchte ich mich schließlich bei meiner Lebensgefährtin Margit Becker bedanken, die mich über eine lange Zeit hinweg durch die Übernahme vieler Aufgaben entlastet und auf ein Stück Gemeinsamkeit verzichtet hat.

Bonn, im Oktober 1998 Stephan Wimmers

Inhaltsverzeichnis

VERZEICHNIS DER ABBILDUNGEN

VERZEICHNIS DER TABELLEN

VERZEICHNIS DER ÜBERSICHTEN

Abkürzungsverzeichnis

Bd.	Band
BIP	Bruttoinlandsprodukt
BRITE/EURAM	Basic Research Programme in Industrial Technologies for Europe/European Research for Advanced Materials
ca.	circa
CIM	Computer Integrated Manufacturing
DM	Deutsche Mark
ECU	European Currency Unit
EEC	European Economic Community
EFTA	European Free Trade Association
EG	Europäische Gemeinschaften
ESPRIT	European Strategic Programme for Research and Development in Information Technology
EWG	Europäische Wirtschaftsgemeinschaft
EU	Europäische Union
EUREKA	European Research Coordination Agency
f.	folgende [Seite]
FAZ	Frankfurter Allgemeine Zeitung
ff.	folgende [Seiten]
FuE	Forschung und Entwicklung
FuT	Forschung und Technologie
H.	Heft
Hrsg.	Herausgeber
IuK	Information und Kommunikation
Jg.	Jahrgang
Mass.	Massachusetts
MITI	Ministerium für internationalen Handel und Industrie, Japan
Mrd.	Milliarden
No.	Number
Nr.	Nummer
OECD	Organisation for Economic Co-operation and Development
R&D	Research and Development
S.	Seite
s.	siehe
TZB	Technologische Zahlungsbilanz
US	United States
USA	United States of America
usw.	und so weiter
v.	von
vgl.	vergleiche

Vol.	Volume
z.B.	zum Beispiel
z.T.	zum Teil

Symbolverzeichnis

1. Modellparameter

$a =$	Prohibitivpreis
$b =$	Maß, das die Preiselastizität der Nachfrage bestimmt
$A =$	variable Stückkosten, wenn keine Forschung betrieben wird
$\beta =$	Maß, das den positiven externen Effekt bestimmt
$\gamma =$	Maß, das die Effektivität bestimmt, mit der die Forschungsabteilung produziert
$c =$	forschungsunabhängige Transaktionskosten
$k =$	Maß, das die forschungsabhängigen Transaktionskosten bestimmt
$v =$	Maß, das die Kooperationsvorteile bestimmt

2. Modellvariablen

$Q =$	Marktnachfrage
$p =$	Marktpreis
$q_1 =$	Angebotsmenge des Unternehmens 1
$q_2 =$	Angebotsmenge des Unternehmens 2
$q_3 =$	Angebotsmenge des Unternehmens 3
$x_1 =$	erstellte und eingesetzte Forschungseinheiten des Unternehmens 1
$x_2 =$	erstellte und eingesetzte Forschungseinheiten des Unternehmens 2
$x_3 =$	erstellte und eingesetzte Forschungseinheiten des Unternehmens 3

3. Bezeichnungen der Gleichgewichtsbedingungen[1]

$Q^{WP} =$	optimale Gesamtangebotsmenge im Wettbewerb bei parametrisch festgelegten Forschungseinheiten
$Q^{W} =$	optimale Gesamtangebotsmenge im Wettbewerb
$Q^{WS} =$	optimale Gesamtangebotsmenge im Wettbewerb unter Berücksichtigung einer Subvention

---

1 Wenn eine Gleichgewichtsbedingung für die Angebotsmengen das Symbol P im Index aufweist, bedeutet das, daß sie nicht unter der Voraussetzung ermittelt wurde, daß optimale Forschungseinheiten erstellt wurden, sondern daß diese parametrisch festgelegt wurden. Enthält eine Gleichgewichtsbedingung für die Angebotsmenge das Symbol P nicht, ist sie bei gegebenen optimalen Forschungseinheiten ermittelt worden.

Q^{WFB} = optimale Gesamtangebotsmenge im Wettbewerb nach Vergabe der first best-Subvention

Q^{WSB} = optimale Gesamtangebotsmenge im Wettbewerb nach Vergabe der second best-Subvention

Q^{K} = optimale Gesamtangebotsmenge in der FuE-Kooperation

Q^{KS} = optimale Gesamtangebotsmenge in der FuE-Kooperation unter Berücksichtigung einer Subvention

Q^{KFB} = optimale Gesamtangebotsmenge in der FuE-Kooperation nach Vergabe der first best-Subvention

Q^{KSB} = optimale Gesamtangebotsmenge in der FuE-Kooperation nach Vergabe der second best-Subvention

Q^{KTK} = optimale Gesamtangebotsmenge in der FuE-Kooperation unter Berücksichtigung von Transaktionskosten

Q^{KTKS} = optimale Gesamtangebotsmenge in der FuE-Kooperation unter Berücksichtigung von Transaktionskosten und einer Subvention

Q^{KVP} = optimale Gesamtangebotsmenge in der FuE-Kooperation unter Berücksichtigung von Kooperationsvorteilen bei parametrisch festgelegten Forschungseinheiten

Q^{KV} = optimale Gesamtangebotsmenge in der FuE-Kooperation unter Berücksichtigung von Kooperationsvorteilen

Q^{KVS} = optimale Gesamtangebotsmenge in der FuE-Kooperation unter Berücksichtigung von Kooperationsvorteilen und einer Subvention

Q^{MP} = optimale Gesamtangebotsmenge im Monopol bei parametrisch festgelegten Forschungseinheiten

Q^{M} = optimale Gesamtangebotsmenge im Monopol

Q^{G} = optimale Gesamtangebotsmenge im Gütermarktmonopol

Q^{OP} = first best-Gesamtangebotsmenge bei parametrisch festgelegten Forschungseinheiten

Q^{O} = first best-Gesamtangebotsmenge

Q^{OS} = second best-Gesamtangebotsmenge

Q^{OSTK} = second best-Gesamtangebotsmenge in der FuE-Kooperation unter Berücksichtigung von Transaktionskosten

Q^{OSKV} = second best-Gesamtangebotsmenge in der FuE-Kooperation unter Berücksichtigung von Kooperationsvorteilen

x^{W} = opimale Menge zu erstellender Forschungseinheiten im Wettbewerb

x^{WS} = optimale Menge zu erstellender Forschungseinheiten im Wettbewerb unter Berücksichtigung einer Subvention

x^K =	optimale Menge zu erstellender Forschungseinheiten in der FuE-Kooperation
x^{KS} =	optimale Menge zu erstellender Forschungseinheiten in der FuE-Kooperation unter Berücksichtigung einer Subvention
x^{KTK} =	optimale Menge zu erstellender Forschungseinheiten in der FuE-Kooperation unter Berücksichtigung von Transaktionskosten
x^{KTKS} =	optimale Menge zu erstellender Forschungseinheiten in der FuE-Kooperation unter Berücksichtigung von Transaktionskosten und einer Subvention
x^{KV} =	optimale Menge zu erstellender Forschungseinheiten in der FuE-Kooperation unter Berücksichtigung von Kooperationsvorteilen
x^{KVS} =	optimale Menge zu erstellender Forschungseinheiten in der FuE-Kooperation unter Berücksichtigung von Kooperationsvorteilen und einer Subvention
x^M =	optimale Menge zu erstellender Forschungseinheiten im Monopol
x^G =	optimale Menge zu erstellender Forschungseinheiten im Gütermarktmonopol
x^O =	first best-Menge zu erstellender Forschungseinheiten
x^{OS} =	second best-Menge zu erstellender Forschungseinheiten
x^{OSTK} =	second best-Menge zu erstellender Forschungseinheiten in der FuE-Kooperation unter Berücksichtigung von Transaktionskosten
x^{OSKV} =	second best-Menge zu erstellender Forschungseinheiten in der FuE-Kooperation unter Berücksichtigung von Kooperationsvorteilen

4. Bezeichnungen der Wohlfahrtsfunktionen und Wohlfahrtseinheiten

$W(x,Q)$ =	Wohlfahrtsfunktion
$W(x,Q^{OP})$ =	first best-Wohlfahrtsfunktion (Funktion W an der Stelle Q^{OP})
$W^S(x,Q^{WP})$ =	second best-Wohlfahrtsfunktion (Funktion W an der Stelle Q^{WP})
$W^{STK}(x,Q^{WP})$ =	second best-Wohlfahrtsfunktion in der FuE-Kooperation unter Berücksichtigung von Transaktionskosten (Funktion W an der Stelle Q^{WP} unter Berücksichtigung von Transaktionskosten)

$W^{SKV}(x,Q^{KVP}) =$	second best-Wohlfahrtsfunktion in der FuE-Kooperation unter Berücksichtigung von Kooperationsvorteilen (Funktion W an der Stelle Q^{KVP})
$W^{W} =$	Wohlfahrt im Wettbewerb (Funktionswert von W^{S} an der Stelle x^{W})
$W^{WFB} =$	Wohlfahrt im Wettbewerb nach Vergabe der first best-Subvention (Funktionswert von W^{S} an den Stellen x^{WS} und s^{WFB})
$W^{WSB} =$	Wohlfahrt im Wettbewerb nach Vergabe der second best-Subvention (Funktionswert von W^{S} an den Stellen x^{WS} und s^{WSB})
$W^{K} =$	Wohlfahrt in der FuE-Kooperation (Funktionswert von W^{S} an der Stelle x^{K})
$W^{KFB} =$	Wohlfahrt der FuE-Kooperation nach Vergabe der first best-Subvention (Funktionswert von W^{S} an der Stelle x^{KS} und s^{KFB})
$W^{KSB} =$	Wohlfahrt der FuE-Kooperation nach Vergabe der second best-Subvention (Funktionswert von W^{S} an der Stelle x^{KS} und s^{KSB})
$W^{KTK} =$	Wohlfahrt in der FuE-Kooperation unter Berücksichtigung von Transaktionskosten (Funktionswert von W^{STK} an der Stelle x^{KTK})
$W^{KV} =$	Wohlfahrt in der FuE-Kooperation unter Berücksichtigung von Kooperationsvorteilen (Funktionswert von W^{SKV} an der Stelle x^{KV})
$W^{M} =$	Wohlfahrt im Monopol (Funktionswert von W an den Stellen Q^{M} und x^{M})
$W^{G} =$	Wohlfahrt im Gütermarktmonopol (Funktionswert von W an den Stellen Q^{G} und x^{G})
$W^{O} =$	first best-Wohlfahrt (Funktionswert von W an den Stellen Q^{OP} und x^{O})
$W^{OS} =$	second best-Wohlfahrt (Funktionswert von W^{S} an der Stelle x^{OS})
$W^{OSTK} =$	second best-Wohlfahrt in der FuE-Kooperation unter Berücksichtigung von Transaktionskosten (Funktionswert von W^{STK} an der Stelle x^{OSTK})
$W^{OSKV} =$	second best-Wohlfahrt in der FuE-Kooperation unter Berücksichtigung von Kooperationsvorteilen (Funktionswert von W^{SKV} an der Stelle x^{OSKV})

5. Bezeichnungen der Gewinne[2]

G_i = Gewinn des einzelnen Unternehmens vor Festlegung der Angebotsmengen und Forschungseinheiten $(i = 1,2,3)$

G_i^{WP} = Gewinn des einzelnen Unternehmens im Wettbewerb bei parametrisch festgelegten Forschungseinheiten $(i = 1,2,3)$

G_i^{W} = Gewinn des einzelnen Unternehmens im Wettbewerb $(i = 1,2,3)$

G_i^{WSP} = Gewinn des einzelnen Unternehmens im Wettbewerb unter Berücksichtigung einer Subvention bei parametrisch festgelegten Forschungseinheiten $(i = 1,2,3)$

G^{K} = Gewinn der FuE-Kooperation

G_i^{KP} = Gewinn des einzelnen Unternehmens in der FuE-Kooperation bei parametrisch festgelegten Forschungseinheiten $(i = 1,2,3)$

G_i^{K} = Gewinn des einzelnen Unternehmens in der FuE-Kooperation $(i = 1,2,3)$

G^{KS} = Gewinn der FuE-Kooperation unter Berücksichtigung von Subventionen

G_i^{KSP} = Gewinn des einzelnen Unternehmens in der FuE-Kooperation unter Berücksichtigung einer Subvention bei parametrisch festgelegten Forschungseinheiten $(i = 1,2,3)$

G_i^{KS} = Gewinn des einzelnen Unternehmens in der FuE-Kooperation unter Berücksichtigung einer Subvention $(i = 1,2,3)$

G^{KTK} = Gewinn der FuE-Kooperation unter Berücksichtigung von Transaktionskosten

G_i^{KTKP} = Gewinn des einzelnen Unternehmens in der FuE-Kooperation unter Berücksichtigung von Transaktionskosten bei parametrisch festgelegten Forschungseinheiten $(i = 1,2,3)$

G_i^{KTK} = Gewinn des einzelnen Unternehmens in der FuE-Kooperation unter Berücksichtigung von Transaktionskosten $(i = 1,2,3)$

G^{KTKS} = Gewinn der FuE-Kooperation unter Berücksichtigung von Transaktionskosten und von Subventionen

2 Wenn eine Bezeichnung für den Gewinn das Symbol P im Index aufweist, bedeutet das, daß sie nicht unter der Voraussetzung ermittelt wurde, daß optimale Forschungseinheiten erstellt wurden, sondern daß diese parametrisch festgelegt wurden. Enthält eine Bezeichnung für den Gewinn das Symbol P nicht, ist sie bei gegebenen optimalen Forschungseinheiten ermittelt worden.

$G_i^{KTKSP} =$ Gewinn des einzelnen Unternehmens in der FuE-Kooperation unter Berücksichtigung von Transaktionskosten und einer Subvention bei parametrisch festgelegten Forschungseinheiten $(i = 1,2,3)$

$G_i^{KTKS} =$ Gewinn des einzelnen Unternehmens in der FuE-Kooperation unter Berücksichtigung von Transaktionskosten und einer Subvention $(i = 1,2,3)$

$G^{KV} =$ Gewinn der FuE-Kooperation unter Berücksichtigung von Kooperationsvorteilen

$G_i^{KVP} =$ Gewinn des einzelnen Unternehmens in der FuE-Kooperation unter Berücksichtigung von Kooperationsvorteilen bei parametrisch festgelegten Forschungseinheiten $(i = 1,2,3)$

$G_i^{KV} =$ Gewinn des einzelnen Unternehmens in der FuE-Kooperation unter Berücksichtigung von Kooperationsvorteilen $(i = 1,2,3)$

$G^{KVS} =$ Gewinn der FuE-Kooperation unter Berücksichtigung von Kooperationsvorteilen und von Subventionen

$G_i^{KVSP} =$ Gewinn des einzelnen Unternehmens in der FuE-Kooperation unter Berücksichtigung von Kooperationsvorteilen und einer Subvention bei parametrisch festgelegten Forschungseinheiten $(i = 1,2,3)$

$G_i^{KVS} =$ Gewinn des einzelnen Unternehmens in der FuE-Kooperation unter Berücksichtigung von Kooperationsvorteilen und einer Subvention $(i = 1,2,3)$

$G^{M} =$ Gewinn des Monopols

$G_i^{MP} =$ Gewinn des einzelnen Unternehmens im Monopol bei parametrisch festgelegten Forschungseinheiten $(i = 1,2,3)$

$G_i^{M} =$ Gewinn des einzelnen Unternehmens im Monopol $(i = 1,2,3)$

$G^{G} =$ Gewinn des Gütermarktmonopols

$G_i^{GP} =$ Gewinn des einzelnen Unternehmens im Gütermarktmonopol bei parametrisch festgelegten Forschungseinheiten $(i = 1,2,3)$

$G_i^{G} =$ Gewinn des einzelnen Unternehmens im Gütermarktmonopol $(i = 1,2,3)$

6. Bezeichnungen der Subventionssätze

$s^{WFB} =$ first best-Subventionssatz im Wettbewerb

$s^{WSB} =$ second best-Subventionssatz im Wettbewerb

$s^{KFB} =$ first best-Subventionssatz in der Kooperation

$s^{KSB} =$ second best-Subventionssatz in der Kooperation

s^{KTK} =	second best-Subventionssatz in der Kooperation unter Berücksichtigung von Transaktionskosten
s^{KV} =	second best-Subventionssatz in der Kooperation unter Berücksichtigung von Kooperationsvorteilen

7. Sonstige Bezeichnungen

KR =	Konsumentenrente
PR =	Produzentenrente
Ge =	Grenzertrag
Gk =	Grenzkosten
Ge(x) =	Grenzertragsfunktion der Forschung
Gk(x) =	Grenzkostenfunktion der Forschung
V =	Wohlfahrtsverlust für die Gesellschaft
TK =	Transaktionskosten
T =	Kopfsteuer

A. EINLEITUNG

I. UNTERSUCHUNGSZIEL

Forschungs- und Technologieförderung ist in den Industrieländern seit langem fester Bestandteil der Wirtschaftspolitik. In den Mitgliedstaaten der Europäischen Union (EU) sind seit 1984 zu den einzelstaatlichen Maßnahmen die gemeinschaftsweiten Forschungs- und Technologieprogramme der Europäischen Kommission hinzu gekommen. Gemessen an den Ausgaben der einzelnen Mitgliedstaaten für Forschung und Technologie (FuT) sind die Ausgaben der Kommission noch gering. Während z.B. die Bundesregierung in Deutschland allein 1993 knapp 18 Mrd. DM für Forschung und Entwicklung (FuE) ausgab, stellte die Kommission ca. 1,4 Mrd. ECU[1] - das entspricht umgerechnet etwa 2,8 Mrd. DM - bereit. Mittlerweile sind die Ausgaben der Kommission auf etwa 6,5 Mrd. DM jährlich angestiegen.[2] Über den gesamten Zeitraum europäischer Forschungs- und Technologiepolitik läßt sich eine Verdreifachung der Ausgaben feststellen. In Zukunft muß wohl eher mit weiteren Steigerungen gerechnet werden.[3]

Als Folge der Ausgestaltung der Programme findet eine nicht unerhebliche Subventionierung privater Unternehmen in den Mitgliedstaaten statt. So erhalten die Unternehmen, die an den Programmen teilnehmen, bis zu 50 % ihrer FuE-Kosten von der Kommission. Die Subventionierung von Unternehmen in der Marktwirtschaft ist bereits auf einzelstaatlicher Ebene umstritten und nur in Ausnahmefällen zu rechtfertigen.[4] Es ist deshalb die Frage, wie die Vorgehensweise der Europäischen Kommission vor diesem Hintergrund zu beurteilen ist.

Die Kommission begründet ihre Subventionen u.a. mit der Befürchtung, daß die europäischen Volkswirtschaften den Anschluß an die technologische Entwicklung in Japan und den Vereinigten Staaten von Amerika verlieren und als Folge davon ihre Wettbewerbsfähigkeit auf den internationalen Märkten einbüßen werden oder bereits eingebüßt haben. Als Paradebeispiel wird immer wieder die Überlegenheit japanischer und amerikanischer Unternehmen auf dem Gebiet der Elektronik und der Informations- und Kommunikationstechnologie angeführt.

---

1 Für das Dritte Rahmenprogramm wurden insgesamt 5,7 Mrd. ECU bereitgestellt. Vgl. COMMISSION OF THE EUROPEAN COMMUNITIES (1992), S. 15. Der Einfachheit halber wurde unterstellt, daß die Ausgaben während der vierjährigen Laufzeit des Programms gleichmäßig auf die einzelnen Jahre verteilt wurden (5,7:4 = 1,425). In den Jahren, in denen sich die Programmlaufzeiten überschneiden, können die Ausgaben höher ausfallen.

2 Der finanzielle Rahmen des Vierten Rahmenprogramms umfaßt 13,1 Mrd. ECU, was ca. 26 Mrd. DM entspricht. Eine Gleichverteilung vorausgesetzt, werden in jedem Jahr des vier Jahre laufenden Programms 6,5 Mrd. DM ausgegeben.

3 Vgl. COMMISSION OF THE EUROPEAN COMMUNITIES (1992), S. 10.

4 Vgl. SACHVERSTÄNDIGENRAT ZUR BEGUTACHTUNG DER GESAMTWIRTSCHAFTLICHEN ENTWICKLUNG (1995), S. 194; BUNDESMINISTERIUM DER FINANZEN (1995), S. 11.

Darüber hinaus vermutet die Kommission eine zu geringe Nutzung des auf der Unternehmens- und Wissenschaftsebene vorhandenen technologischen Wissens durch die Industrie. Daraus leitet sie insbesondere die Notwendigkeit einer staatlichen Koordinierung und Förderung gemeinschaftsweiter Forschungs- und Entwicklungskooperationen zwischen Unternehmen ab.

Die Kommission hat bei der Ausgestaltung der Programme eine Auswahl bezüglich der Forschungsfelder (Schlüsseltechnologien) getroffen, die sie für förderungswürdig hält. Eine Förderung gerade dieser Schlüsseltechnologien begünstigt ihrer Auffassung nach die Schließung technologischer Lücken und gleicht auf diese Weise Wettbewerbsnachteile aus.

Vor dem Hintergrund wachsender Probleme in den Mitgliedstaaten sind die Forschungs- und Technologiesubventionen der Kommission besonders kritisch zu beurteilen. Letztlich müssen die Forschungssubventionen der Kommission aus Steuermitteln der Mitgliedstaaten finanziert werden. Eine Ausweitung europäischer Subventionen bringt deshalb höhere Steuerlasten für die Mitgliedstaaten mit sich.[5] Der Spielraum der nationalen Regierungen bei der Bewältigung wirtschaftspolitischer Aufgaben ist aber aufgrund hoher Staatsquoten und Steuerlasten ohnehin eingeschränkt. Angesichts dieser Problematik lassen sich die Ausgaben der EU nur rechtfertigen, wenn damit tatsächlich eine Verbesserung für die beteiligten Mitgliedstaaten erreicht wird.

Ziel der vorliegenden Arbeit ist es, die europäische Forschungs- und Technologieförderung insbesondere im Hinblick auf die Subventionierung von grenzüberschreitenden Forschungs- und Entwicklungskooperationen zu untersuchen. Die Untersuchung soll vor dem Hintergrund der folgenden Fragen angestellt werden:

- Ist die Wettbewerbsfähigkeit der europäischen Volkswirtschaften gefährdet?
- Sind dafür Unzulänglichkeiten in den Märkten oder Unternehmen verantwortlich?
- Investieren die privaten Unternehmen zu wenig in Forschung und Entwicklung?
- Berücksichtigen die Unternehmen bereits vorhandene Erkenntnisse bei der Bearbeitung von Forschungsvorhaben nicht oder in zu geringem Maße?
- Auf welche Weise kann eine staatliche Instanz mögliche Unzulänglichkeiten in den privaten Märkten beseitigen?
- Ist die Subventionierung von Forschungs- und Entwicklungskooperationen ein geeignetes Mittel?
- Werden hier tatsächlich Vorhaben gefördert, die der Markt nicht selbst besser zustande bringt?
- Weshalb werden solche Vorhaben nicht auch ohne Förderung in Angriff genommen?

---

5 Die FuT-Politik der EU sieht vor, daß die Mitgliedstaaten ihre nationalen Ausgaben für FuT-Politik nicht einschränken. Diese Bestimmung wurde von den meisten Staaten eingehalten.

- Welche Auswirkungen haben die Forschungskooperationen auf den Wettbewerb?

II. GANG DER UNTERSUCHUNG

Bei der Beantwortung der mit dem Untersuchungsziel aufgeworfenen Fragen wird wie folgt vorgegangen: Das zweite Kapitel enthält eine knapp gehaltene Beschreibung der FuT-Förderung durch die EU. Es geht dabei um die Dimensionen, die Forschungsgebiete und die Art und Weise wie sie durchgeführt wird. Anschließend wird eine Untersuchung der Begründungen der EU für ihren Eingriff in den Markt vorgenommen. Dies geschieht auf der Grundlage des von der EU veröffentlichten Informationsmaterials über die FuT-Förderung. Die Intention in diesem Kapitel ist es, die der Förderung zugrunde liegenden Hypothesen der Europäischen Kommission zu ermitteln.

Im dritten Kapitel, werden die Hypothesen im Hinblick auf ihre ökonomische Relevanz untersucht, mit deren Hilfe die FuT-Förderung legitimiert wird. Nach einer Diskussion der Indikatoren zur Bestimmung der Wettbewerbsfähigkeit der Volkswirtschaft Europa wird überprüft, inwiefern sich die Implikationen der Strategischen Handelstheorie und der Neuen Wachstumstheorie zur Legitimation der Forschungsförderung eignen. Anschließend folgt eine Untersuchung der Sachverhalte, die im Bereich von Forschung und Entwicklung zu Marktversagen führen und eventuell einen staatlichen Eingriff in den Markt rechtfertigen können.

Im vierten Kapitel, dem Hauptteil der Untersuchung, wird überprüft, inwiefern die Form der FuT-Förderung - die Subventionierung von Forschungs- und Entwicklungskooperationen - den ökonomischen Erfordernissen an einen staatlichen Eingriff Rechnung trägt. Auf der Basis eines Modells werden die Bedingungen erarbeitet, die dazu führen können, daß eine Kooperation von Unternehmen im FuE-Bereich aus gesamtwirtschaftlicher oder wohlfahrtstheoretischer Sicht dem reinen Wettbewerb vorzuziehen ist. Es wird dann geprüft, ob und unter welchen Umständen eine Subventionierung von FuE-Kooperationen sinnvoll ist. Und schließlich wird im fünften und letzten Kapitel eine Zusammenfassung gegeben.

B. FORSCHUNGS- UND TECHNOLOGIEFÖRDERUNG DER EUROPÄISCHEN UNION

I. ÜBERBLICK

Im Jahr 1984 legte die Kommission der Europäischen Gemeinschaften das erste Rahmenprogramm für Forschung und Technologie auf.[6] Dieses bis 1987 laufende Programm umfaßte acht Teilgebiete, darunter auch die Förderung der industriellen Wettbewerbsfähigkeit. Das zweite Rahmenprogramm (1987 - 1991) bestand ebenfalls aus acht Themengebieten. Die Förderbereiche waren deutlicher identifiziert, wobei erkennbar wurde, welche Technologien die Kommission als Schlüsseltechnologien ausgewählt hat. Prioritäre Bereiche waren die Informations- und Kommunikationstechnologie, die Produktionstechnologie, die Materialforschung und die Biotechnologie. Mit diesen Technologien sind die unter den Namen ESPRIT (European Strategic Programme for Research and Development in Information Technology) und BRITE/EURAM (Basic Research Programme in Industrial Technologies for Europe/European Research for Advanced Materials) bekannt gewordenen Teilprogramme verbunden.

Bereits 1990 wurde das dritte Rahmenprogramm (1990 - 1994) aufgelegt.[7] Im dritten Rahmenprogramm waren keine wesentlichen Änderungen bezüglich der Thematik vorgesehen. Jedoch wurden hinsichtlich der Mittelverwendung einzelne Teilgebiete anders gewichtet. Während im Bereich Energie stark gekürzt wurde, kam es zu einer besseren Ausstattung der Programme zum Umweltschutz und den Biowissenschaften und -technologien. Die Teilprogramme schlossen folgende Themen mit ein:[8]
- Informationstechnologien
- Kommunikationstechnologien
- telematische Systeme
- industrielle und Materialtechnologien
- Standardisierung bei Messungen und Tests
- Umweltschutz
- Meereswissenschaften
- Biotechnologie
- Landwirtschaft

---

6 Kurz nach der Einführung des ersten Rahmenprogramms wurde 1985 die EUREKA-Initiative eingeleitet. Hierbei handelt es sich um ein Förderprogramm, an dem über die Mitgliedstaaten der EU hinaus die Mitglieder der EFTA-Staaten, die Türkei, Ungarn und die Kommission der EU beteiligt sind. Dieses Programm fällt also zum Teil ebenfalls in den Zuständigkeitsbereich der Kommission. EUREKA umfaßt die Bereiche Umweltforschung, Biotechnologie, Medizinforschung, Informationstechnik, Materialforschung, Kommunikationstechnik, Transport und Verkehrstechnologie, Energieforschung und - technologie und Lasertechnik.

7 Die Kommission führte damit das Prinzip der gleitenden Programmplanung ein.

8 Vgl. COMMISSION OF THE EUROPEAN COMMUNITIES (1992). Mit diesen Themen deckt die EU-Förderung einen großen Teil der von Fachleuten als bedeutend eingeschätzten Technologiefelder ab. Vgl. GRUPP, H. (1993).

- biomedizinische und Gesundheitsforschung
- Entwicklungshilfe
- nicht-nukleare Energien
- Sicherheit bei der Kernspaltung
- kontrollierte thermonukleare Fusion
- Humankapital und Mobilität
- Verbreitung und Verwertung von Wissen.

1994 wurde mit dem vierten Rahmenprogramm begonnen, das bis einschließlich 1998 läuft. Vor allem die Bereiche Industrielle Technologien, Energie, Biowissenschaften und -technologien und Umwelt sind stark aufgestockt worden. Durch die insgesamt stark erhöhte finanzielle Ausstattung des Rahmenprogramms führte dies nicht zu Einschränkungen anderer Teilbereiche, sondern es konnten auch in den anderen Teilbereichen moderate Aufstockungen vorgenommen werden.

Mittlerweile sind die Vorbereitungen für das noch in diesem Jahr anlaufende 5. Rahmenprogramm nahezu abgeschlossen.[9] So hat die Kommission für ein Treffen des Ministerrats am 12. Februar 1998 Vorschläge für Ratsentscheidungen über die Teilnahmebedingungen und die Verbreitung der Forschungsergebnisse für die Implementierung des 5. Rahmenproggramms vorgelegt. Außerdem legte die Kommission einen Fortschrittsbericht zu den Teilprogrammen vor. Es ist vorgesehen, daß das 5. Rahmenprogramm 1998 beginnt und 2002 endet.

Tabelle 1: Ausgaben der Kommission für die FuT-Förderung

Rahmenprogramm/Laufzeit	Ausgaben in Mrd. ECU	Ausgaben in Mrd. DM
1. 1984 - 1987	3,7	7,4
2. 1987 - 1991	5,4	10,8
3. 1990 - 1994	5,7	11.4
4. 1994 - 1998	13	26

Quelle: KOMMISSION (1992a), S. 12 f.; KOMMISSION (1993), S. 13 f. REICHARDT, K.; WIMMERS, S.; KAYSER, G. (1992), S. 21.

Die finanzielle Ausstattung der vier, teilweise bereits beendeten, Rahmenprogramme kann Tabelle 1 entnommen werden. Das finanzielle Engagement der Kommission wurde über die Jahre schrittweise erhöht. Nach wie vor machen die Ausgaben der EU nur einen geringen Bruchteil der staatlichen Aufwendungen für Forschung und Technologie aus. Werden z.B. die finanziellen

9 Dies ist das Ergebnis einer am 23.3.1998 durchgeführten Internet-Recherche HTTP://EUROPA.EU.INT (1998).

Mittel des dritten Rahmenprogramms gleichmäßig über die Laufzeit verteilt, so ergibt sich für das Jahr 1992 eine Gesamtsumme von etwa 2,9 Mrd. DM. Zum Vergleich sei angemerkt, daß sich die gesamten staatlichen Forschungsausgaben der Bundesrepublik Deutschland 1992 auf etwa 28 Mrd. DM beliefen.[10]

II. FUNKTIONSWEISE DER VERTRAGSFORSCHUNG MIT KOSTENTEILUNG

Die EU-Förderung sieht drei verschiedene Instrumente vor: die Vertragsforschung mit Kostenteilung, die Konzertierung von Forschungsaktivitäten und die Eigenforschung der EU. Die vorliegende Arbeit befaßt sich mit der Vertragsforschung, auf die der Hauptteil der Fördermittel entfällt (ca. 80 %).

Unternehmen, die an einem Forschungsvorhaben im Rahmen der Programme teilnehmen, erhalten eine Förderung in Höhe von 50 % der angefallenen Kosten. Bei Universitäten und vergleichbaren Einrichtungen ohne Gewinnabsicht beträgt die Kostenerstattung 100 %. Voraussetzung für den Erhalt der Fördermittel ist die Bildung einer grenzüberschreitenden Kooperation von mindestens zwei Unternehmen und/oder Instituten aus verschiedenen Ländern der EU, die ein gemeinsames Forschungsvorhaben zu bearbeiten beabsichtigen. Das Vorhaben muß dem Themenbereich des jeweiligen Programms entsprechen. Vor der Einführung des vierten Rahmenprogramms wurde besonderer Wert auf den vorwettbewerblichen Charakter der Vorhaben gelegt. Dies bedeutete, daß sich die Erstattung der Kosten bei produktbezogenen Vorhaben auf die Grundlagenforschung und angewandte Forschung erstreckte. Bei Prozessen wurde die Kostenerstattung darüber hinaus auf die Entwicklung von Prototypen ausgedehnt. Auch heute legt die Kommission noch Wert auf den vorwettbewerblichen Charakter und bevorzugt Vorhaben, die diese Eigenschaft aufweisen. Dennoch sind Vorhaben, die ebenfalls Produktentwicklung und Markteinführung umfassen, nicht chancenlos bei der Auswahl.[11]

Der Ablauf eines geförderten Forschungsvorhabens stellt sich aus der Sicht eines Unternehmens in etwa folgendermaßen dar:[12] Zu Beginn informiert sich das teilnahmewillige Unternehmen über die Programme. Stimmen Vorhabensprofile und Programmthemen überein, begibt sich das Unternehmen auf Partnersuche. Nach erfolgreicher Partnersuche stimmen sich die Partner untereinander ab und schließen in der Regel einen Konsortialvertrag ab. Sofern der anschließend gestellte Förderantrag genehmigt wird, tritt die Kommission mit den Partnern in Vertragsverhandlungen ein, meist mit dem zu Beginn zu bestimmenden Projekt-Koordinator. Der Vertrag mit der Kommission enthält im wesentlichen die in der nachstehenden Übersicht aufgeführten Bedingun-

---

10 Vgl. OECD (1993), S. 114.

11 Insgesamt ist "eine Tendenz zu mehr Marktnähe und Anwendungsorientierung festzustellen". Siehe SCHWERIN, O. v. (1995).

12 Vgl. REICHARDT, K.; WIMMERS, S.; KAYSER, G. (1992), S. 34 ff.

gen.[13] Weitere Vertragsbedingungen werden im Verlauf der Untersuchung noch näher betrachtet.

Übersicht 1: Wesentliche Vertragsbedingungen bei der EU-Forschungsförderung

Die Vertragspartner (Unternehmen) verpflichten sich, ein Forschungsvorhaben auszuführen. Das Vorhaben wird zuvor von der Kommission und den Unternehmen detailliert verhandelt (Inhalt, Ziele, Zeithorizont etc.).
Die Dauer wird festgelegt.
Die Kostenbeteiligung der EU (bis zu 50 %) und der Vertragspartner werden festgelegt.
Die Zahlungen der EU folgen nach Vorlage entsprechender Kostenaufstellungen und Fortschrittsberichte. Die Kommission behält eine Sicherheit in Höhe von 10 % der Gesamtbeteiligung ein. Sie wird ausgezahlt, wenn ein Abschlußbericht der Unternehmen vorliegt.
Die Vertragspartner (Unternehmen) verpflichten sich, die aus dem Vorhaben gewonnenen Erkenntnisse weiter zu entwickeln und zu verwerten. Dies kann auch durch Dritte geschehen.
Die Vertragspartner (Unternehmen) müssen bereits vorhandenes Know-how gegen angemessenes Entgelt den Partnern zur Verfügung stellen (sogenannte nicht-ausschließliche Lizenzen), wenn das Vorhaben es erfordert. Das gleiche gilt für Teilnehmer anderer Vorhaben desselben Programms.
Die Vertragspartner (Unternehmen) verpflichten sich neues, während des Vorhabens gewonnenes Know-how unentgeltlich an die Projektpartner weiter zu geben, wenn das Vorhaben es erfordert. Teilnehmer anderer Programme erhalten das Know-how gegen Entgelt, wenn ihr Vorhaben es erfordert.

Quelle: Kommission der Europäischen Gemeinschaften (1988).

III. DIE LEGITIMATION DER FORSCHUNGS- UND TECHNOLOGIEFÖRDERUNG DURCH DIE EUROPÄISCHE KOMMISSION

Die formale Legitimation der FuT-Förderung leitet sich aus dem EWG-Vertrag ab. Das übergeordnete Ziel der europäischen FuT-Politik[14], die Erhaltung und Stärkung der europäischen Wettbewerbsfähigkeit in Sektoren mit hohem technologischen Beitrag im weltweiten Wettbewerb, ist im Artikel 130f EWG-Vertrag verankert. Auf dieser Grundlage lassen sich alle Maßnahmen rechtferti-

13 Vgl. KOMMISSION DER EUROPÄISCHEN GEMEINSCHAFTEN (1988).

14 Zu den Zielen der Forschungs- und Technologiepolitik vgl. auch EICHNER, S. (1997), S. 127 ff.

gen, wenn die Kommission ihren Beitrag zur Erhaltung oder Stärkung der Wettbewerbsfähigkeit verdeutlichen kann.

Ein solches Vorgehen setzt allerdings den Nachweis einer gefährdeten oder verminderten Wettbewerbsfähigkeit voraus. Zudem wird eine genaue Vorstellung davon benötigt, wie eventuelle Defizite gegebenenfalls zu beseitigen wären. Darüber enthält das politikbegleitende Informationsmaterial der Kommission einige Aussagen. Eine detaillierte Analyse des Materials läßt eine auf sechs Hypothesen begründete Legitimation und Ausgestaltung der FuT-Politik erkennen. Es sind dies die **Wettbewerbs-**, die **Informations-**, die **Reaktions-**, die **Produktivitäts-**, die **Marktversagens-** und die **Kooperationshypothese**. Im folgenden werden die Fundquellen und die Hypothesen näher betrachtet.

1. Die Wettbewerbshypothese

Die Wettbewerbsfähigkeit der Europäischen Union ist nach Auffassung der Kommission vielfach gefährdet oder bereits stark eingeschränkt. Diese Einschätzung der Wettbewerbsfähigkeit soll im weiteren Verlauf der Arbeit als **Wettbewerbshypothese** der Kommission bezeichnet werden.

Die Kommission adaptiert die Definition der Wettbewerbsfähigkeit der OECD und versteht darunter "die Fähigkeit von Unternehmen, Industriezweigen, Regionen, Nationen oder supranationalen Regionen, unter Bedingungen des internationalen Wettbewerbs den Produktionsfaktoren dauerhaft ein relativ hohes Einkommens- und Beschäftigungsniveau zu sichern"[15]. Obwohl die Kommission der Auffassung ist, daß "jede allgemein gehaltene Bewertung der Wettbewerbsfähigkeit nur von geringer Aussagekraft"[16] ist, betont sie, daß in "den vergangenen zehn Jahren, besonders aber seit 1990" folgende Aspekte hervorzuheben seien:

1. "Die Arbeitsproduktivität im Verarbeitenden Gewerbe ist in den Vereinigten Staaten und in Japan schneller gestiegen als in der Europäischen Union"[17].
2. Die "Lohnkosten sind in der Europäischen Union langsamer als in den Vereinigten Staaten und in Japan gestiegen; dabei sind allerdings erhebliche Unterschiede zwischen den Mitgliedstaaten festzustellen"[18].
3. Die "europäische Industrie ist auf Märkten für fortgeschrittene Technologien und mit hohem Wachstumspotential schwächer vertreten als die Industrie der Vereinigten Staaten und Japans"[19].

Die Wettbewerbsfähigkeit der europäischen Union wird von der Kommission also vor allem im Hinblick auf die USA und Japan betrachtet und in etwa folgendermaßen eingeschätzt:[20]

---

15 Siehe KOMMISSION DER EUROPÄISCHEN UNION (1994), S. 17.
16 Siehe KOMMISSION DER EUROPÄISCHEN UNION (1994), S. 17.
17 Siehe KOMMISSION DER EUROPÄISCHEN UNION (1994), S. 18.
18 Siehe KOMMISSION DER EUROPÄISCHEN UNION (1994), S. 18.
19 Siehe KOMMISSION DER EUROPÄISCHEN UNION (1994), S. 18.

Übersicht 2: Einschätzung der Entwicklung der Wettbewerbsfähigkeit der Europäischen Union 1994

Verbesserungen	Verschlechterungen
- Steigerung der Ausfuhren	- sinkende Marktanteile an den weltweiten Ausfuhren
- Verminderung des Handelsbilanzdefizits	- mangelnde Spezialisierung auf High-Tech-Produkte
	- schwächere Präsenz auf stark wachsenden Märkten
- schnellere Zunahme der FuE-Anstrengungen der europäischen Unternehmen	- Handelsbilanzdefizite bei Hochtechnologiegütern
- niedrigerer Verschuldungsgrad europäischer Unternehmen	- langsamer Anstieg der Produktivität
- höhere Rentabilität	
- günstige Entwicklung der Lohnstückkosten	- zersplitterte FuE-Förderung

Quelle: Eigene Darstellung nach KOMMISSION (1994), S. 18 f.

Aus dieser Einschätzung wird deutlich, daß die Kommission einige gegenwärtige Verbesserungen der internationalen Wettbewerbssituation der Volkswirtschaften in der Europäischen Union wahrnimmt. Allerdings sieht sie die dadurch erworbene Position durch die aufgeführten Verschlechterungen möglicherweise gefährdet.

Neben den aufgeführten Einschätzungen enthalten Veröffentlichungen der Kommission weitere Aussagen zur Wettbewerbsfähigkeit der europäischen Unternehmen. So lautet z.B. eine These, daß europäische Unternehmen aufgrund von Unzulänglichkeiten im FuE-Bereich weniger wettbewerbsfähig seien als Unternehmen in Japan und den USA[21]. Konkret seien die Unternehmen Japans bei der Umsetzung von Forschungsergebnissen in Innovationen schneller, amerikanische Unternehmen entwickelten in verstärktem Maße Zukunftstechnologien.[22] Es wird befürchtet, daß europäische Unternehmen ihre

20 Vgl. KOMMISSION DER EUROPÄISCHEN UNION (1994), S. 18. und KOMMISSION DER EUROPÄISCHEN GEMEINSCHAFTEN (1992c), S. 10 ff.

21 Vgl. KOMMISSION DER EUROPÄISCHEN GEMEINSCHAFTEN (1992b), S. 1.

22 Dies wird vor allem in der Wirtschaftspresse betont. Vgl. z.B. FISCHER, G.; SCHWARZER, U. (1992); PREISSNER-POLTE, A.; SCHWARZER, U. (1992); PREISSNER-POLTE, A. (1992); SCHÖNBECK, K. (1991); SOMMERLATTE, T. (1992).

Position auf dem Weltmarkt verlieren, falls es ihnen nicht gelingt, technologische Defizite zu beseitigen.

2. Die Informationshypothese

Bei der konkreten Ausgestaltung der FuT-Programme traf die Kommission eine Auswahl spezieller Sektoren. Die Kommission vermutet bei diesen Sektoren einen starken gegenwärtigen und zukünftigen Einfluß auf die Wettbewerbsfähigkeit. Die Fähigkeit, zukünftige Entwicklungen prognostizieren und Hoch-Technologie-Sektoren identifizieren zu können, wird im Verlauf der Untersuchung als **Informationshypothese** der Kommission bezeichnet.

Im Zusammenhang mit der Debatte über den Industriestandort Europa betont die Kommission, daß die öffentliche Hand, "um ihrer Verantwortung nachzukommen, die Entwicklung zukunftsträchtiger Märkte unterstützen und Anpassungen voraussehen" muß, "anstatt im nachhinein auf entsprechende Anforderungen zu reagieren".[23] Es wird deutlich, daß die Kommission die Rolle des Staates darin sieht, zukünftige Entwicklungen prognostizieren, Sektoren mit hohem technologischen Beitrag identifizieren und dementsprechend handeln zu können. Die Kommission relativiert diesen Anspruch an sich selbst dahingehend, daß sie feststellt, nicht zu wissen, "welche Erzeugnisse auf dem Markt von morgen verlangt werden" und sie sich daher an die Entwicklung der Märkte anpassen müsse.[24]

3. Die Reaktionshypothese

Die EUREKA-Initiative wurde 1985 als Reaktion der EU auf die SDI-Initiative der USA eingeleitet.[25] Offensichtlich war die Kommission der Auffassung, Forschungs- und Technologievorhaben subventionieren zu müssen, weil ein Konkurrenzland ebenfalls handelte. Die Legitimation der FuT-Förderung auf der Grundlage dieses Arguments soll im Verlauf der Arbeit als **Reaktionshypothese** bezeichnet werden.[26]

4. Die Produktivitätshypothese

Die FuT-Förderung wurde auch mit dem Argument begründet, daß bestimmte Technologien eine besonders produktivitätssteigernde Wirkung in der gesamten Wirtschaft aufweisen. Diese Argumentation soll als **Produktivitätshypothese** bezeichnet werden. Die Kommission spricht in diesem Zusammenhang

---

23 Siehe KOMMISSION DER EUROPÄISCHEN UNION (1994), S. 17.
24 Siehe KOMMISSION DER EUROPÄISCHEN UNION (1994), S. 24.
25 Vgl. OECD (1995), S.33.
26 Die Kommission weist konkret auf die Ausweitung der amerikanischen Forschungsprogramme 1991 hin.

von grundlegenden Technologien, die eine entscheidende Wirkung auf alle Wirtschaftsbereiche ausüben.[27] Eine Beherrschung dieser grundlegenden Technologien sei unumgänglich.

5. Die Marktversagenshypothese

In einer Marktwirtschaft findet die Allokation der Ressourcen - auch der Mittel für Forschung und Entwicklung dezentral über die Märkte statt. Staatliche Eingriffe in den Markt lassen sich prinzipiell nur dann begründen, wenn die Allokation der Forschungsressourcen über die Märkte ineffizient ist. Offensichtlich geht die Kommission hier von einer Ineffizienz aus. Dies soll im Verlauf der Arbeit als **Marktversagenshypothese** der Kommission bezeichnet werden.

Eine Analyse der in der nachstehenden Übersicht von der Kommission selbst als nachgeordnete Ziele der FuT-Politik bezeichneten Grundsätze verdeutlicht, daß die Kommission im Bereich von Forschung und Entwicklung Marktversagen vermutet. Es handelt sich fast ausnahmslos um Aktivitäten, die üblicherweise von den privaten Unternehmen selbst ausgeführt werden. Da sie diese Aktivitäten durch ihre Politik zu steigern beabsichtigt, geht die Kommission offensichtlich davon aus, daß die privaten Unternehmen diesbezüglich zu wenig aktiv sind.

Übersicht 3: Nachgeordnete Ziele der europäischen FuT-Politik

1. Eine Steigerung grenzüberschreitender, unternehmerischer Kooperationen im FuE-Bereich
2. Erreichung eines höheren Maßes an Koordination
3. Eine Steigerung der Zusammenarbeit zwischen Wirtschaft und Wissenschaft
4. Eine Steigerung der Grundlagenforschung und anwendungsnahen Forschung[28]
5. Förderung der mittelständischen FuE-Aktivitäten
6. Eine Steigerung der Normierungs- und Standardisierungsbemühungen

Quelle: KOMMISSION (1992), S. 5 f.

---

27 Vgl. KOMMISSION DER EUROPÄISCHEN GEMEINSCHAFTEN (1992c), S. 18 f.

28 Die Förderung der Grundlagenforschung wird heute von der EU damit begründet, daß mittelständischen Unternehmen "vielfach die notwendige Personal- bzw. Kapitalbasis fehlt". Siehe KOMMISSION DER EUROPÄISCHEN GEMEINSCHAFTEN (1992a), S. 6.

6. Die Kooperationshypothese

Bei der konkreten Ausgestaltung der FuT-Förderung bevorzugt die Kommission die Subventionierung von FuE-Kooperationen. Die Hervorhebung gemeinschaftsweiter, industrieller Kooperationen wird im Verlauf der Arbeit als **Kooperationshypothese** der Kommission bezeichnet.

Zur Durchsetzung der technologiepolitischen Ziele ist nach Auffassung der Kommission neben anderen praktischen Maßnahmen die "Förderung des Zusammenschlusses von Unternehmen aus verschiedenen Mitgliedstaaten zu Konsortien im Bereich der Forschung und Entwicklung" notwendig.[29] Dabei wird nicht an eine allgemeine Förderung von Unternehmenskooperationen gedacht, sondern vielmehr ausschließlich von "Vorhaben, die auf europäischer Ebene rationeller, kostengünstiger, effizienter angegangen werden können und die einen echten Mehrwert durch grenzüberschreitende Kooperation versprechen".[30]

Industrielle Kooperationen liegen nach Auffassung der Kommission im allgemeinen im Zuständigkeitsbereich der Unternehmen.[31] Eine Förderung der Entwicklung privater Initiativen sei geboten, wenn dazu wichtige Gründe vorliegen. Bei der Durchsicht des relevanten Informationsmaterials der Kommission lassen sich die Gründe identifizieren. In Europa mangelt es nach Auffassung der Kommission an Transparenz, Information und Mobilität, an Kooperation und der Ausnutzung von Synergieeffekten.[32] Sie vermutet darüber hinaus, daß das innovative Potential in Europa weitgehend ungenutzt ist. Außerdem sieht die Kommission ihre Eingriffe dann als gerechtfertigt an, wenn der FuE-Aufwand, der für die Durchführung eines grenzüberschreitenden industriellen Vorhabens notwendig ist, die industrielle Kapazität einiger Mitgliedstaaten übersteigt.[33]

7. Zwischenergebnis

Die Analyse der Legitimation der EU-Kommission für die FuT-Förderung und der Ziele, die sie dadurch erreichen möchte, ergibt, daß die Kommission ihre Argumentation im wesentlichen auf sechs Hypothesen stützt:

- die **Wettbewerbshypothese**
- die **Informationshypothese**
- die **Reaktionshypothese**
- die **Produktivitätshypothese**

---

29 Siehe KOMMISSION DER EUROPÄISCHEN UNION (1994), S. 22.
30 Siehe KOMMISSION DER EUROPÄISCHEN GEMEINSCHAFTEN (1992a), S. 5.
31 Vgl. KOMMISSION DER EUROPÄISCHEN GEMEINSCHAFTEN (1994), S. 29 f.
32 Vgl. KOMMISSION DER EUROPÄISCHEN GEMEINSCHAFTEN (1992a), S. 5.
33 Vgl. KOMMISSION DER EUROPÄISCHEN GEMEINSCHAFTEN (1994), S. 30.

- die **Marktversagenshypothese**
- die **Kooperationshypothese**.

Die erstgenannte Hypothese wird von der Kommission dazu verwendet, um Mißstände und drohende Gefahren aufzuzeigen. Außerdem sind bei Gültigkeit der Hypothese die Tatbestände des Artikels 130f des EWG-Vertrags erfüllt, in dem die Zuständigkeit der EU im Bereich FuT gesetzlich verankert ist. Auf der Grundlage der Informationshypothese wird eine Selektion der Eingriffsbereiche vorgenommen. Die Hypothesen drei bis fünf dienen zur Rechtfertigung des staatlichen Eingriffs. Im folgenden sollen die Hypothesen eins bis fünf als Legitimationshypothesen bezeichnet werden. Schließlich wird mit der sechsten Hypothese die Art und Weise des staatlichen Eingriffs begründet; sie wird weiter als Kooperationshypothese bezeichnet.

In der nachstehenden Analyse sollen zunächst die Legitimationshypothesen in gebotener Kürze auf ihre Stichhaltigkeit hin überprüft werden. Anschließend folgt die Analyse der Kooperationshypothese, auf die sich das Hauptinteresse in dieser Untersuchung richtet.

C. ANALYSE DER LEGITMATIONSHYPOTHESEN

I. DIE WETTBEWERBSHYPOTHESE

Es ist zu prüfen, inwiefern Europa eine verminderte Wettbewerbsfähigkeit gegenüber Japan und den Vereinigten Staaten von Amerika aufweist. Zuvor wäre zu klären, ob die Rede von der Wettbewerbsfähigkeit[34] der europäischen Unternehmen oder der Volkswirtschaft Europäische Union sein soll. In den Veröffentlichungen der Kommission wird dies nicht immer deutlich. Für diese Untersuchung wird unterstellt, daß auf die Wettbewerbsfähigkeit der Volkswirtschaft Europäische Union und der europäischen Unternehmen Bezug genommen wird.

Die Bestimmung der Wettbewerbsfähigkeit von Volkswirtschaften wird meist auf der Grundlage von Indikatoren durchgeführt.[35] Ihre Aussagefähigkeit muß allerdings stark angezweifelt werden, weil eine Theorie darüber weitgehend fehlt.[36] Die Indikatoren sind häufig deshalb nicht brauchbar, weil ein Zusammenhang zwischen Indikator und wirtschaftlichem Erfolg nicht erklärbar oder nachweisbar ist. Neuere Ansätze stellen auf Erfolgsindikatoren wie das reale Pro-Kopf-Einkommen oder die Arbeitsproduktivität ab.[37] Produktivitätsfortschritte sollten allerdings nach Meinung des Sachverständigenrats zur Begutachtung der gesamtwirtschaftlichen Entwicklung angesichts einer sinkenden Beschäftigung und einem sinkenden inländischen Wertschöpfungsanteil mit Skepsis betrachtet werden.[38] Der Rat sieht eine Bedrohung der Wettbewerbsfähigkeit eines Landes im Standortwettbewerb vor allem darin, daß kein Ersatz für die Arbeitsplätze entsteht, die im Zuge des Strukturwandels abwandern.

Als Bestimmungsgründe der oben genannten Erfolgsindikatoren gelten sowohl Preise in Abhängigkeit von den Produktionskosten als auch die Qualität sowie die technologische Wettbewerbsfähigkeit.[39] Besonders interpretationsbedürftig ist der Begriff technologische Wettbewerbsfähigkeit. Darunter wird einerseits Wettbewerbsfähigkeit bei technologieintensiven Produkten und Verfahren, auf dem Gebiet technischen Wissens und andererseits das gesamte Wissen verstanden, das der Wirtschaft zur Verfügung steht.[40] Wiederum wer-

---

34 Wettbewerbsfähigkeit wird dabei folgendermaßen definiert: Unter globaler Wettbewerbsfähigkeit von Volkswirtschaften wird die Fähigkeit eines Landes oder eines Unternehmens verstanden, vergleichsweise mehr Wohlstand zu produzieren als seine Wettbewerber auf den Weltmärkten. Siehe WORLD ECONOMIC FORUM (1994), S. 18.

35 Ein Beispiel dafür ist der World Competitiveness Report des World Economic Forum. In diesem Bericht wird die Wettbewerbsfähigkeit einzelner Länder auf der Grundlage von zahlreichen Indikatoren bestimmt. Siehe WORLD ECONOMIC FORUM (1994).

36 Vgl. SCHUMACHER, D. u.a. (1995), S. 19 ff.

37 Vgl. SCHUMACHER, D. u.a. (1995), S. 22 ff.

38 Vgl. SACHVERSTÄNDIGENRAT ZUR BEGUTACHTUNG DER GESAMTWIRTSCHAFTLICHEN ENTWICKLUNG (1995), S. 173.

39 Vgl. SCHUMACHER, D. u.a. (1995), S. 21 ff.

40 Vgl. SCHUMACHER, D. u.a. (1995), S. 28.

den Indikatoren verwendet, um diese Art der Wettbewerbsfähigkeit zu messen. Üblicherweise - aber nicht unumstritten - werden folgende Indikatoren gebraucht:[41]

- die FuE-Ausgaben der Industrie oder der Volkswirtschaft
- die Beschäftigten im FuE-Bereich
- die Handelsbilanz für hochwertige Industriegüter
- Weltmarktanteile bei Hochtechnologieprodukten
- Patentanmeldungen und Lizenzvergaben in einer technologischen Zahlungsbilanz.

Die Verwendung der genannten Indikatoren ist mit Schwierigkeiten hinsichtlich der Beurteilung ihrer Aussagekraft verbunden. Im folgenden werden die Indikatoren im einzelnen geprüft und jeweils ein Vergleich zwischen der EU, Japan und den Vereinigten Staaten auf der Grundlage statistischen Datenmaterials angestellt.

1. Die FuE-Ausgaben

FuE-Ausgaben sind in absoluten und relativen Größen ausschließlich dann als Indiz für die Wettbewerbsfähigkeit der Volkswirtschaft oder der Unternehmen brauchbar, wenn ein kausaler und positiver Zusammenhang zwischen der gesamtwirtschaftlichen Produktivität, den Unternehmensgewinnen oder -umsätzen und den Forschungsaufwendungen nachweisbar wäre. Dies ist weder theoretisch noch empirisch eindeutig zu belegen, weil sowohl die gesamtwirtschaftliche Produktivität als auch der Unternehmenserfolg vielschichtig beeinflußt werden.[42] Die Messung der Wettbewerbsfähigkeit durch die FuE-Ausgaben ist auf eine rein inputorientierte Sichtweise beschränkt.

Auf Unternehmensebene spricht einiges dafür, daß der Unternehmenserfolg zunächst mit der FuE-Intensität ansteigt, ab einer bestimmten Intensität aber wieder abnimmt.[43] Wollte man auf der Grundlage von FuE-Investitionen eine Einschätzung über die Konkurrenzfähigkeit der Industrie eines Landes abgeben, müßte zuvor festgestellt werden, ob die FuE-Intensität im betreffenden Referenzland optimal ist. Vom Anteil des in FuE-investierten BIP kann nicht zweifelsfrei auf die Wettbewerbsfähigkeit geschlossen werden. Die Wettbewerbsfähigkeit der USA und Japans ist nicht deshalb höher als die der Europäischen Union, weil dort größere Anteile des BIP in FuE investiert werden.[44]

Vergleicht man dennoch den prozentualen Anteil der FuE-Ausgaben der EU am FuE-Gesamtvolumen des OECD-Raums mit den Anteilen von Nordamerika

---

41 Vgl. REUHL, G. (1994), S. 127; SCHUMACHER, D. u.a. (1995), S. 17 ff.

42 Vgl. GIERL, H.; KOTZBAUER, N. (1992).

43 Vgl. GIERL, H.; KOTZBAUER, N. (1992), S. 986.

44 Dies wird in zahlreichen Veröffentlichungen der Wirtschaftspresse als Ursache für eine verringerte Wettbewerbsfähigkeit angesehen. Vgl. z.B. SCHÖNBECK, K.(1991), S. 107; SATORI, A.; HÖHN, J.; GLÖCKNER, T. (1991), S. 66 f.

(Kanada und USA) und Japan, so fällt auf, daß sich der Anteil der EU (ca. 30 %) von 1981 bis 1991 leicht vermindert hat. Der gemeinsame Anteil Kanadas und der USA hat sich jedoch um fast fünf Prozentpunkte verringert, während Japan einen fast ebenso hohen Anstieg zu verzeichnen hatte.[45] Wohl wiesen einige EU-Länder wie das Vereinigte Königreich und die Niederlande rückläufige Anteile auf, doch wurde dies durch Steigerungen in Italien und Spanien teilweise kompensiert. Insgesamt gaben die Schweiz, Japan und die USA 1991 einen höheren Anteil ihres Bruttoinlandprodukts für FuE als die meisten EU-Länder aus. Die OECD weist aber ausdrücklich daraufhin, daß kein systematischer Zusammenhang zwischen dem Wachstum des BIP und erhöhten FuE-Anstrengungen feststellbar war.[46]

Beim Vergleich der Herkunft der Mittel für FuE in den einzelnen Regionen fällt auf, daß der Teil, der in Japan von der Privatwirtschaft investiert wurde, 1981 bei 67,7 % lag, der Anteil des Staates hingegen bei ca. 25 %. Bis 1991 stieg der Anteil der Privatwirtschaft um etwa 10 %-Punkte, während der staatliche Anteil lediglich noch 16,4 % ausmachte.[47] Die Steigerungen der japanischen Forschungsaufwendungen in den achtziger Jahren sind größtenteils auf die Initiative des privaten Sektors zurückzuführen. Auch in der EU - mit zum Teil erheblichen Unterschieden in einzelnen Ländern - sind die privat finanzierten FuE-Aufwendungen im gleichen Zeitraum von 48,3 auf 51,7 % gestiegen. In den USA nahm der Anteil der privaten FuE-Aufwendungen von 48,8 auf 52,6 % zu.

Eine Betrachtung der Finanzierungsquellen für die unternehmerischen FuE-Aktivitäten ergibt, daß in den USA 1991 drei Viertel der Ausgaben von der Privatwirtschaft selbst und ein Viertel staatlich finanziert wurden.[48] In der EU lag der private Anteil bei 78 %, während er in Japan über 98 % ausmachte. In allen drei Regionen ist der Anteil der Privatwirtschaft im Zeitraum von 1981 bis 1991 gestiegen. Während die Steigerung in der EU lediglich im Bereich von knapp drei Prozentpunkten und in Japan bei weniger als einem Prozentpunkt lag, steigerte die USA den Anteil der Privatwirtschaft um fast sieben Prozentpunkte.

2. Die Beschäftigten im FuE-Bereich

Bei der Verwendung der Zahl der Beschäftigten im FuE-Bereich als Indikator für die Wettbewerbsfähigkeit läßt sich eine ähnliche Argumentation wie bei den FuE-Ausgaben anwenden. Es handelt sich um eine Inputgröße, die nicht ohne weiteres auf einen Erfolg schließen läßt. Mitunter kann eine hohe Beschäftig-

---

45 Vgl. OECD (1995), S. 151 f.
46 Vgl. OECD (1995), S. 153.
47 Vgl. OECD (1995), S. 176.
48 Vgl. OECD (1995), S. 190.

tenzahl auf eine geringe Produktivität hindeuten oder sogar einen Hinweis auf einen ineffizient organisierten Forschungsprozeß geben.

Der Anteil der Forscher im EU-Raum an der Gesamtzahl der Forscher im OECD-Raum ist von 1981 bis 1989 schwach gesunken und liegt zwischen 25 und 30 Prozent. Ein besonders auffälliger Unterschied zwischen den drei Regionen besteht in dem Anteil den die Personalausgaben an den gesamten Forschungskosten im Unternehmenssektor ausmachen. Dieser Anteil belief sich 1989 in den USA und Japan auf etwa 40 %. Bedauerlicherweise liegen diesbezüglich keine Vergleichszahlen für die Europäische Union vor, sondern lediglich für die Mitgliedstaaten. Dieser Anteil liegt in allen europäischen Ländern über 40 % und nicht selten sogar über 50 %.

3. Die Handelsbilanz und Weltmarktanteile für hochwertige Industriegüter

Die Aussagefähigkeit der Handelsbilanz für hochwertige Industriegüter zur Bestimmung der Wettbewerbsfähigkeit ist nicht unumstritten. Als Definitionsmerkmal eines hochwertigen Industriegutes wird die FuE-Intensität - also das Verhältnis der FuE-Ausgaben zum Produktionswert - verwendet. Dabei werden Industriegüter nach Sektoren geordnet und die FuE-Intensitäten ermittelt.[49] Anschließend werden Klassen gebildet, in denen Sektoren annähernd gleicher FuE-Intensitäten zusammengefaßt sind. Hochwertige Industriegüter gehören zu der Klasse mit der höchsten FuE-Intensität.

Wiederum wird eine Inputgröße - nämlich die FuE-Ausgaben - dazu verwendet, um Rückschlüsse auf den Output abzuleiten. Dieser Einwand kann möglicherweise dadurch entkräftet werden, daß positive Korrelationen zwischen den Ausgaben und Patenten und wissenschaftlichen Publikationen nachgewiesen werden konnten.[50] Außerdem ergab eine Analyse der nominalen Wachstumsraten im Welthandel, daß besonders der Handel in FuE-intensiven Sektoren in den achtziger Jahren stärker gewachsen ist als in Sektoren mit einer geringen FuE-Intensität.[51]

Eine Analyse der EU-Handelsbilanz ergibt, daß im Bereich von Hochtechnologie seit über 20 Jahren Handelsbilanzdefizite gegenüber den USA und Japan bestehen. Die Defizite sind vor allem im Elektronik- und im Computerbereich aufgetreten. Überschüsse erzielte die EU im Bereich mittlerer bis niedriger Technologien gegenüber den USA und im Bereich der Niedrigtechnologie gegenüber Japan. Nimmt man an, daß sich diese Entwicklung fortsetzt, und geht man gleichzeitig davon aus, daß das Welthandelsvolumen in den weniger FuE-intensiven Bereichen schrumpft, wäre die Wettbewerbsfähigkeit der EU gefährdet. Es läßt sich aber nachweisen, daß eine hohe FuE-Intensität keinen

49 Vgl. OECD (1995), S. 265 ff.
50 Vgl. ARCHIBUGI, D.; PIANTA, M. (1992), S. 60 ff.
51 Vgl. OECD (1995), S. 229.

zwingenden Vorteil bei der Erlangung nachhaltiger Handelsbilanzüberschüsse garantiert.[52] Obwohl es Länder mit eindeutigen komparativen Vorteilen in einzelnen Technologiebereichen gibt, liegen die FuE-Intensitäten zum Teil weit auseinander. Es besteht heute weitgehende Einigkeit darüber, daß es neben der FuE-Intensität weitere Einflußfaktoren für nachhaltige Handelsbilanzüberschüsse oder -defizite bei technologieintensiven Gütern geben muß.

4. Patente und Lizenzen

Patente und Lizenzen, die zwischen Ländern gehandelt werden, finden sich in der technologischen Zahlungsbilanz wieder. "Die technologische Zahlungsbilanz (TZB) erfaßt internationale Transaktionen im Zusammenhang mit dem Patenthandel sowie dem Handel mit Lizenzen aus Patenten und anderen Elementen gewerblichen Eigentums sowie Zahlungen für Dienstleistungen mit wissenschaftlichen und technologischen Komponenten."[53] Die Technologiebilanz enthält Einnahmen und Ausgaben auf der Grundlage gegenwärtig und in der Vergangenheit abgeschlossener Verträge.

Während in den USA die Einnahmen die Ausgaben 1990 um das Fünffache überstiegen, übertrafen in Japan die Ausgaben die Einnahmen um etwa 10 %, in der EU waren die Zahlungsausgänge um etwa 39 % höher als die Eingänge. Sowohl die EU als auch Japan waren 1990 Nettoimporteure technologischer Leistungen. Der Technologietransfer zwischen Japan, den Vereinigten Staaten und der Europäischen Union entwickelte sich zwischen 1985 und 1990 folgendermaßen: Insgesamt nahm der Technologietransfer deutlich zu, sowohl die Einnahmen als auch die Ausgaben wurden mehr als verdoppelt. Gegenüber Nordamerika (Kanada und USA) waren die Ausgaben 1985 und 1990 höher als die Einnahmen. Allerdings konnten die Einnahmen zwischen 1985 und 1990 stärker gesteigert werden als die Ausgaben. Im Handel mit Japan übersteigen die Zahlungseingänge die Zahlungausgänge. Die Eingänge konnten um das Vierfache und die Ausgänge um das 2,4 -fache gesteigert werden.

Immer wieder werden Patentstatistiken herangezogen, um die Wettbewerbs- und Innovationsfähigkeit eines Landes zu verdeutlichen. Patente dienen der Aneignung der Innovationsrente und sollen so dafür sorgen, daß es genügend Anreize gibt, in Forschung und Entwicklung zu investieren. Die Bedeutung von Patenten für die Aneignung der Innovationsrente wird oft überschätzt, wie empirische Untersuchungen belegen.[54] Für die Sicherung ihrer Innovationsrente legen Unternehmen mehr Wert darauf, als erste am Markt mit einem Produkt präsent zu sein und ein geschicktes Marketing zu betreiben.

---

52 Vgl. OECD (1995), S. 258.
53 Vgl. OECD (1995), S. 228.
54 LEVIN, R. C.; KLEVORICK, A. K.; NELSON, R. R.; WINTER, S. G. (1987); BRAENDLI, P. (1995), S. B 15.

Die allgemeine Kritik an der Aussagefähigkeit der Statistiken gründet sich auf folgende Einwände:[55]
- nicht alle Erfindungen sind patentierbar
- nicht alle Erfindungen werden patentiert
- patentierte Erfindungen sind von höchst unterschiedlicher Qualität und unterschiedlich hohem innovativen Potential.

Auf die Forschungsförderung der EU bezogen müßte zum einen gezeigt werden, daß Patente ein eindeutiger Indikator für die Wettbewerbsfähigkeit der EU und der anderen beiden Regionen sind. Zum anderen wäre zu belegen, daß höhere Forschungsaufwendungen in vermehrte Patentanmeldungen münden. Unter Vernachlässigung der Probleme, die mit der Aussagefähigkeit der Patente als Indikatoren verbunden sind, soll nun der Zusammenhang zwischen FuE-Aufwendungen und Patenten näher betrachtet werden.

Auf der Grundlage empirischer Beobachtungen läßt sich feststellen, daß es einen eindeutigen und positiven Zusammenhang zwischen den FuE-Aufwendungen und den Patentanmeldungen der Wirtschaftssektoren, der Gesamtheit der Unternehmen und der einzelnen Branchen gibt.[56] So fanden z.B. Schwalbach und Zimmermann (1991) in einer ökonometrischen Untersuchung heraus, daß eine Steigerung der FuE-Aufwendungen in Deutschland um 1 % zu einem Anstieg der Patentanmeldungen um 1,2 % führte.[57] Auf der Ebene einzelner Unternehmen sind FuE-Aufwendungen und Patente ebenfalls miteinander korreliert, allerdings ist der Zusammenhang bedeutend schwächer.

Die entscheidende Frage ist, ob mit zunehmenden FuE-Aufwendungen abnehmende Skalenerträge, d.h. abnehmende Patentanmeldungen auftreten. In einer amerikanischen Untersuchung wurde festgestellt, daß, über alle Wirtschaftssektoren betrachtet, kleinere Unternehmen mehr Patente anmelden als größere mit einem höheren FuE-Einsatz.[58] Ab einer bestimmten Unternehmensgröße sinken die Patentanmeldungen nicht mehr.

Sieht man sich die Patentanmeldungen nach Patentfamilien[59] in der OECD 1990 an, stellt man fest, daß fast vierzig Prozent aller Patente von EU-Bürgern, 29,3 % von US-Amerikanern und 21,6 % von Japanern angemeldet wurden.[60] Die stärkste Zunahme an Patentanmeldungen im Zeitraum 1980 bis 1990 ging von den Japanern aus (85 %). Im gleichen Zeitraum stiegen die Anmeldungen

---

55 Vgl. GRILICHES, Z. (1990).

56 Vgl. GRILICHES, Z. (1990), S. 1673 f.

57 Vgl. SCHWALBACH, J.; ZIMMERMANN, K. F. (1991).

58 Vgl. GRILICHES, Z. (1990), S. 1674 ff.

59 Wenn in jedem in die Betrachtung einbezogenen Land jeweils ein Patent für ein und dieselbe Erfindung beantragt wurde, bezeichnet man diese als Patentfamilie. Eine Betrachtung von Patentfamilien hat den Vorteil, daß Doppelzählungen vermieden werden. Der Nachteil besteht darin, daß Patente, die nicht in allen in die Betrachtung einbezogenen Länder gleichzeitig beantragt wurden, nicht berücksichtigt werden.

60 Vgl. OECD (1995), S. 222 ff. Die OECD verweist ausdrücklich darauf, daß der Anteil der EU vor allem deshalb so hoch ist, da innereuropäische Anmeldungen nicht ausgeklammert worden sind. Werden sie herausgerechnet, liegt die EU hinter den USA und vor Japan.

der EU-Bürger um 21 %, die der Amerikaner um 60 %. Beim Vergleich der Patentanteile mit den Anteilen der einzelnen Regionen an den gesamten FuE-Ausgaben der OECD-Länder fällt auf, daß die Europäer ihre Patentanmeldungen mit dem geringsten FuE-Aufwand erzielt haben.[61] Auf sie entfallen ca. 40 % aller Anmeldungen, während sie nur 30,6 % aller Aufwendungen getragen haben. Auf die Amerikaner entfallen 30 % aller Anmeldungen bei einem Aufwandsanteil von über 40 % (Japan 21,6 zu etwa 20 %). Der Anteil der ausländischen Anmeldungen an den inländischen Meldungen beläuft sich in der EU auf 36, in den USA auf 26 und in Japan auf 11 %. Wenn Patente tatsächlich als Indikator für die Innovationsfähigkeit eines Landes genutzt werden könnten, ist aus europäischer Sicht allenfalls die Tatsache beunruhigend, daß die Patentanmeldungen der Amerikaner und Japaner stark zugenommen haben.

5. Zwischenergebnis

Die Kernaussagen des vorgestellten Zahlenmaterials sind in Übersicht 4 zusammengefaßt. Insgesamt läßt sich festhalten, daß ein Vergleich der drei Regionen bezüglich der FuE-Aufwendungen, der Forscherzahl und der Ausgabenstrukturen im FuE-Bereich gravierende Unterschiede zwischen Japan einerseits und der EU und den USA andererseits ergibt. Der wohl auffälligste Unterschied liegt in der finanziellen Zurückhaltung des japanischen Staates. Die angestellten Vergleiche sind jedoch wenig hilfreich, denn sie lassen keinen Rückschluß auf die Wettbewerbsfähigkeit der einzelnen Regionen zu.

Die bisherige Betrachtung ergibt, daß die üblichen Methoden für eine zweifelsfreie Bestimmung der Wettbewerbsfähigkeit der Volkswirtschaft Europäische Union und der europäischen Unternehmen kaum geeignet sind. Selbst wenn man sie anwendet, lassen sich gravierende oder systematische Unterschiede zwischen den drei Wirtschaftsräumen nicht immer feststellen, allenfalls zwischen Japan auf der einen und der EU und den USA auf der anderen Seite. Wenn die Handelsbilanzen für technologieintensive Güter verwendet werden, lassen sich unter bestimmten Voraussetzungen besorgniserregende Szenarien für die EU prognostizieren. Insgesamt läßt sich eine gefährdete oder nicht vorhandene Wettbewerbsfähigkeit der Europäischen Union gegenüber Japan und den USA nicht zweifelsfrei feststellen. Die Wettbewerbshypothese der Kommission kann deshalb nicht als belegt betrachtet werden.

---

61 Die OECD vergleicht in ihrer Veröffentlichung die Anteile des Unternehmenssektors der betreffenden Region an den gesamten FuE-Aufwendungen im OECD-Raum. Dabei wird jedoch vernachlässigt, daß nicht nur der Beitrag des Unternehmenssektors, sondern auch die staatliche Forschung zu Patentanmeldungen führen kann.

Übersicht 4: Wesentliche Unterschiede und Gemeinsamkeiten der Europäischen Union, Japan und den Vereinigten Staaten von Amerika im FuE-Bereich

Kriterium	Unterschiede/Gemeinsamkeiten
- absolute Höhe der FuE-Aufwendungen 1991	- die USA leisten den größten Forschungsaufwand
- relative Höhe der FuE-Aufwendungen (in % des BIP) 1991	- Japan leistet die größten relativen FuE-Aufwendungen
- Entwicklung des Anteils der FuE-Aufwendungen an den gesamten FuE-Aufwendungen im OECD-Raum von 1981 - 1991	- nur Japan hat seinen Anteil gesteigert/ der Anteil der USA ist am stärksten gesunken
- Anteil der privat finanzierten an den gesamten FuE-Aufwendungen 1991	- dieser Anteil ist in Japan am höchsten (ca.77 %)/ in der EU und den USA ist er etwa gleich hoch (ca.50 %)
- Entwicklung des von der privaten Wirtschaft finanzierten Teils an den gesamten FuE-Aufwendungen zwischen 1981 und 1991	- die japanische Wirtschaft hat ihren Anteil stark erhöht/die europäischen und amerikanischen Unternehmen haben ihren Anteil geringfügig erhöht
- Finanzierungsanteil des Privatsektors an den gesamten privaten FuE-Aktivitäten 1991	- der Anteil der japanischen Wirtschaft ist am höchsten/die Anteile der europäischen und amerikanischen Wirtschaft sind etwa gleich groß
- Anteil der Personalausgaben an den gesamten Forschungsausgaben der privaten Wirtschaft 1989	- dieser Anteil ist in der EU am höchsten

II. DIE INFORMATIONSHYPOTHESE

Es ist zu prüfen, inwiefern die Europäische Kommission in der Lage ist, Hochtechnologiebereiche zu identifizieren, deren Förderung die Wettbewerbsfähigkeit der Europäischen Union stärkt. Normalerweise erfolgt die Auswahl sogenannter Schlüsseltechnologien in einer Marktwirtschaft durch die Unternehmen. Diese adaptieren Technologien, wenn sie dadurch entweder Wettbewerbsnachteile ausgleichen oder Wettbewerbsvorteile erreichen können. Wird die Adaption im Vergleich mit Konkurrenten zu spät oder überhaupt nicht vorgenommen, droht den Unternehmen der Verlust der Wettbewerbsfähigkeit. Eine Auswahl der Schlüsseltechnologien durch den Staat impliziert die Hypothese, daß die Unternehmen dazu nicht oder nur unzureichend in der Lage sind. Die Einschaltung der Kommission ließe sich dann als Folge eines Informationsvorsprungs rechtfertigen.

In der Literatur wird ein Informationsvorsprung des Staates grundsätzlich bezweifelt.[62] Ein dem internationalen Wettbewerb ausgesetztes Unternehmen wird einen Nachfragerückgang, der als Folge technologisch induzierter Kostensenkungen bei der Konkurrenz auftritt, vermutlich selbst durch den Einsatz kostengünstigerer Technologien zu verhindern suchen. Dies setzt entsprechende Informationen voraus. Wahrscheinlich verfügt das Unternehmen über bracheninterne Informationen über neue Produkte und Verfahren, weil es täglich damit konfrontiert wird. Es ist daher die Frage, auf welche Weise Bedienstete der Kommission gleichwertige oder bessere Einsichten erhalten.

In die Entstehung, Ausgestaltung und Durchführung der EU-Förderprogramme sind neben Kommissionsmitarbeitern zahlreiche Sachverständige aus den nationalen Administrationen, aus der Wissenschaft und den Unternehmen eingebunden. Ob deren Kapazität zur Verarbeitung des Informationsbedarfs ausreicht, darf bezweifelt werden. Darüber hinaus ist es fraglich, inwiefern die auf der Basis der Informationen abgeleiteten Schlußfolgerungen auf die Unternehmen übertragbar sind. Zudem besteht insgesamt die Gefahr, daß Lobbyisten ihren Einfluß verstärkt geltend machen. An der Auswahl der Schlüsseltechnologien für die europäische Forschungsförderung waren vor allem Großunternehmen beteiligt. Insbesondere die Förderprogramme für die Informations- und Kommunikationstechnologien sollen auf Betreiben von etwa 12 Konzernen geschaffen worden sein.[63]

Am Informationsdefizit des Staates setzt auch die Kritik an der Übertragung der japanischen Koordination der nationalen Forschung durch das Ministerium für internationalen Handel und Industrie (MITI) auf die Europäische Kommission an. Das MITI koordiniert die Forschung, indem es einen Dialog zwischen Wissenschaft und Wirtschaft forciert und die Forschungsressourcen zu bündeln versucht.[64] Den Beteiligten geht es aber nicht darum, Fördermittel zu verteilen, sondern um eine Einigung auf ein gemeinsames Forschungsprogramm. Sie legen dabei die Aufteilung der industriellen und staatlichen FuE-Ressourcen auf einzelne Schwerpunkte fest, wobei die Tätigkeit des MITI auf die Koordination der Industrieforschung beschränkt ist.[65] Prinzipiell muß aber bezweifelt werden, daß das MITI über Informationen verfügt, die es in die Lage

---

62 Vgl. KERBER, W. (1991); EWERS, H.-J.; FRITSCH, M. (1987) ; HAX, H. (1986); HAYEK, F. A. (1945).

63 Vgl. REICHARDT, K.; WIMMERS, S.; KAYSER, G. (1992), S. 28.

64 Vgl. WICHMANN, S. (1991), S. 40; STARBATTY,J.; VETTERLEIN, U. (1990); El-Agraa (1997) ist der Auffassung, daß das MITI keine administrative Führung ausübt, sondern daß die feste Verbindung zwischen der Industrie und der Regierung in Japan den japanischen Konsens reflektiert. Vgl. EL-AGRAA, A. M. (1997).

65 Vgl. REUHL, G. (1994), S. 67 ff.

versetzt, die Koordination besser vornehmen zu können als die Unternehmen selbst.[66]

Die Informationshypothese der Kommission ist damit ebensowenig belegt wie die Wettbewerbshypothese. Darüber hinaus stellt sich die Frage, ob die Kommission überhaupt eine Auswahl von Sektoren vorgenommen hat. Ein Blick auf die Programmthemen läßt eine starke Bevorzugung der Informations- und Kommunikationstechnologie erkennen. Doch ist diese, so wie auch die Werkstofftechnologien nicht einem speziellen Sektor zuzuordnen, sondern von Unternehmen aller Branchen nutzbar.

III. DIE REAKTIONSHYPOTHESE

Ein immer wieder angeführtes Argument zur Rechtfertigung von Subventionen ist der Hinweis, daß in Ländern, deren Volkswirtschaften in Konkurrenz zur eigenen Volkswirtschaft stehen, ebenfalls Forschungssubventionen gezahlt werden. Dieses Argument läßt sich im Rahmen der Strategischen Handelspolitik angemessen untersuchen.

1. Das Konzept der Strategischen Handelspolitik

Der Ausgangspunkt dieser von Brander und Spencer (1983) grundlegend konzipierten Theorie sind steigende Skalenerträge.[67] Angenommen, es gibt zwei identische Unternehmen aus zwei verschiedenen Ländern, die dasselbe Gut produzieren und sich in einem Cournot-Wettbewerb befinden. Das Ergebnis des Wettbewerbs wird ein Gleichgewicht auf dem Gütermarkt mit identischen Produktionsmengen sein. Falls bei der Produktion des Gutes steigende Skalenerträge erzielbar wären, könnte ein Unternehmen, wenn es einmal seine Produktion stärker ausdehnen kann als das andere, die größeren Teile der Nachfrage auf sich ziehen. Normalerweise wird das nicht der Fall sein, weil das Konkurrenzunternehmen auf jede Produktionsänderung sofort reagiert.

In dieser Situation tritt einer der beiden Staaten, in denen die Unternehmen ansässig sind, als Subventionsgeber auf.[68] Mit Hilfe der Subvention gelingt es dem geförderten Unternehmen, seine Kosten zu senken, die Angebotsmenge auszudehnen und einen größeren Oligopolgewinn zu erzielen. Unter der Voraussetzung, daß das gesteigerte Angebot keine allokativen Verzerrungen verursacht, steigt die Wohlfahrt im Land des subventionierten Unternehmens. Die Relevanz für das Thema dieser Arbeit ergibt sich, wenn der Prozeß als Folge von Forschungssubventionen betrachtet wird.

---

66 Vgl. HAX, H. (1986), S. 182.

67 Vgl. SPENCER, B. J.; BRANDER, J. A. (1983).

68 Vgl. hierzu auch LEAHY, D.; NEARY, J.P. (1996).

Die Kritik an der Strategischen Handelspolitik richtet sich gegen die folgenden, der Theorie zugrunde gelegten Annahmen. Es wird vorausgesetzt,[69] daß

1. Oligopolrenten auf der Grundlage von statischen Skalenerträgen entstehen.
2. Oligopolrenten auf der Grundlage von dynamischen Skalenerträgen entstehen.
3. Oligopolrenten auf der Grundlage von Netzwerkexternalitäten entstehen.
4. der Wettbewerb zwischen den Unternehmen über die Angebotsmengen stattfindet (Cournot-Wettbewerb).
5. Vergeltungsmaßnahmen des Auslands unterbleiben.
6. Lobbyaktivitäten der Unternehmen ausbleiben.
7. die Existenz multinationaler Unternehmen ausgeschlossen ist.

Oligopolrenten sind eine Voraussetzung, damit gesichert bleibt, daß nach der Förderung die Gewinne des geförderten Unternehmens nicht von anderen Unternehmen abgeschöpft werden. Demnach müssen Markteintrittsbarrieren vorliegen, die das verhindern. Die Existenz von Markteintrittsbarrieren wird damit begründet, daß hohe FuE-Investitionen vor Produktionsbeginn notwendig sind, die von dem geförderten Unternehmen bereits geleistet wurden und die bei einer Ausdehnung der Produktion geringere Stückkosten verursachen (statische Skalenerträge). Diese kann das ausländische Unternehmen im Konzept der strategischen Handelspolitik ebenfalls realisieren. Deshalb benötigt man eine Begründung, weshalb das subventionierte, inländische Unternehmen bei einer Ausdehnung seiner Produktion weitere Skalenerträge erzielen kann. Dazu führt man Lernkurveneffekte ein, durch die wiederum sinkende Stückkosten erzielt werden können (dynamische Skalenerträge).

Vergeltungsmaßnahmen des Auslands resultieren in einer ineffizienten Situation, die in Abbildung 1 dargestellt ist. Vordergründig wäre eine Forschungsförderung unumgänglich, wenn sich einer der beiden Staaten nicht technologisch überholen lassen möchte. Für beide Staaten wäre es jedoch das beste, keine Forschungsförderung zu betreiben - keiner der beiden Staaten erlangt in diesem Fall einen Wettbewerbsvorteil - und gleichzeitig die Ressourcen für die Förderung zu sparen.

Um dieser ineffizienten Pattsituation zu entgehen wird empfohlen, von einer Förderung abzusehen, die Brauchbarkeit der technologischen Errungenschaften des fördernden Landes zu prüfen und gegebenenfalls zu imitieren.[70] Dieser Vorgehensweise könnte ein Technologieembargo seitens des fördernden Staates entgegenstehen. Bei dieser Argumentation bleibt unberücksichtigt, daß die Gesamtheit der Unternehmen des Embargostaates die Erfindung dann auch nicht vollständig nutzen kann. Zunächst ist es ihnen nicht möglich, Erträge aus Lizenzvergaben an ausländische Unternehmen zu erzielen. Weiter er-

---

69 Vgl. KLODT, H. (1993), S. 201 ff.
70 Vgl. STARBATTY, J. (1987), S. 167.

fordert eine Geheimhaltung der Forschungsergebnisse verstärkte Schutzbemühungen. Dies kann dazu führen, daß sie auf Exporte verzichten müssen, wenn die Erfindung imitiert werden kann. Allerdings können einzelne Unternehmen, die bislang mit einer massiven ausländischen Konkurrenz konfrontiert waren, die Erfindung nutzen, um diese auszuschalten.

Abbildung 1: Entscheidungssituation des Staates

		Staat 1	
		fördert	fördert nicht
Staat 2	fördert	beide Staaten gleich, Ressourcenverschwendung	Staat 2 erlangt Wettbwerbsvorteile
	fördert nicht	Staat 1 erlangt Wettbwerbsvorteile	beide Staaten gleich

Eine Legitimation von Subventionen an bestimmte Branchen und Unternehmen auf der Grundlage der Theorie der Strategischen Handelspolitik erfordert eine Prüfung der entsprechenden Voraussetzungen. Für jede Branche ist festzustellen, inwiefern Markteintrittsbarrieren (Annahmen 1-3) vorliegen, Vergeltungsmaßnahmen des Auslands (Annahme 5) und Lobbyaktivitäten (Annahme 6) unterbleiben und multinationale Unternehmen nicht existent sind (Annahme 7).[71]

Die von der EU ausgewählten Programmschwerpunkte sind u.a.: Informationstechnologien, Kommunikationstechnologien, telematische Systeme, industrielle und Materialtechnologien, Standardisierung bei Messungen und Tests, Umweltschutz, Meereswissenschaften, Biotechnologie, Landwirtschaft. Von der Förderung sind fast alle Branchen betroffen. So z.B. die Computerindustrie (Hardware- und Softwarehersteller), die Halbleiterindustrie, die Elektroindustrie, der Fahrzeugbau, die Luft- und Raumfahrt, der Maschinenbau, die Textilindustrie, die Chemische Industrie, die Pharmazeutische Industrie, die Energieerzeugung etc. Markteintrittsbarrieren ließen sich in allen diesen Branchen eventuell durch Konzentrationstendenzen nachweisen. Dagegen spricht aber, daß die Rangfolge der Unternehmen in den meisten Branchen hinsichtlich ihrer Größe immer wieder wechselt. Wenn nämlich Lerneffekte Markteintrittsbarrieren begründen und ein Unternehmen einmal die Spitzenposition eingenommen hat, dürfte es von anderen kaum noch überholt werden können.

---

71 Die Voraussetzung der Annahme 4, also die Annahme des Cournot-Wettbewerbs im Oligopol, läßt sich kaum überprüfen. Im Falle eines Bertrand-Wettbewerbs lassen sich die Ergebnisse der Strategischen Handelspolitik nicht aufrecht erhalten.

Im Rahmen dieser Untersuchung ist eine vollständige Prüfung der Voraussetzungen für die Anwendbarkeit der Strategischen Handelspolitik als Begründung für die Förderung nicht möglich. Dies wurde z.T. an anderer Stelle bereits geleistet. Für die Mikroelektronik hat z.B. KLODT (1993) eine Untersuchung vorgenommen und festgestellt, daß die Voraussetzungen für eine Begründung der Technologieförderung europäischer Mikroelektronik-Unternehmen auf der Grundlage der Strategischen Handelspolitik nicht gegeben sind.[72] Am Beispiel der Halbleiterindustrie läßt sich zudem zeigen, daß die relevanten Staaten sich bereits in der oben angeführten Dilemmasituation befinden. Nicht nur die Vereinigten Staaten und Japan, sondern auch Taiwan und Korea fördern die heimische Halbleiterindustrie durch Subventionen, steuerliche Hilfen, Marktzugangsbeschränkungen und wettbewerbspolitische Maßnahmen.[73]

Auch im Bereich der computerintegrierten Fertigung (CIM) können Markteintrittsbarrieren für potentielle "Newcomer" nicht als Begründung für Subventionen im Sinne der Strategischen Handelspolitik angeführt werden. Wohl existieren bestimmte Lerneffekte, die absolute Kostenvorteile der etablierten Unternehmen begründen können, die bislang bestehenden Vorteile durch Economies of Scale werden aber durch die CIM-Technologie verringert.[74] Darüber hinaus kann CIM aufgrund der erhöhten Flexibilität der Fertigung eine die Eintrittsbarrieren reduzierende Wirkung haben. Damit sind wichtige Voraussetzungen für die Anwendung der Strategischen Handelstheorie als Begründung für die Förderung von FuE im Bereich CIM nicht gegeben.

2. Zwischenergebnis

Die vorangegangenen Ausführungen lassen deutlich werden, daß FuT-Subventionen als Reaktion auf die FuT-Politik anderer Staaten nicht begründbar sind. Die Argumentation ist vermutlich politisch motiviert, ökonomisch aber nicht haltbar.

I.V. DIE PRODUKTIVITÄTSHYPOTHESE

Ein weiteres, die Debatten beherrschendes Argument ist, daß bestimmte Technologien eine überaus starke positive Wirkung für die gesamte Wirtschaft auslösen. Eine derartige Wirkung wird vielfach der Informationstechnologie zugesprochen. Es sei deshalb sinnvoll, diese Technologie zu subventionieren.

Diese Schlußfolgerung kann im Rahmen der Neuen Wachstumstheorie näher betrachtet werden. Im folgenden wird die Theorie kurz erläutert. Anschlie-

---

72 Vgl. KLODT, H. (1993), S. 212 ff.
73 Vgl. HILPERT, H. G.; OCHEL, W.; PENZKOFER, H.; REINHARD, M. (1994), S. 53.
74 Vgl. SEELER, K. J. (1993), S. 110 ff.; Zum Personal-Computermarkt. Vgl. MINDERLEIN, M. (1989).

ßend folgt eine Beurteilung der Anwendbarkeit der Implikationen als Rechtfertigung der FuT-Förderung der EU.

1. Neue Wachstumstheorie

Die Zielsetzung der Neuen Wachstumstheorie besteht darin, wirtschaftliches Wachstum endogen zu erklären.[75] Dies gelingt durch die Einführung eines akkumulierbaren Produktionsfaktors mit konstanten Grenzerträgen, der als Kapitalstock interpretiert werden kann, in die gesamtwirtschaftliche Produktionsfunktion. Daneben existiert der nicht oder teilweise nicht akkumulierbare Produktionsfaktor Arbeit, der abnehmende Skalenerträge aufweist.

Damit die ökonomische Gleichgewichts- und Optimalitätsbedingung aufrecht erhalten werden kann, müssen die Produktionsfaktoren nach ihrem Grenzprodukt entlohnt werden. Bei einer Produktionsfunktion, in der die Produktionsfaktoren beschränkt substituierbar sind, ein Faktor konstante und einer abnehmende Skalenerträge aufweist, führt eine Entlohnung nach dem Grenzprodukt dazu, daß mehr als das produzierte Sozialprodukt verteilt wird.[76] Da dies nicht möglich ist, steht auch die Existenz eines allgemeinen, langfristigen Gleichgewichts in Frage.

In der Theorie behilft man sich, indem lediglich Teile des akkumulierbaren Faktors mit dem privaten Grenzprodukt entlohnt werden und der Rest als externer Ertrag allen Wirtschaftssubjekten zur Verfügung steht.[77] Die Produzenten orientieren sich bei ihren Investitionsentscheidungen lediglich an der Höhe des privaten Grenzprodukts und vernachlässigen die externen Erträge. Das daraus resultierende Wirtschaftswachstum ist nicht optimal. Aus diesem Zusammenhang ist die Notwendigkeit staatlicher Eingriffe zur Erhöhung der Investitionen in Kapitalgüter und damit einer Stärkung des gesamtwirtschaftlichen Wachstums abgeleitet worden.[78] Subsumiert man Forschung und Entwicklung unter dem Begriff Kapitalgüter, können die Implikationen der Neuen Wachstumstheorie vordergründig zur Legitimation von Forschungssubventionen herangezogen werden.

Zur Begründung einer sektorspezifischen Forschungsförderung ist die Neue Wachstumstheorie erst durch die Verknüpfung mit der ricardianischen Außenhandelstheorie geeignet.[79] Ein Land habe gegenüber einem zweiten einen komparativen Vorteil bei der Produktion von Hochtechnologiegütern. Dem Gesetz der komparativen Kosten zufolge spezialisiert sich das erste Land auf die

---

75 Vgl. ROMER, P. M. (1990).

76 Eine formale Darstellung findet sich bei Klodt (1993). Mathematisch ausgedrückt ist eine solche Produktionsfunktion nicht linear homogen, weil sie die Eigenschaft des Euler'schen Theorems nicht vorweist. Vgl. KLODT, H. (1993), S. 206 ff.; CHIANG, A.C. (1984), S. 410 ff.

77 Vgl. KLODT, H. (1993), S. 207.

78 Dies läßt sich nicht aus allen Modellen der Neuen Wachstumstheorie schließen. Vgl. z.B. JONES, C. E. (1995), S. 769.

79 Vgl. GROSSMAN, G. M.; HELPMAN, E. (1990).

Produktion von Hochtechnologiegütern und das zweite auf Niedrigtechnologiegüter und beide profitieren davon. Bei der Produktion von Hochtechnologiegütern entsteht technologisches Wissen, das die Produktivität in beiden Sektoren erhöht. Da das technologische Wissen im Hochtechnologiesektor entsteht, wird technologisches Wissen ausschließlich in dem Land gewonnen, daß sich auf die Hochtechnologiegüterproduktion spezialisiert hat. Nimmt man nun an, daß das technologische Wissen nicht über die Landesgrenze hinweg diffundiert, wird lediglich die Produktivität im Hochtechnologieland gesteigert. Dies führt schließlich dazu, daß die Wirtschaft im Hochtechnologieland stärker wächst als im Niedrigtechnologieland. Auf der Basis dieser Annahme ließe sich eine Forschungsförderung von Hochtechnologiesektoren begründen, weil eine Subventionierung möglicherweise zu starkem einseitigem Wachstum führt.

Die Schlußfolgerung gilt ausschließlich für das Hochtechnologieland. Subventioniert nämlich das Niedrigtechnologieland im FuE-Bereich, führt das nicht zwangsläufig zu höherem Wachstum.[80] In diesem Fall ist unklar, ob die Produktivitätsgewinne im Niedrigtechnologiesektor die Ineffizienzen im Hochtechnologiesektor - die Subvention führt zu einer Ausdehnung der Produktion, obwohl man hier einen komparativen Nachteil hat - ausgleichen. Es besteht dann sogar die Möglichkeit einer sinkenden Wachstumsrate. Sollte die Europäische Union einen komparativen Nachteil in Hochtechnologiesektoren vorweisen, ist im Rahmen des angeführten Modells eine FuE-Subvention abzulehnen.

Die bei der oben aufgeführten Legitimation für die Forschungsförderung zugrunde gelegten Annahmen sind zudem im höchsten Maße unrealistisch. So kann z.B. davon ausgegangen werden, daß sich technologisches Wissen mit zunehmender Verflechtung der Volkswirtschaften schnell verbreitet und die Nutzung allenfalls für kurze Zeit ausschließlich auf ein Land beschränkt ist.

Die Schwierigkeit liegt außerdem darin, nachzuweisen, welche Sektoren besonders hohe Externalitäten auslösen.[81] Es wäre demnach zu überprüfen, ob die Nutzung der Mikroelektronik, der Software, der Kommunikationstechnik, die Biotechnologie usw. in anderen Sektoren höhere Produktivitätszuwächse auslösen als umgekehrt. Sofern dies nicht zweifelsfrei geklärt werden kann, ist eine sektorale Forschungsförderung abzulehnen. Zwar verweist die Kommission auf die grundlegende Bedeutung der genannten Techniken in allen Wirtschaftsbereichen. Den konkreten Nachweis dafür erbringt sie jedoch nicht.

Von anderer Stelle angestellte Untersuchungen ergaben, daß besonders die Schichtkörper, Farb- und Anstrichstoffe, Steuer- und Regelsysteme, Beschichtungsverfahren, Keramische Werkstoffe, Anzeigevorrichtungen, die Behandlung von Wasser und die Biochemie eine übergreifende Bedeutung haben.[82] Für die mit den Informations- und Kommunikationstechnologien verbundenen

---

80 Vgl. GROSSMAN, G. M.; HELPMAN, E. (1990), S. 811.
81 Vgl. KLODT, H. (1993), S. 224.
82 Vgl. GERSTENBERGER, W. (1992), S. 222 f. Die Feststellungen basieren auf einer Untersuchung der Verflechtungen der Technikfelder nach der internationalen Patentstatistik.

Techniken trifft dies nur bedingt zu. Auf dieser Grundlage ließe sich eventuell die Förderung der industriellen Werkstofftechnologien, der Computerintegrierten Fertigung und der Biotechnologie rechtfertigen. Die Subventionierung der Informations- und Kommunikationstechnologie ist auf diese Weise nicht begründbar.

2. Zwischenergebnis

Unter bestimmten Voraussetzungen läßt sich die Subventionierung einiger Technologien auf der Basis der Neuen Wachstumstheorie begründen. Diese Voraussetzungen sind aber in der wirtschaftlichen Praxis meist nicht gegeben. Darüber hinaus üben einzelne Techniken nicht zwangsläufig eine positive Wirkung auf alle übrigen Wirtschaftsbereiche aus. Es besteht der Verdacht, daß sie lediglich im beschränkten Umfeld nutzbar sind. Die Produktivitätshypothese der Kommission ist also ebenfalls nicht eindeutig belegt und kann daher nicht als Argument für die Subventionen angeführt werden. Vermutlich hat die Kommission sogar Technikfelder ausgewählt, deren Errungenschaften nicht in höherem Maße als Grundlage für weitere Fortschritte in anderen Bereichen dienen als die Errungenschaften nicht geförderter Technikfelder.

V. DIE MARKTVERSAGENSHYPOTHESE

In einer Marktwirtschaft findet die Allokation der Ressourcen dezentral über die Märkte statt. Unter einem normativen Postulat soll die Allokation so vorgenommen werden, daß jeder Produktionsfaktor dort eingesetzt wird, wo er die größten gesamtwirtschaftlichen Erträge abwirft und so zum größtmöglichen Wohlstand beiträgt.[83] Eine Allokation der Ressourcen, die diesen Bedingungen genügt, wird als effizient bezeichnet. Marktversagen liegt vor, wenn die Allokation von Ressourcen über die Märkte nicht dazu führt, daß ein maximales Wohlstandsniveau erreicht wird.

Marktversagen liegt demnach vor, wenn es möglich ist, ein höheres Wohlstandsniveau durch eine Umverteilung der Ressourcen auf die Produktionsprozesse zu erreichen. Von einer Überversorgung oder -investition in einem Produktionsprozeß mit Ressourcen spricht man, wenn:

(1) der Einsatz der Ressourcen in einem anderen Produktionsprozeß zu einer höheren Produktion oder zu einem geringeren Verbrauch der dort verwendeten Produktionsfaktoren führen würde und

---

83 Dies ist erfüllt, wenn der gesellschaftliche Ertrag der letzten jeweils eingesetzten Ressourceneinheit gleich den gesellschaftlichen Kosten dieses Einsatzes ist. Es muß gelten: gesellschaftlicher Grenzertrag des Ressourceneinsatzes = gesellschaftliche Grenzkosten des Ressourceneinsatzes.

(2) diese Umverteilung nicht zur Folge hätte, daß in dem ursprünglichen Produktionsprozeß weniger produziert wird oder ein erhöhter Verbrauch der übrigen, dort verwendeten Produktionsfaktoren entsteht.

Im Falle der Überversorgung oder - investition fallen somit die gesellschaftlichen Grenzkosten der Ressource Forschung höher aus als ihr Grenzertrag.

Von einer Unterversorgung oder -investition in einem Produktionsprozeß mit Ressourcen spricht man, wenn:

(1) man Ressourcen aus einem anderen Produktionsprozeß nutzen könnte, um zu einer höheren Produktion oder zu einem geringeren Verbrauch der bereits verwendeten Produktionsfaktoren zu gelangen,

(2) ohne dadurch die Produktion in dem anderen Produktionsprozeß zu verringern oder dort ein erhöhter Verbrauch der übrigen Produktionsfaktoren entsteht.

Im Falle der Unterversorgung oder -investition fällt der gesellschaftliche Grenzertrag der Ressource Forschung höher aus als ihre Grenzkosten.

Das Interesse dieser Untersuchung ist auf Marktversagen im Bereich von Forschung und Entwicklung gerichtet. Marktversagen läßt sich hier danach unterscheiden, ob FuE als Prozeß oder als Ressource betrachtet wird. FuE läßt sich durchaus als Prozeß auffassen, dessen Entstehung den Einsatz von Ressourcen voraussetzt. In diesem Fall liegt Marktversagen vor, wenn entweder zuviel oder zuwenig Ressourcen im oben erläuterten Sinn in FuE investiert werden. Die wichtigste Ursache dafür ist ein Auseinanderfallen der individuellen und kollektiven Einschätzung des Ertrages einer Investition in FuE.

Gleichermaßen lassen sich FuE selbst als Ressourcen auffassen. Marktversagen würde einerseits bedeuten, daß die Ressource entweder nicht in allen Produktionsprozessen eingesetzt wird, in denen ein Ertrag damit erzielt werden sollte. Andererseits kann es sein, daß in einigen Prozessen zuviel davon eingesetzt wird. Hier liegt nicht das Problem vor, daß zuwenig oder zuviel Ressourcen in FuE investiert wurden, sondern die Ressource FuE wurde ineffizient eingesetzt. Auch dies hat seine Ursache in einer unterschiedlichen kollektiven und individuellen Einschätzung des Ertrages.

Im folgenden soll untersucht werden, welche Umstände zu unterschiedlichen individuellen und kollektiven Einschätzungen des Ertrages und damit zu einer Über- und Unterinvestition in FuE einerseits und zu einer Über- und Unterversorgung mit FuE andererseits führen können.

1. Informationsdefizite

Wie bereits erwähnt (Kap. B.III.6.), legitimiert die Kommission ihre FuT-Förderung u.a. durch eine unzureichende Bereitsstellung und den unzureichenden Gebrauch von Information seitens der Unternehmen. Im folgenden soll untersucht werden, unter welchen Umständen dies auf Marktversagen zurückzuführen ist.

Marktversagen aufgrund von Informationsdefiziten wird auf der Grundlage einer Betrachtung des Wirtschaftsgutes Information abgeleitet.[84] Ein Informationsnachfrager kann den Nutzen einer Information erst dann richtig beurteilen, wenn ihm die Information bekannt ist. Dementsprechend besteht die Möglichkeit, daß er den genauen Wert einer Information, die er nicht kennt, falsch einschätzt. Je nach dem, ob er den Wert über- oder unterschätzt, wird er einen entsprechend geringen oder hohen Preis für die Information entrichten wollen. Hinzu kommt, daß die Informationsnachfrage mit Kosten verbunden ist. In dem Falle, in dem der Nachfrager diese Kosten höher einschätzt als den Wert der Information, wird er die Information nicht mehr nachfragen.

Das Dilemma kann durch den Anbieter der Information nicht gelöst werden. Zwar versetzt eine Bekanntgabe der Information den Nachfrager in die Lage, den Wert korrekt schätzen zu können. Doch hat er keinerlei Veranlassung mehr, den Kaufpreis für die Information zu entrichten. Aus diesem Grund wird der Anbieter seine Information nicht preisgeben. Da der Nachfrager den Wert der Information unterschätzt, fragt er sie nicht nach.

Überträgt man diese Argumentation auf die Gesamtwirtschaft und den Bereich FuE, ist zu vermuten, daß die Informationsnachfrage danach geringer ausfällt als bei korrekter Wertschätzung. Dies kann einerseits dazu führen, daß die Erkenntnisse aus der Forschung nicht in ausreichendem Maße eingesetzt werden. Andererseits besteht bei geringer Nachfrage kein Anreiz dazu, mehr Forschung zu produzieren als zur Deckung dieses Bedarfs erforderlich ist. Deshalb wird eine Verbesserung des Informationsstandes der Wirtschaftssubjekte durch staatliche Informationsangebote und eine Erhöhung des Angebots durch eine staatliche Informationsnachfrage als sinnvoll erachtet.[85]

In der wirtschaftswissenschaftlichen Literatur wird im allgemeinen bezweifelt, daß staatliche Instanzen den gesamtwirtschaftlich optimalen Informationsstand in Erfahrung bringen können.[86] Diese Kenntnis ist aber eine Voraussetzung für die Wirksamkeit von Programmen zur Verbesserung des Informationsstands. Werden solche Programme in Unkenntnis des optimalen Informationsstands eingeführt, findet möglicherweise eine nicht beabsichtigte Verdrängung privater Informationsdienste statt oder es kommt zu einem Überangebot an Informationen.

2. Unteilbarkeiten

Forschungsvorhaben sind in der Praxis nicht beliebig in Teilprojekte aufteilbar. Der Abschuß einer Trägerrakete für Satelliten läßt sich beispielsweise nicht in Teilvorgänge zerlegen. Außerdem erfordert die Durchführung von Versuchen

---

84 ARROW, K. J. (1971).
85 Vgl. STARBATTY, J.; VETTERLEIN, U. (1990), S. 38; EWERS, H.-J.; FRITSCH, M. (1987), S. 115.
86 Vgl. EWERS, H.-J.; FRITSCH, M. (1987), S. 113.

vielfach entsprechende Einrichtungen, die ebenfalls nicht beliebig teilbar sind. So setzt z.B. der Betrieb von Laboratorien und Versuchsanlagen in aller Regel das Vorhandensein einer Grundausstattung voraus, auf deren einzelne Komponenten aus technischen Gründen nicht verzichtet werden kann.

Neben diesen technischen Unteilbarkeiten existieren auch ökonomische Unteilbarkeiten.[87] Diese liegen vor, wenn die Unterschreitung einer bestimmten Größendimension bei der Durchführung eines Forschungsvorhabens unwirtschaftlich ist. So könnte sich der Bau einer gentechnischen Anlage als unrentabel herausstellen, wenn der Betreiber lediglich einen gentechnischen Versuch plant.

Es besteht also die Möglichkeit, daß ein Forschungsprojekt eine Größenordnung annimmt, die eine Durchführung durch ein einzelnes Unternehmen unmöglich werden läßt, z.B. aufgrund beschränkter Kapazitäten, die nicht erweitert werden können. Marktversagen tritt hier zutage, wenn das Vorhaben ökonomisch sinnvoll ist, aber weder vom größten noch der größten Gruppe von Unternehmen in einer Volkswirtschaft bewältigt werden kann.[88] Übertragen auf die Europäische Union hieße das, daß ein Vorhaben von der größten Gruppe von europäischen Unternehmen, die in dem jeweiligen Forschungsbereich tätig sind, aufgrund beschränkter Ressourcen nicht durchgeführt werden kann.

Hieraus die Notwendigkeit von Subventionen ableiten zu wollen, dürfte mit Schwierigkeiten verbunden sein. Es ist nämlich zweifelhaft, ob ein Großprojekt die industriellen Kapazitäten tatsächlich übersteigt.[89] So waren z.B. im Zeitraum 1987 - 2000 etwa 70 Mrd. DM für die Finanzierung der europäischen Raumfahrtprogramme vorgesehen.[90] Bei einer Gleichverteilung der Ausgaben auf die einzelnen Jahre ergibt das etwa 5 Mrd. DM. Allein 1992 betrugen die FuE-Ausgaben der Unternehmen in Deutschland ca. 45 Mrd. DM.[91] Durch eine Bündelung der finanziellen Ressourcen hätten die europäischen Raumfahrtbemühungen auch von der Privatwirtschaft durchgeführt werden können. Unteilbarkeiten lassen sich somit theoretisch als Begründungen für Subventionen anführen. Die Praxis zeigt jedoch, daß die privaten Unternehmen die Aufwendungen für Großprojekte leisten könnten.

3. Forschungsrisiken

Entscheidungen über Investitionen in FuE werden unter Unsicherheit getroffen. Der Unsicherheit liegen drei verschiedene Risiken zugrunde. Ein wesentliches Risiko resultiert aus der Unkenntnis darüber, ob die Forschungsbemühungen

---

87 Vgl. EWERS, H.-J.; FRITSCH, M. (1987), S. 113.
88 Vgl. EWERS, H.-J.; FRITSCH, M. (1987), S. 113.
89 Vgl. MEYER, M. (1995), S. 69 f.
90 Vgl. BUNDESMINISTERIUM FÜR FORSCHUNG UND TECHNOLOGIE (1993), S. 146.
91 Vgl. OECD (1993), S. 114.

überhaupt ein Ergebnis erbringen. Des weiteren ist unsicher, inwiefern ein Forschungsergebnis in ein Produkt oder einen Prozeß umgesetzt werden kann. Diese Ursachen der Unsicherheit lassen sich als Forschungs- oder technische Risiken bezeichnen.[92] Daneben existiert eine dritte Komponente durch die bestehende Ungewißheit über die mit der Vermarktung verbundenen (pekuniären) Erträge.

Jedes der aufgeführten Risiken kann dazu führen, daß private Unternehmen bestimmte Forschungsvorhaben meiden, weil die zu erwartenden Erträge zu gering ausfallen, um damit eine Übernahme der Risiken zu rechtfertigen. Dies wird dann zu einem Problem, wenn die Gesellschaft ihrerseits davon abweichende Ertragswartungen hat, die eine Durchführung der Forschungsvorhaben sinnvoll erscheinen lassen. Aus der Sicht der Gesellschaft liegt in solchen Fällen eine Unterinvestition in dem betreffenden Forschungsbereich vor.

Ein staatlicher Eingriff ließe sich hier allenfalls dadurch rechtfertigen, daß der Staat diesbezüglich über einen Informationsvorsprung verfügt oder die privaten Erträge nicht den gesellschaftlichen Erträgen entsprechen. Ob die Voraussetzungen eines Informationsvorsprungs gegeben sind, ist grundsätzlich zu bezweifeln. Fallen die Erträge auseinander, ließe sich der Eingriff allenfalls mit dem Argument begründen, daß positive externe Effekte vorliegen, nicht aber, indem Forschungsrisiken angeführt werden.

Andererseits könnte die unterschiedliche Einschätzung der Erträge auch aufgrund einer Bewertung zustande kommen, die außerhalb ökonomischer Maßstäbe liegt. So könnte die Durchführung bestimmter Vorhaben Erträge im Sinne ethischer Wertvorstellungen erbringen. Als Beispiele für derartige Forschungsvorhaben werden häufig Projekte im Gesundheitswesen angeführt.[93] In diesen Fällen ließe sich ein staatlicher Eingriff allerdings nicht mit Marktversagen begründen.

4. Öffentliche Güter

Forschungsergebnisse sind auf dem Wege der Information zwischen Wirtschaftssubjekten übertragbar. Eine ökonomisch entscheidende Eigenschaft der Erkenntnisse aus dem Forschungsprozeß ist, daß sie durch die Verwendung in einem Produktionsprozeß nicht verbraucht werden. Einer gleichzeitigen Nutzung in anderen Produktionsprozessen steht nichts im Wege, der Konsum wissenschaftlicher Grundlagen ist nicht rivalisierend. Forschungserkenntnisse erfüllen mit dieser Eigenschaft ein wesentliches Definitionsmerkmal öffentlicher Güter.[94]

---

92 Vgl. MEYER, M. (1995), S. 62 f.
93 Vgl. MEYER, M. (1995), S. 69 f.
94 Vgl. MUSGRAVE, R. A.; MUSGRAVE, P. B.; KULLMER, L. (1978); KERBER, W. (1991), S. 30 f.

Die Erkenntnisse sollten dementsprechend im Sinne einer optimalen Allokation in allen Produktionsprozessen von allen Wirtschaftssubjekten eingesetzt werden können.[95] Der Ausschluß anderer Wirtschaftssubjekte von der Nutzung ist aus Effizienzgründen abzulehnen. Findet dennoch ein Ausschluß statt, liegt Marktversagen vor. Deshalb ist zu fragen, ob der Staat versuchen sollte, das Informationsangebot über Forschungsergebnisse dahingehend zu beeinflussen, daß die Informationen jedem zugänglich sind, wann immer dies im Sinne einer effizienten Allokation sinnvoll ist.

Dieses Vorgehen scheitert vermutlich daran, daß ein Ausschluß nicht immer dann verhindert werden kann, wenn dies sinnvoll ist. Unter der Annahme, daß es dennoch möglich ist, sinken die Erträge, die die Forschungstätigkeit gerade durch den Ausschluß anderer Wirtschaftssubjekte ermöglicht hat. Deshalb kann dies zu einer Abnahme privater Forschungstätigkeiten führen.

Ist davon auszugehen, daß der Staat das Informationsangebot nicht oder nur unzureichend beeinflussen kann, könnte er selbst als Anbieter von Forschungsergebnissen auftreten. In diesem Fall muß der Verdrängung privater Initiative Rechnung getragen werden.[96] Eine Verdrängung läßt sich allenfalls bei solchen Forschungstätigkeiten begründen, bei denen ein Ausschluß der Nutzung besonders nachteilig wäre. Herrschende Meinung ist deshalb, daß diese Voraussetzungen im Falle von Grundlagenforschung gegeben sind. Die Grundlagenforschung ist somit ein klassisches Beispiel für eine staatliche Aufgabe.[97]

5. Positive externe Effekte

5.1. Begriff

"Unter externen Effekten versteht man Einflüsse, die durch die Aktivität einer Wirtschaftseinheit (Konsument oder Produzent) auf andere Wirtschaftseinheiten ausgeübt werden, ohne daß diese Einflüsse über einen Preismechanismus gesteuert werden".[98] "Um positive externe Effekte (externe Erträge oder Ersparnisse) handelt es sich, wenn die Betroffenen durch die Aktivität einer anderen Wirtschaftseinheit begünstigt werden".[99] Man unterscheidet prinzipiell technologische und pekuniäre externe Effekte. Erstere beeinflussen das Preissystem nicht und können daher eine suboptimale Allokation von Ressourcen auslösen. Letztere beeinflussen das Preissystem indirekt und sind daher für die nachfolgende Betrachtung uninteressant, weil sie einer optimalen Allokation der Ressourcen unter den idealen Bedingungen der vollständigen Konkur-

---

95 Vgl. ARROW, K. J. (1971), S. 149.
96 Vgl. z.B. MAMUNEAS, T.; NADIRI, M. I. (1996), S. 77 f.
97 Vgl. NELSON, R. R.; WINTER, S. (1982), S. 390 f.
98 Siehe SCHLIEPER, U. (1988), S. 524.
99 Siehe SCHLIEPER, U. (1988), S. 524.

renz und vollkommenen Information nicht im Wege stehen. Weiter unterscheidet man positive externe Effekte im Produktions- und im Konsumbereich sowie solche zwischen den beiden Bereichen. Eine letzte Unterscheidung stellt auf horizontale positive externe Effekte zwischen Konkurrenten und vertikale zwischen Unternehmen verschiedener Produktionsstufen ab.[100]

Für die Zwecke dieser Untersuchung sind technologische positive externe Effekte bei der Produktion von Forschungsleistungen und im Falle des Konsums von Hochtechnologie-Produkten von Bedeutung, weil die EU in beiden Fällen durch ihre Forschungsförderung interveniert. Im folgenden Abschnitt soll untersucht werden, inwiefern positive externe Effekte in diesen Bereichen zu Marktversagen führen und gegebenenfalls ein staatlicher Eingriff gerechtfertigt werden kann oder abgelehnt werden muß.

5.2. Positive externe Effekte im Forschungsbereich

Im allgemeinen werden unter Forschungsaktivitäten oder der Produktion von Forschungsleistungen, sofern man diese als Prozeßabfolge ansieht, die Grundlagenforschung, die angewandte Forschung und im weitesten Sinne die Entwicklung verstanden. Gelegentlich unterscheidet man erkenntnisorientierte und anwendungsorientierte Grundlagenforschung.[101]

Erkenntnisorientierte Grundlagenforschung zielt auf die Gewinnung neuer wissenschaftlicher Erkenntnisse ab, ohne dabei einen Nutzen oder Schaden zu intendieren;[102] sie wird deshalb auch häufig als zweckfrei bezeichnet.[103] Für gewinn-, also zweckorientierte Unternehmen sind Investitionen in Grundlagenforschung nur zu begründen, wenn sich die Erkenntnisse auf die Lösung realer Probleme anwenden lassen. Gelegentlich wird die Grundlagenforschung auch dadurch gerechtfertigt, daß sie als Ausgangspunkt für bahnbrechende Erfindungen gilt.[104] Erkenntnisse aus der Grundlagenforschung nehmen in vielen Bereichen eine Art Schlüsselposition ein und werden damit zur Voraussetzung für einen Fortschritt und die kommerzielle Verwertung.[105]

Erkenntnisse sind kommerziell verwertbar, wenn sie in marktgängige Produkte und Verfahren umgesetzt werden.[106] Ein Unternehmen, das Forschung

---

100 Vgl. HARHOFF, D.; KÖNIG, H. (1993), S. 55.
101 Vgl. DÜRR, H.-P. (1991).
102 Vgl. ZACHER, H. F. (1991), S. 13.
103 Vgl. DÜRR, H.-P. (1991), S. 247.
104 Vgl. NELSON, R. R. (1959), S. 301.
105 Vgl. NELSON, R. R. (1959), S. 302. Für das Betreiben von Grundlagenforschung in privaten Unternehmen lassen sich auch folgende Gründe anführen:1. Sie fällt als Nebenprodukt an. 2. Man betreibt sie, um die weitere Entwicklung auf dem Gebiet zu verfolgen und den Anschluß nicht zu verpassen. 3. Man sucht nach Grundlagen für die Firmentechnologie. 4. Die Universitäten und andere Institutionen liefern diesbezüglich keine Erkenntnisse und dies ist auch nicht zu erwarten. Vgl. STEPHAN, P. E. (1996), S. 1209.
106 Zur folgenden Argumentation vgl. ARROW, K. (1971), S. 147 ff.; ähnlich auch KERBER, W. (1991), S. 33.

betreibt, könnte seine Erkenntnisse selbst nutzen oder veräußern und die Verwertung Dritten überlassen. Eine Veräußerung wird zumeist daran scheitern, daß der Wert des Forschungsergebnisses aufgrund der Unkenntnis über die Nutzungsmöglichkeiten nicht bestimmt werden kann, andererseits das Ergebnis durch eine Offenlegung unentgeltlich auf den potentiellen Erwerber übertragen wird.

Durch die Nutzung der Grundlagenforschung auf dem Wege der Produktion und der Veräußerung von Gütern werden die Erkenntnisse teilweise oder vollkommen offengelegt; es kommt zu positiven externen Effekten. Der zu Beginn bestehende Nutzungsausschluß anderer Wirtschaftssubjekte ist zeitlich befristet. Eventuell sind deshalb nicht alle Erträge internalisierbar, die auf der Grundlage der Forschung erzielt werden. Der für die Funktion des Marktes wichtige Ausschluß ist teilweise nicht gegeben; es kann Marktversagen eintreten.

Die anwendungsorientierte Grundlagenforschung intendiert die Vermehrung von Grundkenntnissen auf bestimmten Anwendungsgebieten.[107] Diese Art der Forschung ist demnach nicht zweckfrei. Der Einsatz von Ressourcen läßt sich deshalb etwas leichter rechtfertigen als bei der erkenntnisorientierten Grundlagenforschung. Anwendungsorientierte Grundlagenforschung führt aber ebenfalls erst nach einer Umsetzung in Produkte und Verfahren zu Erträgen. Die daraus resultierende, partielle Offenlegung der Erkenntnisse behindert die Aneignung der Erträge. Positive externe Effekte führen ebenfalls zu Marktversagen.

In der angewandten Forschung wird nach Anwendungen der Erkenntnisse aus der Grundlagenforschung auf reale Problemstellungen gesucht. Ergebnisse der angewandten Forschung sind Erfindungen oder das Wissen über den Beitrag, den Erkenntnisse aus der Grundlagenforschung zur Lösung realer Probleme leisten können und sie sind damit nicht zweckfrei. Angewandte Forschung liegt deshalb im direkten Interesse eines Unternehmens. Nach erfolgter Umsetzung in Produkte oder Verfahren funktioniert der Ausschluß zumindest für kurze Zeit. Positive externe Effekte sind aber auch bei angewandter Forschung nicht unwahrscheinlich und führen - Patente oder Schutzrechte ausgeschlossen - teilweise zu Marktversagen.[108]

Entwicklung bedeutet die Umsetzung einer Erfindung in ein Produkt oder Verfahren. Durch Imitation kommen die Erträge zum Teil den Konkurrenten zugute. Unter der Voraussetzung nicht vorhandener Schutzrechte bewirken positive externe Effekte Marktversagen.

---

107 Vgl. DÜRR, H.-P. (1991), S. 248.

108 Ein besonders eindrucksvolles Beispiel sind Pharmazeutika. Sie sind meist das Ergebnis einer bis zu 20 Jahre dauernden Forschung und Entwicklung. Konkurrenten können durch einfache chemische Analyse der Wirkstoffe das Produkt imitieren, ohne die Forschungsaufwendungen in ihren Preiskalkulationen berücksichtigen zu müssen.

5.3. Unterversorgungshypothese

Die Untersuchung des Forschungsprozesses hatte zunächst ergeben, daß der Erfinder oder das forschende Unternehmen nicht immer alle Erträge aus FuE selbst erzielen kann, sondern Teile davon an Konkurrenten abtreten muß. Dies wird dann zum Problem, wenn die Erträge, die internalisiert werden können, nicht ausreichen, um den Produzenten für seine Arbeit und das auf sich genommene Risiko zu kompensieren und er deshalb FuE unterläßt. Auf dieser Erkenntnis beruht die Ansicht, daß es nicht genügend private Anreize im Sinne einer gesellschaftlich optimalen Ressourcenallokation gibt, in FuE zu investieren (Unterversorgungshypothese).[109]

Diese Argumentation ist nicht unumstritten. So gibt es dem Forschungsprozeß inhärente Protektionsmechanismen, die eine Absorption der Gewinne durch Imitatoren wenigstens teilweise verhindern.[110] Imitationen sind zeitaufwendig, weil zunächst das Know-how des Innovators publik werden und anschließend ein Lernprozeß beim Imitator folgen muß. Zum Teil ist eine Imitation unmöglich, wenn es sich um unbewußtes Wissen handelt, das tief in der gewachsenen Organisation verwurzelt ist.[111] Die Übernahme fremden Wissens ist zudem nicht kostenlos. Empirische Studien belegen, daß Duplikationsbemühungen der Imitatoren oft mehr als 50 % der FuE-Kosten des Innovators betragen. Auch erzielt der Innovator meist einen Reputationsgewinn durch seine Pionierleistung und kann infolge längerer Erfahrung höhere Kostensenkungspotentiale als die Konkurrenten ausnutzen.

Neue Erkenntnisse, vor allem aber neue Technologien, lassen sich teilweise nur dann erfolgreich einsetzen, wenn entsprechende Vorkenntnisse existieren. Die erfolgreiche Adaption externen Wissens setzt deshalb möglicherweise eigene FuE-Anstrengungen bei Imitatoren voraus.[112] Empirische Untersuchungen deuten darauf hin, daß die Fähigkeit eines Unternehmens, externes Wissen zu internalisieren, von der Höhe der eigenen FuE-Anstrengungen abhängt.[113] Eigene FuE-Anstrengungen der Imitatoren lösen ihrerseits ebenfalls positive externe Effekte zugunsten des Innovators aus.

Und schließlich behindert auch die herrschende Marktstruktur das Auftreten von potentiellen Imitatoren.[114] Den Unternehmen, die bisher nicht in einem Markt vertreten waren, fehlen möglicherweise die entsprechenden Produk-

---

109 Vgl. NELSON, R. R. (1959), S. 306; ARROW, K. J. (1971).
110 Vgl. SCHERER, F. M.; ROSS, D. (1990).
111 Vgl. AMIT, R.; SCHOEMAKER, P. J. H. (1993), S. 39; REED, R.; DEFILLIPPI, R. J. (1990):, S. 94 ff. Die Geschwindigkeit mit der Imitatoren Wissen adaptieren, hängt stark davon ab, ob es sich um kodifiziertes und kommunizierbares Wissen handelt. Je weniger kodifiziert und um so schlechter übertragbar das Wissen ist, desto geringer die Imitationsgefahr. Vgl. ZANDER, U.; KOGUT, B. (1995), S. 84 ff.
112 Vgl. COHEN, W. M.; LEVINTHAL, D. A. (1990a).
113 Vgl. COHEN, W. M.; LEVINTHAL, D. A. (1990b); BROCKHOFF, K. (1995).
114 Vgl. SCHERER, F. M.; ROSS, D. (1990), S. 628.

tionsanlagen und Vertriebskanäle, um die Imitationen herzustellen und zu vermarkten. In stark konzentrierten Märkten sind zudem Limitpreisstrategien denkbar, wobei die etablierten Unternehmen mit ihren Preisen stets etwas unterhalb der Preisforderung der Imitatoren bleiben und diese den Markt wieder verlassen müssen.

Abschließend ist festzuhalten, daß positive externe Effekte durchaus zu einer Reduzierung der FuE-Investitionen führen können. Die Allokation der Forschungsressourcen ist vermutlich nicht optimal. Dennoch ermöglichen die genannten Protektionsmechanismen eine partielle Aneignung der Innovationsrenten und lassen Investitionen in FuE auch aus unternehmerischer Sicht sinnvoll erscheinen.

5.4. Überversorgungshypothese

Paradoxerweise ergibt sich ein zweites Allokationsproblem, wenn der Forscher oder Erfinder andere von der Nutzung seiner Erfindung oder Forschungsergebnisse ausschließen kann. Dies ist z.B. bei geringen positiven externen Effekten der Fall. Solange der Forscher eine Monopolstellung behält und andere nur geringe Teile der Erkenntnisse kostenlos nutzen können, ermöglicht ihm die Verwertung Monopolgewinne.

Die Aussicht auf einen derartigen Monopolgewinn führt eventuell dazu, daß viele Unternehmen die gleiche Art von Ressourcen simultan einsetzen, um zu dem gleichen Forschungsergebnis zu gelangen. Die zur Erlangung der Monopolstellung einsetzenden Forschungsanstrengungen führen zu einem aus gesellschaftlicher Sicht übermäßigen, duplizierten Einsatz von Ressourcen in die Forschung.[115] Es entsteht eine Überversorgung mit Forschungsleistungen (Überversorgungshypothese). Im Sinne einer gesamtwirtschaftlich optimalen Allokation würde es genügen, die Forschung einmal durchzuführen und das Ergebnis dann in der gesamten Wirtschaft zu verbreiten.

Die Überversorgungshypothese wird in der Literatur ebenfalls nicht generell akzeptiert. Die Argumentation beruht auf der wohl realistischen Annahme, daß Konkurrenten zwar das gleiche unsichere Ziel verfolgen können, doch ist es unwahrscheinlich, daß sie dabei identische Wege beschreiten. Durch verschiedene Strategien erhöht sich im allgemeinen die Chance einer erfolgreichen Suche nach einer Erkenntnis.[116] Ex ante kann die Verfolgung verschiedener Strategien und das Anstreben verschiedener Lösungen durchaus vorteilhaft sein.[117] Ob es zu einer Überversorgung gekommen ist, läßt sich nur ex post beantworten. Im übrigen setzt die These vom übermäßigen und duplizier-

---

115 Vgl. DASGUPTA, P.; STIGLITZ, J. (1980); KAUFER, E. (1985), S. 58; DELBONO, F.;DENICOLO, V. (1990).

116 Vgl. SCHERER, F. M.; ROSS, D. (1990), S. 644.

117 Vgl. KAUFER, E. (1986), S. 222; STARBATTY, J.; VETTERLEIN, U. (1990), S. 38.

ten Einsatz von Ressourcen voraus, daß ex ante die Erfindungsmöglichkeiten wohl definiert sind.[118]

5.5. Empirische Nachweise positiver externer Effekte

Im bisherigen Verlauf der Untersuchung wurden positive externe Effekte im Forschungsbereich vergleichsweise abstrakt behandelt. Für die Zwecke dieser Untersuchung umfaßt der Begriff alle Möglichkeiten des vom Innovator auf andere Wirtschaftssubjekte ausgehenden Wissenstransfers, der dazu führt, daß der Innovator nicht alle potentiellen Erträge aus den erbrachten Forschungsleistungen internalisieren kann. Generell sind die vom Innovator nicht erwünschten von erwünschten Wissenstransfers zu unterscheiden[119], weil erstere die FuE-Investitionsentscheidung stark beeinflussen können. Für eine Diskussion externer Effekte ist es nicht unerheblich, ob die Wissensübertragungen gewollt oder ungewollt stattfinden. Finden sie gewollt statt, ist eine Diskussion über die Aneignung der Forschungsrendite überflüssig.[120] Beispiele für nicht erwünschte Wissenstransfers[121] sind in der nachstehenden Übersicht aufgeführt.

Daneben sind beabsichtigte, auf Reziprozität oder auf strategischen Überlegungen beruhende Wissensübertragungen anzuführen (Übersicht 6).[122]

Übersicht 5: Vom forschenden Unternehmen nicht erwünschte Wissenstransfers

1. Das Herumerfinden auf der Grundlage vorangegangener Patente und Forschungsergebnisse
2. Nachbau von Produkten durch Rekonstruktion
3. Wissensübertragungen durch Spin-Off-Gründungen
4. Illegale Wissensübertragung durch Industriespionage
5. Wissensübertragung durch Angestellte
6. Abwerbung von Angestellten

Quelle: NISHIDA (1987); BAUMOL (1992).

In der Vergangenheit wurden Versuche unternommen, positive externe Effekte empirisch nachzuweisen und zu quantifizieren. Im folgenden werden einige Ansätze behandelt.

---

118 Vgl. KAUFER, E. (1986), S. 222.
119 Vgl. KROGH, G. V.; VENZIN, M. (1995), S. 424.
120 Vgl. HIPPEL, E. V. (1987), S. 301.
121 Vgl. NISHIDA, M. (1989).
122 Vgl. NISHIDA, M. (1989); LEVIN, R. C.; KLEVORICK, A. K.; NELSON, R. R.; WINTER, S. G. (1987); HIPPEL, E. V. (1987); BAUMOL, W. J. (1992), S. 129 - 137.

Übersicht 6: Vom forschenden Unternehmen beabsichtigte Wissenstransfers

1. Die Lizenzvergabe zur schnellen Amortisation der Investitionen
2. Die Lizenzvergabe aus Wettbewerbsgründen, wenn weitere Konkurrenten ähnliche Patente besitzen
3. Die Lizenzvergabe zur Durchsetzung des eigenen Standards
4. Die Kreuz-Lizensierung, um komplementäre Technologien bei der weiteren Produktentwicklung nutzen zu können
5. Joint Ventures
6. Übertragung der Produktionstechnologie vom Zulieferer auf den Abnehmer
7. Technologietransfer zur Vermeidung von Handelskonflikten
8. Veröffentlichungen und Messen
9. Informeller Wissensaustausch

Quelle: NISHIDA (1989); LEVIN, R. C.; KLEVORICK, A. K.; NELSON, R. R.; WINTER, S. G. (1987); HIPPEL, E. v. (1987); BAUMOL, J. W. (1992); SCHRADER, S. (1991).

5.5.1. Die Studie von Jaffe[123]

Jaffe analysierte die Patent- und Finanzdaten von mehr als 500 Unternehmen des Produzierenden Gewerbes in den USA. Seine grundlegende Hypothese war, daß unter der Voraussetzung existenter positiver externer Effekte der innovative Erfolg einer Unternehmung von den FuE-Investitionen im technologischen Sinne ähnlicher Unternehmen beeinflußt wird. Hierzu wurde zunächst die Verteilung der Patente jedes Unternehmens auf die Patentklassen des amerikanischen Patentamtes und anschließend der Anteil der Patente des einzelnen Unternehmens an der Gesamtzahl der Patente in der jeweiligen Patentklasse ermittelt. Danach wurde ein Maß definiert, mit dem die Verteilung der Patente jedes einzelnen Unternehmens auf die einzelnen Klassen mit der Patentverteilung der übrigen Unternehmen verglichen werden konnte. Mit Hilfe dieses Maßes konnten Unternehmen mit einer ähnlichen Verteilung in Clustern zusammengefaßt werden.

Der nächste Schritt bestand in der quantitativen Bestimmung der positiven externen Effekte. Bei im übrigen gleichen Bedingungen sollten unter der Voraussetzung solcher Effekte die Unternehmen besonders erfolgreich sein, in deren technologischem Umfeld andere Unternehmen überdurchschnittlich hohe FuE-Investitionen tätigen. Auf der Basis dieser Überlegung konnte eine Variable definiert werden, die zur Erklärung positiver externer Effekte geeignet war. Diese Variable wurde für jedes einzelne Unternehmen berechnet, indem die FuE-Investitionen aller anderen Unternehmen mit dem jeweiligen Ähnlichkeitsmaß gewichtet wurde. Je größer die Ähnlichkeit zum betreffenden Unter-

123 Vgl. JAFFE, A. B. (1989).

nehmen war, um so stärker gingen die FuE-Investitionen in die Berechnung der Variable ein. Jaffe stellte fest, daß diese Variable außerordentlich gut dazu geeignet war, den Erfolg eines Unternehmens zu erklären.

Der Erfolg des Unternehmens wurde anhand von Patentdaten, Umsatzdaten, Gewinnen und Marktwerten ermittelt. Es ergaben sich folgende Zusammenhänge: Je größer die Variable und damit die positiven externen Effekte, die von den Forschungsaktivitäten der übrigen Unternehmen aus der Grundgesamtheit ausgingen, um so erfolgreicher war das einzelne Unternehmen. Dieser positive Einfluß machte sich um so stärker bemerkbar, je mehr das Unternehmen selbst in FuE investierte.

5.5.2. Die Studien von Mansfield u.a.[124]

Die Autoren führten in den siebziger Jahren siebzehn Fallstudien bei Unternehmen in den USA durch, um Aufschluß über die gesellschaftlichen und privaten Ertragsraten industrieller Innovationen zu gewinnen. Dabei wurde nach durch Unternehmen genutzte Produktinnovationen, durch private Haushalte genutzte Produktinnovationen und Prozeßinnovationen unterschieden. Die Innovationen resultierten schließlich in einer Senkung der Produktpreise.

Festzustellen war nun, welchen Gewinn die Gesellschaft (soziale Ertragsrate) und der Innovator (private Ertragsrate) durch die Innovation erzielt haben. Die soziale Ertragsrate einer Innovation setzt sich aus dem Zuwachs an Konsumenten- und Produzentenrente zusammen. Durch die Berechnung der Fläche unter der geschätzten Nachfragekurve des Innovationsprodukts abzüglich der Innovationskosten ließen sich die Konsumenten- und die Produzentenrente und damit die soziale Ertragsrate näherungsweise bestimmen. Für die Ermittlung der privaten Rate wurde der Cash-flow der Unternehmen ausgewählt, der aus der Innovation resultierte.

Die Berechnung der Ertragsraten erlaubte drei Feststellungen. Erstens war die soziale Ertragsrate der Innovationen gemessen an den Kosten sehr hoch. Zweitens war die private Ertragsrate sehr viel niedriger als die soziale. Schließlich waren bei etwa dreißig Prozent der Fälle die privaten Ertragsraten so gering, daß sich die Investition für die Unternehmen ex post nicht gelohnt hat. Die soziale Ertragsrate war hingegen in diesen Fällen so hoch, daß die Investition aus gesellschaftlicher Sicht sinnvoll war.

Darüber hinaus untersuchte Mansfield bei einhundert amerikanischen Unternehmen, mit welcher Geschwindigkeit ihre technologischen Neuerungen diffundierten.[125] Von der ersten Entscheidung über die Entwicklung eines Produkts bis zum Ablauf von durchschnittlich 12 - 18 Monaten haben bei mehr als

---

124 Vgl. MANSFIELD, E.; RAPOPORT, J.; ROMEO, A.; WAGNER, S.; BEARDSLEY, G. (1977); MANSFIELD, E. (1986).

125 Vgl. MANSFIELD, E. (1986).

der Hälfte der Unternehmen zumindest einige Konkurrenzunternehmen von der Entscheidung erfahren, bei einem Fünftel in weniger als sechs Monaten. Entscheidungen über Prozeßinnovationen wurden den Konkurrenten durchschnittlich mit etwas größeren Verzögerungen bekannt. Bei mehr als einem Drittel aller Unternehmen wußten einige Konkurrenten in weniger als sechs Monaten nach der Entwicklung eines Produkts, wie dieses funktionierte und konstruiert war.

5.5.3. Die Studie von Bernstein und Nadiri[126]

Die Autoren stellten ebenfalls auf die Differenz zwischen privaten und gesellschaftlichen Erträgen auf FuE-Investitionen ab. Sie bestimmten die Erträge auf der Basis von aggregierten Daten über fünf amerikanische Branchen. Die privaten Erträge wurden an der Senkung der variablen Kosten bemessen, die aufgrund zusätzlicher FuE-Investitionen realisiert werden konnten. Die gesellschaftlichen Erträge setzten sich aus den privaten Erträgen zuzüglich der Senkung der Grenzkosten zusammen, die von anderen Branchen durch die FuE-Investitionen der forschenden Branche realisiert werden konnten. Es wurde ein kausaler Zusammenhang zwischen bereits getätigten FuE-Investitionen einer Branche auf die Kostensenkung einer anderen Branche vermutet und empirisch überprüft. Die Überprüfung ergab gesellschaftliche Erträge, die die privaten Erträge um das 0,1- bis 10-fache überstiegen.

5.5.4. Die Schätzung externer Effekte durch Zimmerman[127]

Mit dem Ziel, der Begründung für staatliche Subventionierung neuer Technologien nachzugehen, untersuchte der Autor die Lern-Externalitäten kurze Zeit nach der Kommerzialisierung einer neuen Technologie, in diesem Fall der Kernenergie in den Vereinigten Staaten. Bei der Errichtung der ersten Kernkraftwerke in den USA wurden Lerneffekte erzielt, die bei Folgeprojekten die Realisierung von Kostensenkungen ermöglichten und eine genauere Schätzung der Baukosten erlaubten. Die Lerneffekte wurden nicht ausschließlich von den involvierten Bauunternehmen genutzt, sondern kamen teilweise der gesamten Branche zugute. Die Konkurrenten wurden in die Lage versetzt, genauere Schätzungen der zukünftigen Baukosten abzugeben.

5.5.5. Zwischenergebnis

In den dargestellten Untersuchungen aus den USA wurde versucht, positive externe Effekte empirisch nachzuweisen. Die Autoren kommen jeweils zu dem

---

[126] Vgl. BERNSTEIN, J. I.; NADIRI, M. I. (1988).
[127] Vgl. ZIMMERMAN, M. B. (1982).

Ergebnis, daß positive externe Effekte existieren und einen nicht unerheblichen Einfluß ausüben. Die Untersuchungen unterscheiden sich in erster Linie dadurch, daß jeweils verschiedene Hypothesen zugrunde gelegt und verschiedene Methoden zur Überprüfung angewandt wurden.

Eine erste Möglichkeit ist die Bestimmung des Zusammenhangs zwischen dem Ertrag von Unternehmen und dem Forschungsinput, den sie nicht selbst getätigt haben. Eine zweite Möglichkeit besteht darin, die Erträge, die dem Innovator aus einer Innovation erwachsen, mit denjenigen zu vergleichen, die den Konsumenten entstehen. Die dritte Möglichkeit stellt auf den Zusammenhang zwischen dem nicht selbst getätigten Forschungsinput von Unternehmen und dem daraus erwachsenen Kostensenkungspotential in der Produktion ab. Die vierte Möglichkeit ist, den Zeitraum zu ermitteln, der zwischen der Entstehung einer Innovation beim Innovator und der Übertragung des in ihr enthaltenen Wissens auf die Konkurrenten vergeht.

Es zeigt sich, daß die Messung positiver externer Effekte mit erheblichen Schwierigkeiten verbunden ist. Erträge sowie Kosten hängen von zahlreichen Einflußfaktoren ab und es gilt, die Wirkung der positiven externen Effekte zu isolieren. Eine exakte Messung von positiven externen Effekten wird deshalb nicht möglich sein. Schließlich ist darauf hinzuweisen, daß die Untersuchungen keine empirischen Nachweise über Marktversagen nahe legen.

5.6. Indirekte positive Netzwerkexternalitäten

In der ökonomischen Realität existieren Güter, die dem Konsumenten nur dann einen Nutzen stiften, wenn andere Verbraucher ebenfalls Gebrauch von gleichartigen oder kompatiblen Gütern machen. Die beteiligten Konsumenten bilden zusammen ein Netzwerk.[128] Durch den Eintritt eines weiteren Konsumenten erhöht sich der Nutzen für die bereits im Netzwerk befindlichen Konsumenten.[129] Man spricht in diesem Fall von direkten positiven Netzwerkexternalitäten.[130] Davon sind die indirekten positiven Netzwerkexternalitäten abzugrenzen, die entstehen, wenn der Nutzen mit der Zahl der angebotenen kompatiblen Güter steigt.[131]

Technische Neuerungen, bei denen eine Netzwerkbildung zu erwarten ist, werden von den Verbrauchern vielfach nur zögerlich angenommen. Existieren nämlich neue neben alten Technologien, besteht Unsicherheit darüber, ob sich die Neuerung durchsetzen wird. Bei mehreren neuen Technologien nebenein-

---

128 Zur ökonomischen Analyse von Netzen vgl. z.B. KLIMISCH, A.;LANGE, M. (1998), S. ff.

129 Ein immer wieder genanntes Beispiel ist das Telefonnetz. Der Nutzen des einzelnen Telefons steigt mit der Zahl der zusätzlich erreichbaren Teilnehmer. Ein weiteres Beispiel sind elektronische Überweisungsautomaten in Banken. Vgl. SALONER, G.; SHEPHARD, A. (1995)

130 Vgl. TIROLE, J. (1992), S. 405.

131 Vgl. TIROLE, J. (1992), S. 405. Hier läßt sich z.B. Computer-Zubehör anführen. Je mehr Computerzubehör sich mit einem bestimmten Computer kombinieren läßt, umso höher wird der Nutzen sein, den der Käufer des Computers erreichen kann.

ander, besteht Unklarheit, welche schließlich akzeptiert wird. Die Konsumenten setzen deshalb ihre Kaufentscheidung aus, um nicht in die falsche Technologie zu investieren. Dieses Verhalten ist gesamtwirtschaftlich ineffizient, wenn deshalb veraltete Technologien zu lange genutzt und die Netzwerkexternalitäten der neuen Technologie nicht erschlossen werden.

Umgekehrt lösen neue Technologien bei einigen Konsumenten eine starke Nachfrage nach neuen Produkten aus. Sie befürchten von zukünftigen technischen Fortschritten ausgeschlossen zu werden. Auch dieses Verhalten kann ineffizient sein, falls die neue gegenüber der alten Technologie unterlegen ist. In der Literatur werden neben Verhandlungen und Verträgen auch staatliche Eingriffe wie Subventionen und Steuern zur Vermeidung der Ineffizienzen diskutiert.[132] Verhandlungen zwischen Konsumenten und die Vergabe von Subventionen an Konsumenten sind jedoch nicht Gegenstand dieser Untersuchung.

Prinzipiell läßt sich das Aussetzen der Annahme einer Technologie oder der Kaufentscheidung zum Teil durch eine Standardisierung vermeiden.[133] Normierung und Standardisierung versetzen den Verbraucher in die Lage, die Produkte verschiedener Hersteller zu kombinieren und heben damit die Abhängigkeit des Verbrauchers von einem bestimmten Produzenten auf; Such- und Koordinierungskosten werden reduziert.[134] Diese Zusammenhänge spielen auch in den Überlegungen der Anbieter eine Rolle.

Grundsätzlich besteht für die Unternehmen die Möglichkeit, zukünftig Kompatibilität mit anderen Herstellern anzustreben oder auch weiterhin nicht kompatible Produkte anzubieten. Welche Strategie die Unternehmen wählen, hängt davon ab, wie ihre Gewinne von dieser Entscheidung beeinflußt werden.[135]

Für das einzelne Unternehmen steht zunächst die Frage im Raum, ob eine Kompatibilität die eigene Situation verbessert. Da die Konsumenten bei kompatiblen Gütern nicht mehr an einen Hersteller gebunden wären, kann die Kompatibilität der Produkte dazu führen, daß einzelne Unternehmen Marktanteile gewinnen oder verlieren. Unternehmen, die Verluste hinnehmen müßten, würden sich an einem gemeinsamen Standard nur beteiligen, wenn sie entsprechende Entschädigungen erhielten.

Voraussetzung für solche Ausgleichszahlungen sind entsprechende Gewinne. Für die Gesamtheit der beteiligten Unternehmen ist ein gemeinsamer Standard sinnvoll, wenn die gesamten Gewinne nach der Standardisierung höher ausfallen. Eine Kompensation der Verlierer durch die Gewinner setzt Verhandlungen voraus, die an Transaktionskosten und bestehenden Informationsasymmetrien scheitern können. Die potentiellen Verlierer werden ihre

---

132 Vgl. FARELL, J.; SALONER, G. (1985); DYBVIG, P. H.; SPATT, C. S. (1983).
133 Vgl. TIROLE, J. (1992), S. 405.
134 Vgl. CARLTON, D. W.; CLAMER, J. M. (1983).
135 Vgl. KATZ, M. L.; SHAPIRO, C. (1985).

Verluste übertreiben, während die Gewinner die Erträge untertreiben. Möglicherweise bleiben die Verhandlungen ergebnislos.

Die Realisierung eines branchenumfassenden Standards ist auch dann unwahrscheinlich, wenn es in der Branche einen Marktführer gibt. Vorausgesetzt, daß Kompensationen nicht möglich sind, wird das Unternehmen mit dem größten Marktanteil kein Interesse an der Standardisierung haben, weil es durch die geschaffene Kompatibilität möglicherweise Marktanteile verlieren wird.

Außerdem läßt sich eine Standardisierung bewußt einsetzen, um in die Marktführerposition zu gelangen. Es ist denkbar, daß sich Koalitionen von Unternehmen bilden, die einen gemeinsamen Standard entwickeln, der aber nicht die ganze Branche abdeckt. An der Bildung eines derartigen Standards kann ein massives unternehmerisches Interesse bestehen.[136] Bilden sich mehrere Koalitionen, sind mehrere Standards nebeneinander möglich.

Ist ein Unternehmen an einer Kompatibilität interessiert, obwohl Verhandlungen über einen gemeinsamen Standard nicht zustande gekommen oder gescheitert sind, kann es versuchen, entsprechende Adapter zu konstruieren. Falls dies nicht nur dem Konstrukteur, sondern auch anderen Unternehmen zusätzliche Gewinne ermöglicht, ist der Anreiz gering, einen Adapter zu entwickeln. Gibt es bereits einen Marktführer, besteht für die übrigen Unternehmen ein starker Anreiz, einen Adapter zu konstruieren.

Staatliche Eingriffe in die Standardisierungsbemühungen im Rahmen von Forschungs- und Entwicklungsvorhaben lassen sich vor dem Hintergrund privater Anreize ausschließlich dann rechtfertigen, wenn letztere in ineffizienten Lösungen resultieren. Diese könnten bei übertriebenen Standardisierungsbemühungen der Unternehmen auftreten und, wenn die Kosten für die Standardisierung superiorer, neuer Technologien die Einführung derselben verhindern. In beiden Fällen scheitert ein optimaler staatlicher Eingriff vermutlich an Informationsdefiziten.

Darüber hinaus müßte mit dem staatlichen Eingriff ein branchenweiter Standard angestrebt werden. Falls an eine Gruppe von Unternehmen Subventionen für die Entwicklung eines branchenweiten Standards vergeben werden, ist dies ausschließlich dann zu rechtfertigen, wenn ihnen dadurch kein Vorteil gegenüber den übrigen Unternehmen der Branche entsteht. Dies ist meist gegeben, wenn die Umsetzung des Standards mit einer zeitlichen Verzögerung einher geht. Während die an dem Vorhaben beteiligten Unternehmen ihre Vorstellungen während der Verhandlungen einbringen und andere bereits berücksichtigen können, besteht diese Möglichkeit für die nicht beteiligten Unternehmen nicht. Entsteht ein solcher Vorteil, ist von einer Subvention abzusehen.

---

136 Vgl. KATZ, M. L.; SHAPIRO, C. (1985).

5.7. Zwischenergebnis

Es ist festzustellen, daß bei FuE Marktversagen auftreten kann. Dieses kann zunächst zu einer Unter- oder Überinvestition in FuE führen. Ursachen für die Unterinvestition können Unteilbarkeiten, Forschungsrisiken und positive externe Effekte sein. Bei Unteilbarkeiten scheitert der Markt, weil das Forschungsvorhaben die Verfügbarkeit an Ressourcen übersteigt. Forschungsrisiken führen zu Marktversagen, falls die Bewertung der Erträge und Risiken von seiten der Unternehmen anders ausfällt als die des Staates und dies das Resultat eines besseren Informationsstands des Staates ist. Bei positiven externen Effekten sind die individuellen Erträge zu gering, während die kollektiven Erträge durchaus ausreichen, um Investitionen in FuE zu rechtfertigen. Eine Überinvestition kann eine Folge der Aussicht auf Monopolgewinne sein, die dadurch entstehen, daß andere Wirtschaftssubjekte von der Nutzung der Erkenntnisse aus FuE ausgeschlossen werden. Das Marktversagen zeigt sich in diesem Fall in der Verschwendung von Ressourcen.

Des weiteren kann Marktversagen zu einer Unterversorgung mit den aus der Forschung gewonnenen Erkenntnisse führen. Die Ursachen dafür sind Informationsdefizite und eine unzureichende Nutzung von Forschungsergebnissen. Zu Marktversagen aufgrund von Informationsdefiziten kommt es, wenn die Nachfrager den Wert von Forschungsergebnissen unterschätzen, die Kosten einer Beschaffung geeigneter Informationen den geschätzten Wert übersteigen und dies zu einer zu geringen Nachfrage nach Forschungsergebnissen führt. Marktversagen aufgrund einer unzureichenden Nutzung von Forschungsergebnissen entsteht, wenn die Inhaber von Informationen aus der Forschung deren Verbreitung verhindern, obwohl eine zusätzliche Nutzung die bisherige nicht beeinträchtigt. Dies gilt vor allem für die Grundlagenforschung.

Es hat sich herausgestellt, daß staatliche Maßnahmen, die darauf gerichtet sind, die Folgen des Marktversagens aufgrund von Unteilbarkeiten zu beseitigen vermutlich nicht notwendig sind. Die Gesamtheit der privaten Unternehmen in der Europäischen Union wäre theoretisch in der Lage wesentlich aufwendigere, unteilbare Projekte durchzuführen als die Kommission der Europäischen Union mit ihrem vergleichsweise bescheidenen Budget.

Die Beseitigung von Folgen des Marktversagens aufgrund von Forschungsrisiken und Informationsdefiziten scheitert vermutlich daran, daß der Kommission die geeigneten Informationen fehlen, um entsprechend wirksame Maßnahmen einzuleiten. Es ist zu bezweifeln, daß die Kommission die Erträge und Risiken eines Forschungsvorhabens besser beurteilen kann als die privaten Unternehmen. Ebenfalls zweifelhaft erscheint, ob die Kommission in der Lage ist, die gesamtwirtschaftlich optimale Nachfrage nach Forschungsergebnissen zu bestimmen.

Demgegenüber ist eine staatliche Förderung der Grundlagenforschung überwiegend positiv zu beurteilen. Hier erweist sich der Ausschluß von der Nutzung der Forschungsergebnisse als besonders nachteilig. Da sich eine

Aufhebung des Ausschlusses negativ auf den Anreiz auswirkt, Grundlagenforschung privat zu betreiben, sollte Grundlagenforschung nicht nur von privaten Unternehmen, sondern auch öffentlich betrieben werden oder entsprechend gefördert werden. Auch bei positiven externen Effekten ist zu überlegen, ob mit staatlichen Maßnahmen eine Beseitigung der Folgen des Marktversagens erreicht werden kann.

Übersicht 7: Ursachen, Erklärungen und Wirkungen des Marktversagens im FuE-Bereich

Ursachen	Erklärungen	Wirkungen
Informationsdefizite	Wert von FuE wird unterschätzt	suboptimale Nachfrage nach FuE
Unteilbarkeiten	Ressourcenmangel	FuE unterbleibt
Forschungsrisiken	Risikobereitschaft zu gering	FuE unterbleibt
FuE als öffentliche Güter	Ausschlußprinzip funktioniert, ist aber nicht erwünscht	suboptimale Nutzung von FuE
Positive externe Effekte - hohe	 Ausschlußprinzip funktioniert nicht	 suboptimaler Anreiz, FuE zu betreiben
- geringe	Ausschlußprinzip funktioniert	supraoptimaler Anreiz, FuE zu betreiben

In dem nun folgenden Kapitel D, dem Hauptteil der Untersuchung, soll analysiert werden, welchen Beitrag die Subventionierung von grenzüberschreitenden Forschungs- und Entwicklungskooperationen durch die Europäische Kommission dazu leisten kann, die Folgen des Marktversagens in der Form einer Unter- oder Überinvestition in FuE zu beseitigen.

D. ANALYSE DER KOOPERATIONSHYPOTHESE

I. EINORDNUNG DER FÖRDERUNG VON FUE-KOOPERATIONEN IN EINE SYSTEMATIK DER LÖSUNGSALTERNATIVEN ZUR ÜBERWINDUNG VON MARKTVERSAGEN

Auf der Suche nach den Lösungsalternativen stößt man unweigerlich auf die Kontroverse, die zwischen den Befürwortern staatlicher Eingriffe auf der einen und den Anhängern privater Verhandlungslösungen auf der anderen Seite besteht. Die Befürworter staatlicher Eingriffe berufen sich auf Pigou, der vorgeschlagen hat, Fehlallokationen insbesondere bei externen Effekten durch geeignete Subventionierung der den Effekt auslösenden Wirtschaftssubjekte und Besteuerung der Nutzer zu beseitigen.[137] Die Anhänger einer Verhandlungslösung stützen ihre Argumentation auf die Vorschläge von Coase.[138] Er behauptete, daß rationale Individuen den Wohlfahrtsverlust durch die Fehlallokation bemerken und durch Verhandlungen zu einer effizienten Lösung gelangen.[139] Der Staat tritt hier nur auf, indem er eine Eigentumsordnung garantiert.

Beide Ansätze werden in der Literatur kritisiert.[140] Die den Staatseingriff ausübende Instanz ist politischen Einflüssen ausgesetzt, die eine optimale Besteuerung und Subventionierung verhindern können. Weiter besteht bei der Instanz eine Neigung, das Steueraufkommen zu erhöhen.

Einer Verhandlungslösung stehen Transaktionskosten im Wege, die die Wohlfahrtsgewinne aus der Einigung übersteigen können.[141] Auch das free-rider-Verhalten einzelner Wirtschaftssubjekte kann eine Verhandlungslösung behindern und das Ergebnis suboptimal werden lassen. Zudem führen Verhandlungen mitunter zu längeren Zeitverzögerungen, während der ineffiziente Zustand aufrecht erhalten bleibt. Ebenfalls ist darauf hinzuweisen, daß die Ausgestaltung der Eigentumsordnung den Verhandlungspartnern Möglichkeiten zum rent-seeking offen läßt. Schließlich besteht bei beiden Lösungsansätzen das Problem unvollständiger Information.

Die meisten der heute gebräuchlichen Instrumente zur Überwindung des Marktversagens im FuE-Bereich können den beiden genannten Ansätzen zugeordnet werden. Zur Beseitigung der Unterversorgung werden Subventionen, Patente, staatliche FuE, FuE-Kooperationen und verbesserte Rahmenbedingungen diskutiert.[142] Subventionen sind eindeutig dem Pigou-Ansatz, die übrigen Instrumente mit Ausnahme der staatlichen FuE dem Coase-Ansatz zuzuordnen. Die Überversorgung ließe sich theoretisch durch eine staatliche Koor-

---

137 Siehe PIGOU, A. C. (1950), S. 192.
138 Siehe COASE, R. H. (1960).
139 Siehe COASE, R. H. (1960), S. 5 u S. 8.
140 Vgl. HASLBECK, C. (1995), S. 8 ff.
141 Dieses Problem hatte Coase selbstverständlich bereits selbst erkannt. Siehe COASE, R. H. (1960), S. 15 ff.
142 Vgl. ARROW, K. J. (1971).

dinierung und alternativ auf dem Wege privater FuE-Kooperationen beseitigen. Die Subventionierung von FuE-Kooperationen stellt schließlich eine Art Synthese aus beiden Ansätzen dar. Im weiteren Verlauf der Untersuchung soll geprüft werden, inwiefern dies sinnvoll ist.

II. ANALYSE

1. Methodische Vorbemerkung

Der grundlegende Gedanke bei einer Forschungskooperation ist, daß Externalitäten internalisiert und Doppelforschung vermieden werden sollen. Man möchte einerseits den Anreiz erhöhen, in FuE zu investieren, und andererseits eine Ressourcenverschwendung durch parallele Forschung vermeiden.[143] Zum Zwecke einer Analyse dieses Grundgedankens ist in den letzten Jahren eine Reihe theoretischer Abhandlungen erschienen.[144] Darin befassen sich die Autoren mit der Modellierung der Bedingungen, denen Unternehmen ausgesetzt sind, die kostensenkende Investitionen in FuE tätigen können und auf dem Produktmarkt konkurrieren, wobei die aus der FuE-Investition einer Unternehmung gewonnenen Erkenntnisse den anderen Wettbewerbern entweder ganz, teilweise oder in geringem Maße zuteil werden. Im Rahmen der Modelle wird überprüft, welche Aussagen sich ableiten lassen, wenn die Unternehmen sich kooperativ oder nicht kooperativ verhalten. Anschließend werden die Ergebnisse zum Teil mit einem im gesellschaftlichen Sinne optimalen Verhalten verglichen und bewertet. Diese Bewertung wiederum wird gelegentlich dazu verwendet, entsprechende Empfehlungen hinsichtlich staatlicher Maßnahmen auszusprechen.

Unter den Abhandlungen befindet sich eine, die besonders dafür geeignet erscheint, die Frage nach einer Sinnhaftigkeit der Subventionierung von FuE-Kooperationen zu untersuchen. Es handelt sich dabei um den Ansatz von d'Aspremont und Jaquemin (1988). Dafür sprechen folgende Gründe:

- Zunächst ist der Ansatz als eine Grundlage für weiterführende Untersuchungen der Thematik anzusehen.
- Dem Ansatz liegt ein modernes spieltheoretisches Konzept zugrunde. Angesichts der wachsenden Bedeutung spieltheoretischer Erkenntnisse in den

---

143 Vgl. TIROLE, J. (1992), S. 414; GROSSMAN, G. M.; SHAPIRO, C. (1986).

144 Vgl. D'ASPREMONT, C.; JAQUEMIN, A. (1988); D'ASPREMONT, C.; JAQUEMIN, A. (1990); BONDT, R. de.; SLAETS, P.; CASSIMAN, B. (1992); BONDT, R. de; SLEUWAGEN, L. ; VEUGELERS, R. (1988); BONDT, R. de; VEUGELERS, R. (1991); CAYSEELE, P. v. (1987); DIXIT, A. (1988); HENRIQUES, I. (1990); KAMIEN, M. I.; MULLER, E.; ZANG, I. (1992); KATZ, M. L. (1986); KATZ, M. L.; ORDOVER, J. A. (1990); LEAHY, D. NEARY, J.P. (1997); SPENCE, M. (1984); SUZUMURA, K. (1992); SIMPSON, R. D.; VONORTAS, N. S. (1994); VONORTAS, N. S. (1991); ZISS, S. (1994). Ein Überblick zu theoretischen Grundmodellen zur Erklärung von FuE-Kooperationen findet sich bei RÜDIGER, M. (1997).

Wirtschaftswissenschaften scheint es naheliegend, die Fragestellung unter diesem Gesichtspunkt zu untersuchen.

- Das von d'Aspremont und Jaquemin entwickelte Modell ist verhältnismäßig unkompliziert aufgebaut. So werden z.B. lediglich zwei Unternehmen betrachtet, was die zu betrachtenden Alternativen erheblich einschränkt. Zudem sind die im Modell verwendeten Annahmen weitgehend spezifiziert. Dies reduziert den formalen Aufwand bei der Ableitung von Aussagen erheblich.
- Die Ergebnisse der Analyse ließen sich teilweise in Modellen bestätigen, die einen weitaus geringeren Spezifizierungsgrad aufwiesen. So gelang es Suzumura (1992), die von d'Aspremont und Jaquemin abgeleiteten Aussagen in einem ebenfalls spieltheoretisch konzipierten Oligopolmodell mit hohem Abstraktionsgrad nachzuweisen.
- Die Ergebnisse von d'Aspremont und Jaquemin sind im Hinblick auf den Gegenstand dieser Untersuchung äußerst interessant. Die Autoren untersuchen in ihrem Modell sowohl kooperatives als auch nicht-kooperatives Verhalten zweier Unternehmen, die Entscheidungen hinsichtlich ihrer Investitionen in die Forschung und ihrer Güterangebotsmenge unter Berücksichtigung von positiven externen Effekten zu treffen hatten. Dabei stellte sich heraus, daß sowohl kooperatives als auch nicht-kooperatives Verhalten nicht zu einer für die Gesellschaft optimalen Investition in die Forschung führt. Darüber hinaus entsprach auch die gesamtwirtschaftliche Angebotsmenge nicht der gesellschaftlich erwünschten. Allerdings zeigte sich, daß kooperatives Verhalten, sofern es sich auf die Entscheidung über die Höhe der Forschungsinvestition beschränkte, bei hinreichend hohen positiven externen Effekten zu einerseits höheren Forschungsinvestitionen als auch einer höheren Gesamtangebotsmenge an Gütern führt.

Diese Feststellungen führen unmittelbar zu der Frage, inwiefern durch eine FuE-Kooperation ein gesamtwirtschaftlich besseres Ergebnis erreicht werden kann als durch den Wettbewerb. Um dies zu prüfen, wäre es notwendig, die in beiden Fällen erzielte gesamtwirtschaftliche Wohlfahrt zu vergleichen. Des weiteren wäre zu fragen, ob die Unternehmen sich so verhalten, daß sie die gesellschaftlich erwünschte Alternative wählen. Dabei wäre gegebenenfalls zu berücksichtigen, daß das gesellschaftlich beste Ergebnis in einem durch Mengenwettbewerb gekennzeichneten Oligopol eventuell gar nicht erreichbar ist. Und schließlich wäre ebenfalls zu untersuchen, ob die Vergabe staatlicher Subventionen an FuE-Kooperationen vor diesem Hintergrund gerechtfertigt werden kann.

Eine Prüfung ergab, daß diese Fragen im Rahmen des Modells von d'Aspremont und Jaquemin untersucht werden können. Bedauerlicherweise eignet sich das Modell in der von den Autoren gewählten Ausprägung nicht dazu, neben einer Unterinvestition auch eine Überinvestition in die Forschung zu untersuchen. Da Suzumura (1992) in seinem Modell feststellte, daß der Fall einer Überinvestition im Wettbewerb auftreten kann, wenn das zu betrachtende Oligopol von mehr als zwei Unternehmen gebildet wird, war es naheliegend, das Modell von d'Aspremont und Jaquemin um ein Unternehmen zu erweitern.

Im folgenden wird deshalb ein weiteres Unternehmen in den Ansatz von d'Aspremont und Jaquemin integriert. Des weiteren wird neben dem Wettbewerb, der FuE-Kooperation und dem Monopol eine weitere Kooperationssituation untersucht, in der die Unternehmen bei der Güterproduktion kooperieren, während sie ihre Forschungsentscheidungen nicht-kooperativ treffen. Sodann wird festgestellt, welche dieser Alternativen für die Gesellschaft wünschenswert ist. Daran anschließend folgt eine Prüfung dahingehend, ob die Subventionierung von FuE-Kooperationen ein adäquates Mittel zur Beseitigung von Fehlallokationen sein kann.

2. Modellstruktur

Im folgenden wird eine Marktwirtschaft betrachtet, in der es einen Markt gibt, auf dem ein homogenes Gut gehandelt wird. Dieses wird von drei identischen Unternehmen hergestellt, die das Ziel verfolgen, ihren Gewinn zu maximieren. Der Gewinn, den das einzelne Unternehmen erzielt, ist zunächst davon abhängig, welche Menge das Unternehmen selbst und welche Mengen die übrigen Unternehmen anbieten.

Bevor die Unternehmen ihre Mengen festlegen, können sie in ihren Forschungsabteilungen Forschung betreiben, wobei diese Entscheidung irreversibel ist. Das dabei gewonnene Wissen, das in Forschungseinheiten gemessen wird, können sie dazu verwenden, die Produktionskosten zu senken. Dies erlaubt es den Unternehmen, ihre Produktion gewinnsteigernd auszudehnen. Von dieser Produktionsausdehnung werden die Gewinne der übrigen Unternehmen ebenfalls berührt. Darüber hinaus können die Unternehmen zu einem bestimmten Grad von den Forschungsergebnissen der Konkurrenten Gebrauch machen; auch dies beeinflußt die Gewinne. Sowohl die von den Unternehmen produzierten Mengen als auch die erstellten Forschungseinheiten werden deshalb als strategische Variablen bezeichnet.

Es läßt sich nun vorstellen, daß die Unternehmen an einem zweistufigen Spiel teilnehmen.[145] In der ersten Spielstufe legen sie ihre Forschungseinheiten, in der zweiten Stufe ihre Ausbringungsmengen fest. Zwischen den Unternehmen herrscht vollständige Information und sie handeln vollkommen rational.

Eine Strategie eines Unternehmens bezeichnet eine Handlungsanweisung, die dem Unternehmen auf beiden Stufen des Spiels eine spezielle Aktion vorschreibt.[146] Das bedeutet, daß ein Unternehmen in der ersten Stufe angeben

---

145 Dies ist in der Oligopoltheorie nicht unüblich, wenn angenommen wird, daß die Unternehmen strategische Bindungen eingehen können, um den zukünftigen Wettbewerb zu beeinflussen. Vgl. dazu MAS-COLELL, A.; WHINSTON, M. D.; GREEN, J. R. (1995), S. 414.

146 Siehe BERNINGHAUS, S. K.; VÖLKER, R.; EHRHART, K.-M. (1996).

muß, wieviele Forschungseinheiten es erstellen möchte, wenn die Konkurrenten eine bestimmte Menge an Forschungseinheiten erstellt haben. Darüber hinaus muß es in der zweiten Stufe angeben, welche Mengen es in jeder dieser Situationen anbieten möchte.

Es wird ebenfalls angenommen, daß die Auswahl der Strategien bei den Unternehmen gleichzeitig, aber in Kenntnis der Strategie, die der Konkurrent gewählt hat, vorgenommen wird. Das Kriterium für die Auswahl einer Strategie sind die mit ihr verbundenen Auszahlungen. Dementsprechend würden rationale Unternehmen jeweils stets die Strategie wählen, die ihnen die höchsten Auszahlungen beschert. Immer dann, wenn sie sich durch eine andere Strategie eine höhere Auszahlung sichern können, werden sie diese Strategie verfolgen.

Die Lösung des Spiels ist erst dann gefunden, wenn alle drei Unternehmen jeweils eine Strategie gewählt haben, für die gilt, daß ein einseitiges Abweichen eines Unternehmens keine Verbesserung für es darstellt. Dieser Zustand wird als Nash-Gleichgewicht des Spiels bezeichnet. Das Nash-Gleichgewicht setzt voraus, daß die Strategien den Unternehmen gleichzeitig in Stufe 1 und in Stufe 2 Aktionen vorschreiben, für die gilt, daß einseitiges Abweichen keine höheren Auszahlungen mit sich bringt. Auch auf den einzelnen Stufen liegen dementsprechend Nash-Gleichgewichte vor.

Dies könnte bedeuten, daß die Kooperation aus der folgenden Betrachtung auszuschließen wäre, weil sie keine Lösung des Spiels darstellt. Um dies zu verhindern, wird angenommen, daß die Unternehmen in der Lage sind, sich durch einen Vertrag verbindlich auf kooperatives Verhalten festzulegen.[147] Dementsprechend findet zwischen den Unternehmen eine Kommunikation statt, und es existiert eine übergeordnete Instanz, die bestehende Kooperationsverträge in jedem Fall durchsetzt. Weiter soll vorerst angenommen werden, daß sowohl die Kommunikation als auch die Durchsetzung der Kooperationsverträge nicht mit Kosten verbunden sind. Darüber hinaus wird unterstellt, daß an einer Kooperation stets alle drei Unternehmen beteiligt sind. Die Bildung einer Koalition aus zwei Unternehmen wird dadurch ausgeschlossen.

Bislang wurden keine Annahmen getroffen, die Aussagen über die Höhe der Auszahlungen im Nash-Gleichgewicht und im Falle von Kooperationen erlauben. Deshalb ist ebenfalls keine Aussage darüber möglich, ob die Lösung des Spiels kooperatives oder nicht-kooperatives Verhalten seitens der Unternehmen bedingt. Dies führt zu einer Erweiterung der möglichen Lösungen des Spiels.

---

[147] Dies könnte auch geschehen, indem die Annahmen an die mit den Strategien verbundenen Auszahlungen derart gestaltet werden, daß ein einseitiges Abweichen von einer kooperativen Strategie keinen Gewinn einbringt. So wäre es z.B. denkbar, daß in einer Kooperation derartig hohe Ertragssteigerungen durch Economies of Scale and of Scope, Risikostreuung und Zeitgewinne erzielbar sind, daß sich nicht-kooperatives Verhalten nicht lohnt.

Abbildung 2: Aufbau und mögliche Lösungen des Spiels

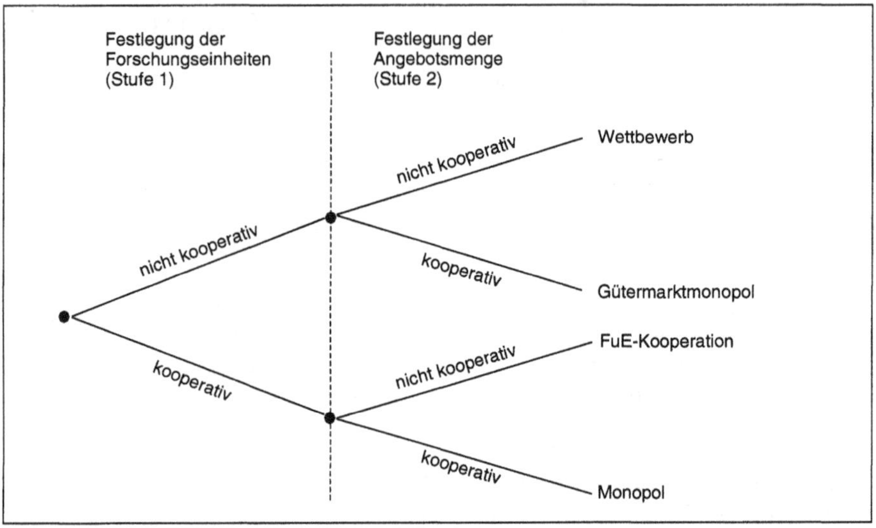

Neben einer rein nicht-kooperativen Lösung, existieren drei mögliche kooperative Lösungen. Sie unterscheiden sich darin, ob sie auf den einzelnen Stufen des Spiels kooperatives oder nicht kooperatives Verhalten voraussetzen. Diese Lösungen werden im folgenden als FuE-Kooperation, Monopol[148] und Gütermarktmonopol[149] bezeichnet. Die rein nicht-kooperative Lösung wird als Wettbewerb bezeichnet.

Im folgenden gilt es, die optimalen Strategien der Unternehmen für jede mögliche Lösung zu ermitteln. Die Frage ist, wie dabei zu verfahren ist. Für jede mögliche Lösung soll gelten, daß die Unternehmen daran interessiert sind, die Strategie zu wählen, die mit den höchsten Auszahlungen für sie verbunden ist. Im Falle der Kooperation bedeutet dies, daß sie dabei die höchste gemeinsame Auszahlung in Betracht ziehen. Sie sind deshalb bestrebt, die in diesem Sinne jeweils beste Aktion für Stufe 1 und 2 festzulegen. Dabei könnten sie sich für eine Aktion in Stufe 1 entscheiden, ohne dabei die optimale Aktion in Stufe zwei zu kennen. Wenn diese Entscheidung irreversibel ist und die Menge der wählbaren Aktionen in Stufe 2 dadurch eingeschränkt wird, schließen sie möglicherweise eine optimale Aktion in Stufe 2 von vorn herein aus.

---

148 Streng genommen handelt es sich um ein Kartell. Der Begriff Monopol wird verwendet, um deutlich werden zu lassen, daß hier das Verhalten von Monopolisten angestrebt wird.

149 Siehe die vorhergehende Anmerkung.

Dementsprechend würden die Unternehmen in Stufe 1 eine Aktion vorziehen, die eine optimale Entscheidung in 2 einschließt. Aus diesem Grund erscheint es angebracht, zunächst eine optimale Entscheidung für Stufe 2 bei beliebigen Entscheidungen der Stufe 1 zu ermitteln. Ist eine Bedingung für eine optimale Entscheidung in Stufe 2 gefunden, wird nach der optimalen Entscheidung für Stufe 1 unter Berücksichtigung dieser Bedingung gesucht.

In dem zu betrachtenden Modell wird deshalb in einem ersten Schritt für jede mögliche Lösung eine Bedingung bestimmt, die die beste Aktion der Unternehmen auf dem Gütermarkt für beliebig hohe Forschungseinheiten darstellt. Anschließend wird die beste Aktion der Unternehmen bei der Festlegung der Forschungseinheiten unter Berücksichtigung der Bedingungen auf dem Gütermarkt bestimmt.

Nachdem auf diese Weise die vier Lösungen ermittelt wurden, wird anhand von zwei Kriterien ein Vergleich darüber angestellt, welche Lösung die Gesellschaft vorzieht und welche die Unternehmen anstreben. Im Falle der Gesellschaft wird das Kriterium die mit der Lösung verbundene gesamtwirtschaftliche Wohlfahrt, bei den Unternehmen die Auszahlung sein. Anschließend wird geprüft, welche Maßnahmen die Gesellschaft ergreifen kann, wenn die von den Unternehmen präferierte Lösung von der eigenen abweicht. Des weiteren wird untersucht, ob sich an den auf diese Weise abgeleiteten Erkenntnissen etwas ändert, wenn die Kommunikation zwischen den Unternehmen Kosten verursacht. Dann wird geprüft, wie sich die Einführung von Kooperationsvorteilen auswirkt. Schließlich wird untersucht, zu welchen Schlußfolgerungen wettbewerbsbeschränkendes Verhalten führt.

3. Modellrahmen

Es existieren drei identische Unternehmen, die dasselbe (Konsum-)Gut herstellen. Die Symbole q_1, q_2, q_3 bezeichnen die Mengen des Gutes, die jeweils von Unternehmen 1, 2 und 3 hergestellt und angeboten werden. Das Symbol Q stellt die aggregierte Angebotsmenge aller Unternehmen dar. Sofern die Unternehmen keine Forschung betreiben, produzieren sie jeweils mit gleichen variablen Stückkosten in Höhe von A Geldeinheiten. Um sicherzustellen, daß die variablen Stückkosten stets positiv ausfallen, soll gelten, $A > 0$.

Die Unternehmen verfügen jeweils über eine Forschungsabteilung, deren Aufgabe darin besteht, Forschungseinheiten zu produzieren. Die Menge der erstellten Forschungseinheiten stellt jeweils das neue, technische Wissen der drei Unternehmen dar. Dieses neue Wissen, gemessen in Forschungseinheiten, setzen die Unternehmen in ihren Güterproduktionsprozessen ein, um ihre variablen Stückkosten zu verringern. Es wird angenommen, daß keine Forschungseinheiten erstellt werden, die nicht in den Produktionsprozessen verwendet werden. Die Mengen der von den Unternehmen jeweils erstellten und eingesetzten Forschungseinheiten werden durch die Symbole x_1, x_2, x_3 dargestellt.

Setzt Unternehmen 1 eine Forschungseinheit in seinem Produktionsprozeß ein, führt das zu einer Senkung der variablen Stückkosten um eine Einheit.[150] Die variablen Stückkosten entsprechen dann $A-1$ Geldeinheiten. Werden insgesamt x_1 Forschungseinheiten eingesetzt, betragen die variablen Stückkosten $A-x_1$ Geldeinheiten. Für die Unternehmen 2 und 3 gilt dies analog, so daß ihre variablen Stückkosten jeweils $A-x_2$ und $A-x_3$ Geldeinheiten betragen. Damit die variablen Stückkosten weiterhin positive Werte annehmen, soll gelten $A-x_1>0$, $A-x_2>0$ und $A-x_3>0$.[151]

Zusätzlich sei unterstellt, daß das in den Forschungseinheiten des Unternehmens 1 enthaltene Wissen den anderen beiden Unternehmen durch einen positiven externen Effekt teilweise bekannt wird. Dadurch können diese es in ihren Produktionsprozessen einsetzen, ohne dafür ein Entgelt entrichten zu müssen. Auf diese Weise führen die von Unternehmen 1 erstellten Forschungseinheiten bei den Unternehmen 2 und 3 ebenfalls zu einer Senkung der variablen Stückkosten. Die Verringerung soll jeweils dem Produkt aus der Menge der eingesetzten Forschungseinheiten von Unternehmen 1 und dem Parameter β entsprechen, der den positiven externen Effekt darstellt.[152] Die variablen Stückkosten der Unternehmen 2 und 3 betragen dann jeweils $A-x_2-\beta x_1$ und $A-x_3-\beta x_1$ Geldeinheiten. Auch hier soll gelten $A-x_2-\beta x_1>0$ und $A-x_3-\beta x_1>0$.

Dieser Mechanismus soll ebenfalls wirksam werden, wenn die Unternehmen 2 und 3 Forschungseinheiten erstellen. Der positive externe Effekt sorgt dafür, daß die beiden jeweils übrigen Unternehmen - also bei Unternehmen 2 die Unternehmen 1 und 3 und bei Unternehmen 3 die Unternehmen 1 und 2 - ex-

---

150 Diese Annahme ist gleichbedeutend mit der Einführung konstanter Skalenerträge beim Einsatz der Forschungseinheiten im Produktionsprozeß. Realitätsnäher wäre es vermutlich, anzunehmen, daß ein steigender Einsatz der Forschungseinheiten mit einer abnehmenden Verringerung der variablen Stückkosten einhergeht. Die Annahme wird lediglich eingeführt, um die mathematischen Operationen in der nachstehenden Analyse zu erleichtern.

151 Diese Annahmen lassen sich interpretieren wie folgt: Zwar läßt sich der Produktionsprozeß durch den Einsatz von Wissen, gemessen in Forschungseinheiten, verbessern, doch führt dies nicht dazu, daß die Unternehmen vollkommen auf den in Geldeinheiten gemessenen Verbrauch anderer Produktionsfaktoren verzichten können. Das Wissen dient dazu, weniger von den übrigen Produktionsfaktoren zu verbrauchen. Die übrigen Produktionsfaktoren, die hier nicht näher spezifiziert sind, sind durch die Forschungseinheiten lediglich beschränkt substituierbar. Dies führt dazu, daß die variablen Stückkosten einen nicht näher bestimmten positiven Wert (variable Mindeststückkosten) nicht unterschreiten können. Ist dieser durch den Einsatz an Forschungseinheiten erreicht, erbringt ein weiterer Einsatz an Forschungseinheiten keine weitere Verringerung mehr.

152 Diese Annahmen führen zu den folgenden Überlegungen über die Eigenschaften von Forschung als wirtschaftliches Gut in dem vorliegenden Modell.

1. Je größer β ausfällt, desto weniger können die Unternehmen ihre Konkurrenten von ihren Forschungsergebnissen ausschließen.

2. Forschung stellt ein Gut dar, das gleichermaßen von allen Unternehmen genutzt werden kann. Der Gebrauch dieser Ressource in einem Unternehmen beeinträchtigt den Gebrauch in einem anderen Unternehmen nicht.

ternes Wissen kostenfrei gebrauchen können, um ihre variablen Stückkosten um die Geldeinheiten zu verringern, die sich aus der Multiplikation von β und der Menge der nicht selbst erstellten Forschungseinheiten ergeben. Dementsprechend betragen die variablen Stückkosten der drei Unternehmen unter Berücksichtigung des positiven externen Effekts jeweils $A - x_1 - \beta(x_2 + x_3)$, $A - x_2 - \beta(x_1 + x_3)$ und $A - x_3 - \beta(x_1 + x_2)$ Geldeinheiten. Um zu gewährleisten, daß die Produktion des (Konsum-)Gutes Kosten verursacht, soll gelten:

$$x_1 + \beta(x_2 + x_3) < A\,,\ \ x_2 + \beta(x_1 + x_3) < A\,,\ \ x_3 + \beta(x_1 + x_2) < A\,.$$

Es soll weiter angenommen werden, daß die Unternehmen wenigstens Bruchteile des neuen Wissens der jeweiligen Konkurrenten nutzen können. Dadurch wird der Fall ausgeschlossen, daß der Parameter β den Wert Null annimmt. Ebenfalls wird unterstellt, daß eine Einheit nicht selbst erstellter Forschungseinheiten die variablen Stückkosten um weniger als eine ganze Einheit verringert. Nicht selbst erstellte Forschungseinheiten können demnach selbst erstellte nur zum Teil ersetzen. Der Parameter β nimmt ausschließlich Werte an, die im Intervall zwischen Null und Eins liegen ($0 < \beta < 1$).

Bevor die Unternehmen mit der (Konsum-)Güterproduktion beginnen, legen sie in Stufe 1 des Spiels die Menge der Forschungseinheiten fest, die sie einzusetzen beabsichtigen. Sie wissen dann, wieviele Forschungseinheiten ihre Forschungsabteilungen jeweils erstellen müssen und weisen diese entsprechend an. Sodann erstellen diese - ebenfalls während der Spielstufe 1 - die benötigten Forschungseinheiten.

Die Erstellung der Forschungseinheiten verursacht Forschungskosten, gemessen in Geldeinheiten.[153] Dabei wird unterstellt, daß die Produktion einer zusätzlichen Forschungseinheit stets mehr zusätzliche Kosten verursacht als die letzte Einheit.[154] Die jeweiligen Forschungskosten der Unternehmen werden deshalb im Modell folgendermaßen dargestellt:

$$\frac{1}{2}\gamma x_1^2,\ \frac{1}{2}\gamma x_2^2,\ \frac{1}{2}\gamma x_3^2.$$

---

153 Da die Forschungskosten in Stufe 1 des Spiels anfallen und von den Unternehmen getragen werden, um mit den erstellten Forschungseinheiten in Stufe 2 kostengünstiger zu produzieren, lassen sie sich auch als Forschungsinvestitionen auffassen.

154 Damit soll zum Ausdruck gebracht werden, daß in der Forschung anfangs große Erkenntnisfortschritte erzielt werden. Nach Erreichen eines bestimmten Erkenntnisstands, wird es zunehmend schwieriger, neue Erkenntnisse zu gewinnen. Dagegen ließe sich einwenden, daß bahnbrechende Forschungsergebnisse zum Teil zufällig entdeckt werden und meist die Grundlage für etliche weitere Erkenntnisse darstellen. Entsprechend besteht die Möglichkeit, daß in der Forschung steigende Skalenerträge auftreten. Dieser Fall soll in dem vorliegenden Modell ausgeschlossen werden.

Der Faktor ½ wird gewählt, um die mathematischen Operationen in der folgenden Analyse zu erleichtern. Der Parameter γ stellt das Maß für die Effektivität dar, mit der die Forschungsabteilung produziert. Je höher γ ausfällt, um so geringer fällt die Effektivität aus und um so stärker steigen die Produktionskosten einer zusätzlichen Forschungseinheit. Arbeitet die Forschungsabteilung hingegen sehr effektiv, fallen entsprechend γ und der Anstieg der Produktionskosten einer zusätzlichen Forschungseinheit geringer aus. Es soll gelten $\gamma > 0$, um zu gewährleisten, daß die Forschungskosten positiv ausfallen.[155]

Die gesamten Kosten der drei Unternehmen, die sich aus den Produktionskosten und den Forschungskosten zusammensetzen, lassen sich dann folgendermaßen darstellen:

$$(3.1) \quad \begin{aligned} &(A - x_1 - \beta(x_2 + x_3))q_1 + \frac{1}{2}\gamma x_1^2 \\ &(A - x_2 - \beta(x_1 + x_3))q_2 + \frac{1}{2}\gamma x_2^2 \\ &(A - x_3 - \beta(x_1 + x_2))q_3 + \frac{1}{2}\gamma x_3^2 \end{aligned}$$

Im weiteren Verlauf der Untersuchung wird nicht mehr von der Menge der erstellten und eingesetzten Forschungseinheiten gesprochen, sondern von Forschungseinheiten. Dies soll einer kürzeren verbalen Darstellung dienen. Gegebenenfalls wird zu Beginn besonders wichtiger Untersuchungsschritte ein entsprechender Hinweis gegeben.

Die von den Unternehmen produzierten Güter werden auf einem Gütermarkt angeboten. Dort trifft ihr Angebot auf die Marktnachfrage Q, die eine Funktion des Preises p ist.

$$(3.2) \quad Q = \frac{a - p}{b}$$

---

155 Es ist erforderlich, den Bereich der Werte, die der Parameter γ annehmen kann, weiter einzuschränken. Da der Grenzwert für die variablen Mindeststückkosten (siehe die Anmerkung auf Seite 56) unbestimmt ist, könnte eine hohe Effektivität in der Forschungsabteilung (γ nimmt kleine Werte an) dazu führen, daß es sich lohnt, mehr Forschungseinheiten zu produzieren als eine Erfüllung der Bedingungen $x_1 + \beta(x_2 + x_3) < A$, $x_2 + \beta(x_1 + x_3) < A$, $x_3 + \beta(x_1 + x_2) < A$ es zulassen würde. Um dies zu vermeiden, ist der zulässige Wertebereich für den Parameter γ entsprechend anzupassen. So würde zum Beispiel bei einem Parameterwert von $\gamma = 1$ eine Forschungsinvestition von ½ Geldeinheit zu einer Ersparnis bei den variablen Stückkosten um eine ganze Einheit führen. Als ökonomische Begründung für eine Einschränkung der Parameterwerte ließe sich anführen, daß der Ertrag von Forschungsinvestitionen vermutlich selten bei 100% und mehr liegt.

Bei a und b soll es sich um Parameter handeln.[156] Der Parameter b ist bei einem gegebenen Preis/Mengenverhältnis ein Maß, daß die Preiselastizität der Nachfrage bestimmt.[157] Je geringer b bei gegebenem Preis/Mengenverhältnis ausfällt, um so elastischer reagiert die Nachfrage auf eine Preisänderung. Umgekehrt gilt, je höher der Wert, den der Parameter b annimmt, um so unelastischer reagiert die Nachfrage auf eine Preisänderung.[158]

Weiter soll für Q gelten:

(3.3) $Q = q_1 + q_2 + q_3$

Durch Bildung der Inversen der Marktnachfragefunktion (3.4), läßt sich für die Unternehmen jeweils eine Gewinnfunktion (3.5) herleiten.

(3.4) $p = a - bQ$

$$G_1 = (a - bQ)q_1 - [A - x_1 - \beta(x_2 + x_3)]q_1 - \frac{\gamma x_1^2}{2}$$

(3.5) $$G_2 = (a - bQ)q_2 - [A - x_2 - \beta(x_1 + x_3)]q_2 - \frac{\gamma x_2^2}{2}$$

$$G_3 = (a - bQ)q_3 - [A - x_3 - \beta(x_1 + x_2)]q_3 - \frac{\gamma x_3^2}{2}$$

Damit ist der Modellrahmen beschrieben. In den nächsten Schritten werden die Bedingungen für die gesuchten Lösungen ermittelt.

---

156 Es soll gelten, $Q \leq \frac{a}{b}$ und $A < a$. $\frac{a}{b}$ stellt die Sättigungsmenge und a den Prohibitivpreis dar.

157 Die Preiselastizität der Nachfrage ist definiert als: $\varepsilon = -\frac{\partial Q}{\partial p}\frac{p}{Q}$. Bezogen auf die Marktnachfrage 3.2 ergibt sich $\varepsilon = \frac{1}{b}\frac{p}{Q}$ als Preiselastizität der Nachfrage.

158 Ähnlich wie bei dem Parameter γ muß auch der Bereich der Werte, die der Parameter b annehmen kann, eingeschränkt werden. Der Umsatz der Unternehmen steigt mit einer zunehmenden Preiselastizität unterproportional an. Da die Produktionskosten jedoch einen linearen Verlauf aufweisen, kann bei einer hohen Preiselastizität (b nimmt sehr kleine Werte an) der Fall eintreten, daß die Produktionskosten den Umsatz übersteigen. Diesen Verlust könnten die Unternehmen ausgleichen, wenn es ihnen möglich wäre, negative Forschungseinheiten zu erstellen. Dies folgt aus: $-(1/2)\gamma(-1)x^2 > 0$. Da dies jedoch ausgeschlossen ist, darf der Wert des Parameters b nicht zu gering ausfallen. Dies ließe sich ökonomisch begründen, wenn man annimmt, daß das Konsumgut eine relativ hohe Wertschätzung von seiten der Konsumenten erfährt.

3.1. Wettbewerb

Der erste Schritt ist die Bestimmung der besten Aktion auf dem Gütermarkt. Zu diesem Zweck seien die Forschungseinheiten der Unternehmen parametrisch festgelegt und bei jedem Unternehmen gleichermaßen hoch. Jedes Unternehmen versucht nun, die Angebotsmenge zu bestimmen, die bei gegebenen Angebotsmengen der übrigen Unternehmen den eigenen Gewinn maximal werden läßt. Die Bedingungen 1. Ordnung für ein Maximum lauten:[159] [160]

$$\begin{aligned}
&\frac{\partial G_1}{\partial q_1} = a - A + x_1 + \beta(x_2 + x_3) - b(q_1 + q_2 + q_3) - bq_1 = 0 \\
(3.1.1)\quad &\frac{\partial G_2}{\partial q_2} = a - A + x_2 + \beta(x_1 + x_3) - b(q_1 + q_2 + q_3) - bq_2 = 0 \\
&\frac{\partial G_3}{\partial q_3} = a - A + x_3 + \beta(x_1 + x_2) - b(q_1 + q_2 + q_3) - bq_3 = 0
\end{aligned}$$

Dieses Gleichungssystem läßt sich in der Weise auflösen, daß die Angebotsmengen der drei Unternehmen als Funktion der Parameter und der jeweiligen Forschungseinheiten erscheinen:

$$\begin{aligned}
&q_1 = \frac{(a - A) + (3 - 2\beta)x_1 + (2\beta - 1)(x_2 + x_3)}{4b} \\
(3.1.2)\quad &q_2 = \frac{(a - A) + (3 - 2\beta)x_2 + (2\beta - 1)(x_1 + x_3)}{4b} \\
&q_3 = \frac{(a - A) + (3 - 2\beta)x_3 + (2\beta - 1)(x_1 + x_2)}{4b}
\end{aligned}$$

Ökonomisch lassen sich die Bedingungen (3.1.2) interpretieren wie folgt: Eine Steigerung der Forschungseinheiten eines Unternehmens führt zu einer höheren Angebotsmenge.[161] Das Unternehmen wird in die Lage versetzt, das Konsumgut preiswerter anzubieten, die Nachfrage steigt und entsprechend wird die Produktion ausgedehnt.

---

159 Die Bedingung 2. Ordnung für ein Maximum erfordert: $\frac{\partial^2 G_1}{\partial q_1^2} = -2b \leq 0$. Für die Unternehmen 2 und 3 gilt das analog.

160 Die Herleitung der folgenden Bedingungen ist im Anhang A.1. aufgeführt.

161 Dies folgt aus: $\frac{\partial q_1}{\partial x_1} = \frac{3 - 2\beta}{4b} > 0$.

Die Zunahme fällt um so geringer aus, desto geringer die Preiselastizität der Nachfrage ist.[162] Die Forschungseinheiten verringern die variablen Stückkosten und entsprechend können die Preise zurückgenommen werden. Da die Nachfrage darauf bei einer geringen Preiselastizität kaum reagiert, wird nur wenig mehr angeboten. Umgekehrt bewirkt eine hohe Preiselastizität eine starke Zunahme des Angebots.

Die durch eine Steigerung der Forschungseinheiten induzierte Produktionssteigerung fällt um so geringer aus, je größer der positive externe Effekt ist.[163] Die durch den Effekt begünstigten Konkurrenten erfahren eine Senkung ihre variablen Stückkosten, senken ihre Preise und bieten infolge einer Nachfragesteigerung mehr an. Entsprechend reduziert sich dadurch die Angebotsmenge des forschenden Unternehmens.

Nicht selbst erstellte Forschungseinheiten üben je nach Höhe des positiven externen Effekts eine negativen, neutralen oder positiven Einfluß auf die Angebotsmenge aus.[164]

Bei geringen positiven externen Effekten ($\beta < 0{,}5$), ist dieser Einfluß negativ. Die forschenden Konkurrenten senken ihre variablen Stückkosten, ihre Preise, ihre Nachfrage erhöht sich und deshalb dehnen sie ihr Angebot aus. Die Begünstigung durch den positiven externen Effekt reicht nicht aus, um dieser Ausdehnung zu begegnen. Der negative Einfluß fremder Forschungseinheiten macht sich um so weniger (stärker) bemerkbar, je geringer (größer) die Preiselastizität der Nachfrage ausfällt.[165]

Bei hohen positiven externen Effekten ($\beta > 0{,}5$) bewirken nicht selbst erstellte Forschungseinheiten eine Zunahme der Angebotsmenge. Die Unternehmen werden in die Lage versetzt, ihre variablen Stückkosten und Preise zu senken und deshalb mehr anzubieten. Dies wird durch eine geringe (hohe) Preiselastizität beeinträchtigt (begünstigt).

Die Bedingungen (3.1.2) stellen die jeweils besten Reaktionen der einzelnen Unternehmen auf Veränderungen der Parameter oder der Forschungseinhei-

---

162 Dies folgt aus: $\frac{\partial^2 q_1}{\partial x_1 \partial b} = -\frac{3-2\beta}{4b^2} < 0$. Je geringer die Preiselastizität der Nachfrage ausfällt (Parameter b nimmt hohe Werte an), um so geringer fällt die Ausdehnung des Angebots durch vermehrte Forschungseinheiten aus. Fällt sie umgekehrt groß aus (Parameter b nimmt kleine Werte an), wird die Angebotsmenge stärker ausgedehnt.

163 Dies folgt aus: $\frac{\partial^2 q_1}{\partial x_1 \partial \beta} = -\frac{2}{4b} < 0$.

164 Dies folgt aus: $\frac{\partial q_1}{\partial x_2} = \frac{\partial q_1}{\partial x_3} = \frac{2\beta - 1}{4b} (> 0), (= 0), (< 0)$ für ($\beta > 0{,}5$), ($\beta = 0{,}5$), ($\beta < 0{,}5$).

165 Dies folgt aus: $\frac{\partial^2 q_1}{\partial x_2 \partial b} = \frac{\partial^2 q_1}{\partial x_3 \partial b} = -\frac{2\beta - 1}{4b^2} > 0, (= 0), (< 0)$ für $\beta < 0{,}5, (= 0{,}5), (> 0{,}5)$.

ten dar. Sie erfüllen demnach die Grundvoraussetzung für ein Nash-Gleichgewicht.

Im folgenden werden ausschließlich symmetrische Gleichgewichte betrachtet. Symmetrie bedeutet, daß im Gleichgewicht alle drei Unternehmen die gleiche Menge anbieten und die gleiche Menge Forschungseinheiten erstellen und einsetzen. Deshalb stellt (3.1.2) dann ebenfalls die Bedingung für ein symmetrisches Nash-Gleichgewicht auf dem Gütermarkt dar. Gleichzeitig ist (3.1.2) auch das Ergebnis, das sich in einem Cournot-Wettbewerb ergibt. (3.1.2) wird daher im folgenden als Cournot-Nash-Gleichgewicht bezeichnet.

Die Gesamtangebotsmenge im Cournot-Nash-Gleichgewicht wird aus der Summe der drei Angebotsmengen der Unternehmen in (3.1.2) gebildet. [166]

(3.1.3) $$Q^{WP} = \frac{3(a-A)+(1+2\beta)(x_1+x_2+x_3)}{4b}$$

Nachdem das Cournot-Nash-Gleichgewicht auf dem Gütermarkt, also der zweiten Spielstufe bestimmt ist, soll das Gleichgewicht auf der ersten Spielstufe, also die optimalen Mengen der zu erstellenden und einzusetzenden Forschungseinheiten der Unternehmen ermittelt werden, die im weiteren Verlauf der Untersuchung als optimale Forschungseinheiten bezeichnet werden. Auch dieses Gleichgewicht soll symmetrisch sein. Es reicht daher aus, diesen Schritt für ein Unternehmen durchzuführen. Im folgenden wird dies stets Unternehmen 1 sein.

Der Gewinn des Unternehmens 1 bei gegebenem Cournot-Nash-Gleichgewicht auf dem Gütermarkt ist wie folgt darstellbar. [167]

(3.1.4) $$G_1^{WP} = \frac{[(a-A)+(3-2\beta)x_1+(2\beta-1)(x_2+x_3)]^2}{16b} - \frac{\gamma x_1^2}{2}$$

---

166 Aus $\frac{\partial Q^{WP}}{\partial x_1} = \frac{\partial Q^{WP}}{\partial x_2} = \frac{\partial Q^{WP}}{\partial x_3} = \frac{1+2\beta}{4b} > 0$ folgt, daß steigende Forschungseinheiten zu einer Ausdehnung der Gesamtangebotsmenge führen. Aus $\frac{\partial Q^{WP}}{\partial \beta} = \frac{2(x_1+x_2+x_3)}{4b} > 0$ folgt, daß ein steigender positiver externer Effekt zu einer Ausdehnung der Gesamtangebotsmenge führt. Aus $\frac{\partial^2 Q^{WP}}{\partial x_1 \partial b} = \frac{\partial^2 Q^{WP}}{\partial x_2 \partial b} = \frac{\partial^2 Q^{WP}}{\partial x_3 \partial b} = -\frac{(1+2\beta)}{4b^2} < 0$ und $\frac{\partial^2 Q^{WP}}{\partial \beta \partial b} = -\frac{2(x_1+x_2+x_3)}{4b^2} < 0$ folgt, daß die positive Wirkung sowohl bei den Forschungseinheiten als auch bei dem positiven externen Effekt durch eine hohe Preiselastizität der Nachfrage begünstigt, durch eine geringe eingeschränkt wird.

167 (3.1.4) erhält man durch Einsetzen von (3.1.3) und (3.1.2) in (3.5). Die Herleitung ist im Anhang A.2.1. aufgeführt.

Um die optimalen Forschungseinheiten des Unternehmens 1 bei gegebenem Gleichgewicht auf dem Gütermarkt zu bestimmen, wird (3.1.4) nach x_1 differenziert.[168] [169]

(3.1.5) $$\frac{\partial G_1^{WP}}{\partial x_1} = \frac{(3-2\beta)\left[(a-A)+(3-2\beta)x_1+(2\beta-1)(x_2+x_3)\right]}{8b} - x_1\gamma = 0$$

(3.1.5) wird nun nach x_1 aufgelöst.

(3.1.6) $$x_1 = \frac{(3-2\beta)\left[(a-A)+(2\beta-1)(x_2+x_3)\right]}{8b\gamma-9+12\beta-4\beta^2}$$

(3.1.6) stellt die Bedingung für die optimalen Forschungseinheiten des Unternehmens 1 bei gegebenem Cournot-Nash-Gleichgewicht auf dem Gütermarkt dar.[170] Wiederum wird die Symmetrieannahme genutzt, so daß im Gleichgewicht gilt: $x_1 = x_2 = x_3 = x^W$. Folglich läßt sich x^W ohne Indizes schreiben. Eingesetzt in (3.1.6) ergibt sich:

(3.1.7) $$x^W = \frac{(3-2\beta)(a-A)}{8b\gamma-3-4\beta+4\beta^2}$$

(3.1.7) stellt die Bedingung für die optimalen Forschungseinheiten der Unternehmen dar, wenn sowohl auf dem Gütermarkt als auch im Bereich der Forschungseinheiten nicht-kooperativ verfahren wird. Damit ist auch das Nash-Gleichgewicht der ersten Spielstufe beschrieben.[171] Ökonomisch läßt sich die Bedingung (3.1.7) interpretieren wie folgt:

Die optimalen Forschungseinheiten der Unternehmen sinken mit einem steigenden positiven externen Effekt, falls die Preiselastizität der Nachfrage oder die Effektivität der Forschungsabteilungen hinreichend gering ausfallen

---

168 Die Herleitung der folgenden Bedingungen ist im Anhang A.2.1. aufgeführt.

169 Die Bedingung 2. Ordnung für ein Maximum lautet: $\frac{\partial^2 G_1^{WP}}{\partial x_1^2} = \frac{(3-2\beta)^2}{8b} - \gamma \leq 0$.

170 Die ökonomischen Aussagen, die für die optimalen Forschungseinheiten aller Unternehmen abgeleitet werden können, werden im Zusammenhang mit Bedingung (3.1.7) diskutiert. Zu den Reaktionsfunktionen und den Stabilitätsbedingungen siehe die Anmerkungen im Anhang A.2.1.

171 Der entsprechende Beweis ist im Anhang A.22.1. aufgeführt.

$(b\gamma \geq 9/8)$.[172] Darin kommt zum Ausdruck, daß der Anreiz, Forschungseinheiten zu erstellen, mit einem steigenden positiven externen Effekt sinkt. Es lohnt sich nicht, Forschungseinheiten zu erstellen, wenn ein zunehmender Teil davon von den Konkurrenten kostenlos genutzt werden kann und dies schließlich dazu führt, daß die Konkurrenten mehr produzieren. Diese Wirkung kann überlagert werden, wenn die Preiselastizität der Nachfrage oder die Effektivität der Forschungsabteilungen besonders groß ausfallen $(b\gamma < 9/8)$.

Eine steigende (sinkende) Preiselastizität erhöht (verringert) den Anreiz, Forschungseinheiten zu erstellen.[173] Je höher (geringer) die Preiselastizität ausfällt, um so größer (geringer) die Nachfrageausdehnung infolge einer Preissenkung und um so mehr (weniger) läßt sich mit einer durch Forschung induzierten Senkung der variablen Stückkosten erreichen.

Eine steigende (sinkende) Effektivität der Forschungsabteilung erhöht (verringert) den Anreiz Forschungseinheiten zu erstellen.[174] Je geringer (stärker) die Zunahme an Forschungskosten einer zusätzlich erstellten Forschungseinheit ausfällt, um so mehr (weniger) lohnt sich die Forschung.

Die Bedingung für die Gesamtangebotsmenge, die sich ergibt, ist:[175]

$$(3.1.8)\quad Q^W = \frac{6(a-A)\gamma}{8b\gamma - 3 - 4\beta + 4\beta^2}$$

Bedingung (3.1.8) läßt sich ökonomisch wie folgt interpretieren: Mit einem steigenden positiven externen Effekt wächst die Gesamtangebotsmenge, so-

172 Dies folgt, falls $\frac{\partial x^W}{\partial \beta} = \frac{-16b\gamma + 18 - 24\beta + 8\beta^2}{\left[8b\gamma - 3 - 4\beta + 4\beta^2\right]^2} < 0$. Da der Nenner in jedem Fall positiv ist, ist das Vorzeichen des Zählers von Bedeutung. Falls $-16b\gamma + 18 - 24\beta + 8\beta^2 < 0$, dann folgt: $\frac{\partial x^W}{\partial \beta} < 0$. $b\gamma > -\frac{9}{8} + \frac{12}{8}\beta - \frac{4}{8}\beta^2$ falls $b\gamma \geq 9/8$. Dann folgt $\frac{\partial x^W}{\partial \beta} < 0$.

173 Dies folgt aus: $\frac{\partial x^W}{\partial b} = -\frac{8\gamma(3-2\beta)(a-A)}{\left[8b\gamma - 3 - 4\beta + 4\beta^2\right]^2} < 0$. Die Preiselastizität spiegelt sich im Parameter b wider. Siehe dazu die Anmerkungen auf Seite 59.

174 Dies folgt aus: $\frac{\partial x^W}{\partial \gamma} = -\frac{8b(3-2\beta)(a-A)}{\left[8b\gamma - 3 - 4\beta + 4\beta^2\right]^2} < 0$. Die Effektivität der Forschungsabteilung spiegelt sich im Parameter γ wider. Siehe dazu die Anmerkungen auf Seite 58.

175 (3.1.8) erhält man durch Einsetzen von (3.1.7) in (3.1.3). Dabei wird vorausgesetzt, daß die Forschungseinheiten der Unternehmen im Gleichgewicht gleich sind. Die Herleitung ist in Anhang A.3.1. aufgeführt.

fern der Effekt ein bestimmtes Maß nicht überschreitet ($\beta < 0{,}5$).[176] Obwohl der Anreiz sinkt, Forschungseinheiten zu erstellen, wird bei einem geringen positiven Effekt mehr produziert. Offensichtlich reicht die gegenseitige Begünstigung aus, um die variablen Stückkosten und die Preise hinreichend zu senken und der gewachsenen Nachfrage entsprechend mehr anzubieten. Übersteigt der positive externe Effekt dieses Maß ($\beta < 0{,}5$), erstellen die Unternehmen weniger Forschungseinheiten, die Stückkosten steigen und es wird weniger angeboten.

Ein höhere (geringere) Preiselastizität der Nachfrage führt zu einer größeren (geringeren) Ausdehnung der Angebotsmenge.[177] Falls die Effektivität der jeweiligen Forschungsabteilung steigt, wird mehr angeboten.[178] Es können mehr Forschungseinheiten bei gleichen Forschungskosten erstellt werden. Dies führt zu sinkenden variablen Stückkosten und Preisen, zu mehr Nachfrage und zu einer höheren Produktion.

3.2. Kooperative Lösungen

3.2.1. Das Monopol

Im ersten Schritt legen die Unternehmen ihre Angebotsmengen derart fest, daß die Summe aus ihren separaten Gewinnen ein Maximum erreicht. Dies ist gleichbedeutend mit einer Entscheidung, die ein Unternehmen treffen würde, das als einziger Anbieter auf dem Markt auftritt.

(3.2.1.1) $$G = (a - A + \frac{(1+2\beta)(x_1 + x_2 + x_3)}{3} - bQ)Q - \frac{\gamma(x_1^2 + x_2^2 + x_3^2)}{2}$$

Die Bedingung 1. Ordnung für ein Maximum lautet:[179] [180]

(3.2.1.2) $$\frac{\partial G(x,Q)}{\partial Q} = a - A + (1+2\beta)\frac{x_1 + x_2 + x_3}{3} - 2bQ = 0$$

---

176 Dies folgt aus: $\frac{\partial Q^W}{\partial \beta} = \frac{(4-8\beta)6(a-A)\gamma}{\left[8b\gamma - 3 - 4\beta + 4\beta^2\right]^2} > 0, (= 0), (< 0)$ für $\beta < 0{,}5, (= 0{,}5), (> 0{,}5)$.

177 Dies folgt aus: $\frac{\partial Q^W}{\partial b} = -\frac{48(a-A)\gamma^2}{\left[8b\gamma - 3 - 4\beta + 4\beta^2\right]^2} < 0$.

178 Dies folgt aus: $\frac{\partial Q^W}{\partial \gamma} = \frac{-3 - 4\beta + 4\beta^2}{\left[8b\gamma - 3 - 4\beta + 4\beta^2\right]^2} < 0$.

179 Die Herleitung der folgenden Bedingungen ist im Anhang A.2.2. aufgeführt.

180 Die Bedingung 2. Ordnung lautet: $\frac{\partial^2 G(x,Q)}{\partial Q^2} = -2b \le 0$

Die Bedingung für eine optimale Gesamtangebotsmenge in der Monopolsituation ist gegeben durch:[181]

$$(3.2.1.3)\quad Q^{MP} = \frac{(a-A)+(1+2\beta)\frac{x_1+x_2+x_3}{3}}{2b}$$

Analog zu der bereits behandelten Wettbewerbssituation ist im weiteren zu prüfen, wie die Forschungseinheiten der Unternehmen festzulegen sind, wenn über die Kooperation auf dem Gütermarkt hinaus auch die Forschungseinheiten kooperativ festgelegt werden. Der Gewinn, der sich aus der Zusammenarbeit der Unternehmen unter der Voraussetzung des oben abgeleiteten Güterangebots ergibt, lautet:[182]

$$(3.2.1.4)\quad G^{M} = \frac{[3(a-A)+(1+2\beta)(x_1+x_2+x_3)]^2}{36b} - \frac{\gamma(x_1^2+x_2^2+x_3^2)}{2}$$

Die Bedingung 1. Ordnung für ein Maximum lautet:[183]

$$(3.2.1.5)\quad \frac{\partial G^{M}}{\partial x_1} = \frac{(1+2\beta)[3(a-A)+(1+2\beta)(x_1+x_2+x_3)]}{18b} - \gamma x_1 = 0$$

Aufgelöst nach x_1 ergibt sich:

$$(3.2.1.6)\quad x_1 = \frac{3(a-A)(1+2\beta)+(1+2\beta)^2(x_2+x_3)}{18b\gamma-(1+2\beta)^2}$$ [184]

Wiederum wird von der Symmetrieannahme Gebrauch gemacht. Die Forschungseinheiten der drei Unternehmen sind demnach identisch. Dann ergibt sich die Bedingung für die optimalen Forschungseinheiten:

$$(3.2.1.7)\quad x^{M} = \frac{(1+2\beta)(a-A)}{6b\gamma-(1+2\beta)^2}$$

---

181 Diese Bedingung ist ökonomisch zu interpretieren wie Bedingung (3.1.3).

182 Die Herleitung der folgenden Bedingungen ist im Anhang A.2.2. aufgeführt.

183 Die Bedingung 2. Ordnung lautet: $\frac{\partial^2 G^{M}}{\partial x_1^2} = \frac{(1+2\beta)^2}{2b} - 3\gamma \le 0$

184 Die ökonomischen Aussagen, die für die optimalen Forschungseinheiten aller Unternehmen abgeleitet werden können, werden im Zusammenhang mit Bedingung (3.2.1.7) diskutiert. Zu den Reaktionsfunktionen und den Stabilitätsbedingungen siehe die Anmerkungen im Anhang A.2.2.

Diese Bedingung läßt sich ökonomisch interpretieren wie folgt: Eine Erhöhung des positiven externen Effektes führt zu einer Steigerung der Forschungseinheiten.[185] Der positive externe Effekt führt dazu, daß die variablen Stückkosten der Partner stärker sinken. Dadurch erhöht sich der Beitrag den die Forschungseinheiten zum Monopolgewinn leisten. Dementsprechend werden die Forschungseinheiten wirkungsvoller und deshalb erhöht.

Eine steigende (sinkende) Preiselastizität erhöht (verringert) den Anreiz, Forschungseinheiten zu erstellen. Je höher (geringer) die Preiselastizität ausfällt, um so größer (geringer) die Nachfrageausdehnung infolge einer Preissenkung und um so mehr (weniger) läßt sich mit einer durch Forschung induzierten Senkung der variablen Stückkosten erreichen.[186]

Eine steigende (sinkende) Effektivität der Forschungsabteilung erhöht (verringert) den Anreiz Forschungseinheiten zu erstellen. Je geringer (stärker) die Zunahme an Forschungskosten einer zusätzlich erstellten Forschungseinheit ausfällt, um so mehr (weniger) lohnt sich die Forschung.[187]

Die Bedingung für eine optimale Angebotsmenge erhält man durch Einsetzen von (3.2.1.7) in (3.2.1.3).[188]

$$(3.2.1.8)\quad Q^M = \frac{3(a-A)\gamma}{6b\gamma-(1+2\beta)^2}$$

Die Monopolangebotsmenge wird ausgedehnt, wenn der positive externe Effekt zunimmt.[189] Dies liegt daran, daß die Forschungseinheiten gegenseitig mehr Wirkung erzielen. Je größer der positive externe Effekt ausfällt, um so stärker verringern sich die variablen Stückkosten. Dies führt zu einer Preissenkung, zu mehr Nachfrage und auf diese Weise zu einer Ausdehnung des An-

---

185 Dies folgt aus: $\frac{\partial x^M}{\partial \beta} = \frac{6b\gamma+(1+2\beta)^2}{\left[6b\gamma-(1+2\beta)^2\right]^2} > 0$.

186 Dies folgt aus: $\frac{\partial x^M}{\partial b} = -\frac{6\gamma(1+2\beta)(a-A)}{\left[6b\gamma-(1+2\beta)^2\right]^2} < 0$.

187 Dies folgt aus:. $\frac{\partial x^M}{\partial \gamma} = -\frac{6b(1+2\beta)(a-A)}{\left[6b\gamma-(1+2\beta)^2\right]^2} < 0$.

188 Die Herleitung der folgenden Bedingung ist im Anhang A.3.2. aufgeführt.

189 Dies folgt aus: $\frac{\partial Q^M}{\partial \beta} = \frac{12(1+2\beta)(a-A)\gamma}{\left[6b\gamma-(1+2\beta^2\right]^2} > 0$.

gebots. Änderungen der übrigen Parameterwerte sind zu interpretieren wie in der Wettbewerbslösung.[190]

3.2.2. Die FuE-Kooperation

Da die FuE-Kooperation nicht-kooperatives Verhalten auf dem Gütermarkt voraussetzt, kann das oben bereits abgeleitete Cournot-Nash-Gleichgewicht auf dem Gütermarkt auch hier verwendet werden. Es fehlt noch die Bestimmung der Bedingung für die Forschungseinheiten.

Kooperation bei der Festlegung der Forschungseinheiten bedeutet, daß z.B. Unternehmen 1 seine Forschungseinheiten so festlegt, daß nicht nur sein eigener, sondern auch die Gewinne der Unternehmen 2 und 3 maximal werden. Für Unternehmen 2 und 3 gilt dies analog. Dabei wird vorausgesetzt, daß sich auf dem Gütermarkt das Cournot-Nash-Gleichgewicht herausgebildet hat. Unter dieser Voraussetzung ergibt sich folgender Kooperationsgewinn:[191]

$$
\begin{aligned}
G^K &= G_1^{KP} + G_2^{KP} + G_3^{KP} \\
&= \frac{[(a-A)+(3-2\beta)x_1+(2\beta-1)(x_2+x_3)]^2}{16b} - \frac{\gamma x_1^2}{2} \\
&+ \frac{[(a-A)+(3-2\beta)x_2+(2\beta-1)(x_1+x_3)]^2}{16b} - \frac{\gamma x_2^2}{2} \\
&+ \frac{[(a-A)+(3-2\beta)x_3+(2\beta-1)(x_1+x_2)]^2}{16b} - \frac{\gamma x_3^2}{2}
\end{aligned}
\tag{3.2.2.1}
$$

Die Bedingung 1. Ordnung für ein Maximum lautet:[192] [193]

---

190 Dies folgt aus: $\frac{\partial Q^M}{\partial b} = -\frac{18(a-A)\gamma^2}{[6b\gamma-(1+2\beta^2]^2} < 0$ und $\frac{\partial Q^M}{\partial \gamma} = -\frac{(1+2\beta)^2}{[6b\gamma-(1+2\beta)^2]^2} < 0$. Zu den Interpretationen siehe die Anmerkungen zu Bedingung (3.1.8).

191 Da in der FuE-Kooperation in Stufe 2 nicht kooperiert wird, entspricht G_i^{KP} genau G_i^{WP}.

192 Die Herleitung der folgenden Bedingungen ist im Anhang A.2.3. aufgeführt.

193 Die Bedingung 2. Ordnung lautet $\frac{\partial^2 G^K}{\partial x_1^2} = \frac{(3-2\beta)^2 + 2(2\beta-1)^2}{8b} - \gamma \leq 0$

$$(3.2.2.2)\quad \frac{\partial G_1^{KP}}{\partial x_1}+\frac{\partial G_2^{KP}}{\partial x_1}+\frac{\partial G_3^{KP}}{\partial x_1} = \frac{(3-2\beta)[(a-A)+(3-2\beta)x_1+(2\beta-1)(x_2+x_3)]}{8b} - x_1\gamma + \frac{(2\beta-1)[(a-A)+(3-2\beta)x_2+(2\beta-1)(x_1+x_3)]}{8b} + \frac{(2\beta-1)[(a-A)+(3-2\beta)x_3+(2\beta-1)(x_1+x_2)]}{8b} = 0$$

(3.2.2.3) wird nach x_1 aufgelöst und man erhält:

$$(3.2.2.4)\quad x_1 = \frac{(1+2\beta)(a-A)+(12\beta-5-4\beta^2)(x_2+x_3)}{8b\gamma-11+20\beta-12\beta^2}$$ [194]

Wiederum wird von der Symmetrieannahme Gebrauch gemacht, so daß gilt: $x_1 = x_2 = x_3 = x^K$. Die Bedingung für die optimalen Forschungseinheiten in der FuE-Kooperation ist dann gegeben durch:

$$(3.2.2.5)\quad x^K = \frac{(1+2\beta)(a-A)}{8b\gamma-(1+2\beta)^2}$$

Diese Bedingung läßt sich ökonomisch interpretieren wie folgt: Eine Steigerung des positiven externen Effektes führt zu einer Erhöhung der Forschungseinheiten.[195] Der positive externe Effekt führt dazu, daß die variablen Stückkosten der Partner stärker sinken. Dadurch erhöht sich der Beitrag den die Forschungseinheiten zum Kooperationsgewinn leisten. Dementsprechend werden die Forschungseinheiten wirkungsvoller und werden erhöht. Die Änderungen der übrigen Parameterwerte sind ebenso zu interpretieren wie in der Monopollösung.[196]

---

194 Die ökonomischen Aussagen, die für die optimalen Forschungseinheiten aller Unternehmen abgeleitet werden können, werden im Zusammenhang mit Bedingung (3.2.2.5) diskutiert. Zu den Reaktionsfunktionen und den Stabilitätsbedingungen siehe die Anmerkungen im Anhang A.2.3.

195 Dies folgt aus: $\frac{\partial x^K}{\partial \beta} = \frac{8b\gamma+(1+2\beta)^2}{[8b\gamma-(1+2\beta)^2]^2} > 0$.

196 Dies folgt aus: $\frac{\partial x^K}{\partial b} = -\frac{8\gamma(1+2\beta)(a-A)}{[8b\gamma-(1+2\beta)^2]^2} < 0$ und $\frac{\partial x^K}{\partial \gamma} = -\frac{8b(1+2\beta)(a-A)}{[8b\gamma-(1+2\beta)^2]^2} < 0$. Zu den Interpretationen siehe die Ausführungen zu Bedingung (3.2.1.7).

Durch Einsetzen von (3.2.5) in (3.1.3) in Abschnitt 3.1. erhält man die Bedingung für die Gesamtangebotsmenge.[197]

(3.2.2.6) $$Q^K = \frac{6(a-A)\gamma}{8b\gamma - (1+2\beta)^2}$$

Die Kooperationsangebotsmenge wird ausgedehnt, wenn der positive externe Effekt zunimmt.[198] Dies liegt daran, daß die Forschungseinheiten gegenseitig mehr Wirkung erzielen. Je größer der positive externe Effekt ausfällt, um so stärker verringern sich die variablen Stückkosten. Dies führt zu einer Preissenkung, zu mehr Nachfrage und auf diese Weise zu einer Ausdehnung des Angebots. Änderungen der übrigen Parameterwerte sind zu interpretieren wie in der Wettbewerbslösung.[199]

3.2.3. Das Gütermarktmonopol

Als zweiter Fall einer gemischten Strategie wird nun eine Kooperation der Unternehmen auf dem Gütermarkt und eine Nicht-Kooperation bei den Forschungseinheiten behandelt. Auf dem Gütermarkt ergibt sich dann die Monopolangebotsmenge (3.2.1.3) in Abschnitt 3.2.1.

Die Festlegung der Forschungsinvestition wird von den Unternehmen so vorgenommen, daß ihr eigener Gewinn maximal wird. Eventuelle negative Auswirkungen dieser Aktion auf die Gewinne der anderen Unternehmen bleiben unberücksichtigt. Ferner wird davon ausgegangen, daß die Menge, die jedes Unternehmen anbietet, gleichermaßen groß ist. Dann ist der Gewinn des Unternehmens 1 unter der Voraussetzung der Monopollösung auf dem Gütermarkt gegeben durch:[200]

(3.2.3.1) $$G_1^G = \frac{\left[3(a-A) + (5-2\beta)x_1 + (4\beta-1)(x_2+x_3)\right]}{36b} \times \left[(a-A) + (1+2\beta)\left(\frac{x_1+x_2+x_3}{3}\right)\right] - \frac{\gamma x_1^2}{2}$$

---

197 Die Herleitung der folgenden Bedingungen ist im Anhang A.3.3. aufgeführt.

198 Dies folgt aus: $\frac{\partial Q^K}{\partial \beta} = \frac{(1+2\beta)24(a-A)\gamma}{\left[8b\gamma-(1+2\beta)^2\right]^2} > 0$.

199 Dies folgt aus: $\frac{\partial Q^K}{\partial b} = -\frac{48\gamma^2(a-A)}{\left[8b\gamma-(1+2\beta)^2\right]^2} < 0$ und $\frac{\partial Q^K}{\partial \gamma} = -\frac{(1+2\beta)^2}{\left[8b\gamma-(1+2\beta)^2\right]^2} < 0$. Zu den Interpretationen siehe die Anmerkungen zu Bedingung (3.1.8).

200 Die Herleitung der folgenden Bedingungen ist im Anhang A.2.4. aufgeführt.

Die Bedingung 1. Ordnung für ein Maximum lautet:[201]

$$(3.2.3.2)\quad \frac{\partial G_1^G}{\partial x_1} = \frac{(1+2\beta)[3(a-A)+(5-2\beta)x_1+(4\beta-1)(x_2+x_3)]}{108b} + \frac{(5-2\beta)\left[(a-A)+(1+2\beta)(\frac{x_1+x_2+x_3}{3})\right]}{36b} - \gamma x_1 = 0$$

Aufgelöst nach x_1 erhält man[202]

$$(3.2.3.3)\quad x_1^G = \frac{9(a-A)+(2+5\beta+2\beta^2)(x_2+x_3)}{54b\gamma-5-8\beta+4\beta^2}$$

Auch in diesem Fall wird die Symmetrieannahme verwendet, so daß die Bedingung für die optimalen Forschungseinheiten der Unternehmen jeweils durch (3.2.3.4) beschrieben werden kann.

$$(3.2.3.4)\quad x^G = \frac{a-A}{6b\gamma-1-2\beta}$$

Diese Bedingung läßt sich ökonomisch interpretieren wie folgt: Eine Erhöhung des positiven externen Effekts führt zu einer Erhöhung der Forschungseinheiten.[203] Obwohl die Unternehmen bei der Festlegung der Forschungseinheiten nicht kooperieren und ihre Konkurrenten bei einem hohen positiven externen Effekt begünstigt werden, dehnen sie ihre Forschungseinheiten aus. Dies liegt daran, daß ein gesteigerter positiver externer Effekt die Wirkung der Forschungseinheiten auf den Kooperationsgewinn erhöht. Änderungen der übrigen Parameterwerte sind wie in der Monopolsituation zu interpretieren.[204]

---

201 Die Bedingung Ordnung lautet: $\frac{\partial^2 G^G}{\partial x_1^2} = -\gamma < 0$

202 Die ökonomischen Aussagen, die für die optimalen Forschungseinheiten aller Unternehmen abgeleitet werden können, werden im Zusammenhang mit Bedingung (3.2.3.4) diskutiert. Zu den Reaktionsfunktionen und den Stabilitätsbedingungen siehe die Anmerkungen im Anhang A.2.4.

203 Dies folgt aus: $\frac{\partial x^G}{\partial \beta} = \frac{2(a-A)}{[6b\gamma-1-2\beta]^2} > 0$.

204 Dies folgt aus: $\frac{\partial x^G}{\partial b} = -\frac{6\gamma(a-A)}{[6b\gamma-1-2\beta]^2} < 0$ und $\frac{\partial x^G}{\partial \gamma} = -\frac{6b(a-A)}{[6b\gamma-1-2\beta]^2} < 0$. Zu den Interpretationen siehe die Anmerkungen zu Bedingung (3.2.1.7).

Durch Einsetzen von (3.2.3.4) in (3.2.1.3) in Abschnitt 3.2.1 ergibt sich die Bedingung für die Gesamtangebotsmenge:[205]

(3.2.3.5) $$Q^G = \frac{3(a-A)\gamma}{6b\gamma - 1 - 2\beta}$$

Die Gütermarktmonopolangebotsmenge wird ausgedehnt, wenn der positive externe Effekt zunimmt.[206] Dies liegt daran, daß die Forschungseinheiten gegenseitig mehr Wirkung erzielen. Je größer der positive externe Effekt ausfällt, um so stärker verringern sich die variablen Stückkosten. Dies führt zu einer Preissenkung, zu mehr Nachfrage und auf diese Weise zu einer Ausdehnung des Angebots. Änderungen der übrigen Parameterwerte sind zu interpretieren wie in der Wettbewerbslösung.[207]

4. *Bewertung der Lösungen durch die Gesellschaft und die Entscheidung der Unternehmen*

4.1. Das Bewertungskriterium der Gesellschaft

Eine Bewertung der vier abgeleiteten Lösungen setzt das Vorhandensein eines Bewertungskriteriums voraus. Im folgenden wird beabsichtigt, zunächst ein aus gesellschaftlicher Sicht optimales (first best) Ergebnis als Kriterium anzuwenden. Dazu sei folgendes angenommen:

In dem vorliegenden Modell existieren zwei Typen von Wirtschaftssubjekten. Es handelt sich dabei um die bisher nicht näher spezifizierten Konsumenten, die als Nachfrager des Konsumguts auftreten und die ebenfalls nicht näher betrachteten Produzenten, die als Entscheidungsträger in den drei Unternehmen erscheinen. Das Ziel sowohl der Konsumenten als auch der Produzenten besteht darin, ihren Nutzen zu maximieren. Der Nutzen der Konsumenten entsteht aus dem Konsum des erworbenen Gutes, der der Produzenten aus dem Verkauf des hergestellten Gutes. Beide zusammen bilden den Nutzen der Gesellschaft und werden als Wohlfahrt bezeichnet. Es ist zu fragen, wie die Wohlfahrt gemessen werden kann.

---

205 Die Herleitung der folgenden Bedingung ist im Anhang A.3.4. aufgeführt.

206 Dies folgt aus: $\frac{\partial Q^G}{\partial \beta} = \frac{6(a-A)\gamma}{[6b\gamma - 1 - 2\beta]^2} > 0$.

207 Dies folgt aus: $\frac{\partial Q^G}{\partial b} = -\frac{18(a-A)\gamma^2}{[6b\gamma - 1 - 2\beta]^2} < 0$ und $\frac{\partial Q^G}{\partial \gamma} = -\frac{1+2\beta}{[6b\gamma - 1 - 2\beta]^2} < 0$. Zu den Interpretationen siehe die Anmerkungen zu Bedingung (3.1.8).

Dazu werden die von dem Ökonomen Alfred Marshall entwickelten Konzepte der Konsumenten- und der Produzentenrente verwendet.[208] Die Konsumentenrente ist definiert als Fläche unter der Nachfragekurve zwischen dem Preis, bei dem, falls er gefordert würde, die Konsumenten das Gut gerade nicht mehr nachfragen, und dem Preis, der tatsächlich für das Gut bezahlt wird.[209] Überträgt man dieses Konzept auf das vorliegende Modell läßt sich die Konsumentenrente darstellen wie folgt:

$$\text{Konsumentenrente (KR)} = \int_0^Q a - b(Q)dQ - [a - b(Q)]Q$$

Die Produzentenrente ist definiert als Umsatz aller Produzenten abzüglich der gesamten Kosten.[210] Überträgt man dies auf das vorliegende Modell, läßt sich die Produzentenrente darstellen wie folgt:[211]

$$\text{Produzentenrente (PR)} = [a - b(Q)]Q - [A - (1 + 2\beta)x]Q - \frac{3}{2}\gamma x^2$$

Demnach läßt sich die Wohlfahrt (W) der Gesellschaft in dem vorliegenden Modell messen durch:

$$W = KR + PR = \int_0^Q a - b(Q)dQ - [A - (1 + 2\beta)x]Q - \frac{3}{2}\gamma x^2$$

Als Bewertungskriterium der Gesellschaft für die vier abgeleiteten Lösungen soll zunächst die maximale Wohlfahrt dienen, ungeachtet dessen, ob sie erreichbar ist oder nicht. Dementsprechend ist festzustellen, bei welcher Ausbringungsmenge und welcher Menge an erstellten Forschungseinheiten die Wohlfahrt der Gesellschaft am größten ausfällt. Diese Forderung läßt sich folgendermaßen präzisieren:

$$(4.1.1) \quad \max W(x,Q) = \int_0^Q a - b(Q)dQ - [A - (1 + 2\beta)x]Q - \frac{3\gamma x^2}{2}$$

---

208 Vgl. MARSHALL, A. (1958), S. 79 u. 96 f.

209 Vgl. VARIAN, H.R. (1992), S. 163

210 Vgl. VARIAN, H.L. (1992), S.224

211 Falls es in diesem Modell lediglich ein Unternehmen geben würde, so würde es die Forschungseinheiten nicht mit Forschungskosten in Höhe von $(1/2)\gamma x^2$ erstellen, sondern mit Forschungskosten in Höhe von $(3/2)\gamma x^2$. Als Begründung läßt sich anführen, daß eine einzige Forschungsabteilung weniger effektiv produziert, wenn sie nicht im Wettbewerb mit den beiden übrigen Forschungsabteilungen steht. Die Annahme ist notwendig, um ein natürliches Monopol auszuschließen.

Auch hier wird im Sinne des in der Vorbemerkung beschriebenen Verfahrens zunächst die optimale Gesamtangebotsmenge ermittelt. Die Bedingung 1. Ordnung für ein Maximum lautet:[212] [213]

(4.1.2) $\frac{\partial W(x,Q)}{\partial Q} = a - A + (1+2\beta)x - bQ = 0$

Bedingung 4.1.2 entspricht der Forderung der Gleichheit von Preis und Grenzkosten. Dies soll in der nachstehenden Abbildung deutlich gemacht werden.

Abbildung 3: Gleichheit von Preis und Grenzkosten im first best-Fall

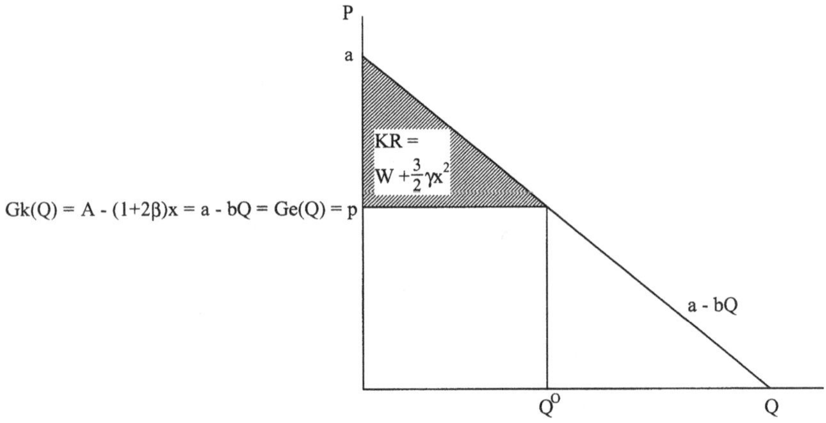

Die optimale Gesamtangebotsmenge ist deshalb gegeben durch:

(4.1.3) $Q^{OP} = \frac{a - A + (1+2\beta)x}{b}$

(4.1.3) entspricht einem Güterangebot, das sich ergibt, wenn die Bedingung der Gleichheit von Preis und Grenzkosten erfüllt ist. Im nächsten Schritt werden die gesellschaftlich optimalen Forschungseinheiten ermittelt, gegeben die

---

212 Die Herleitung ist in Anhang A.4.1. aufgeführt.

213 Die Bedingung 2. Ordnung lautet: $\frac{\partial^2 W(x,Q)}{\partial Q^2} = -b \le 0$

Bedingung für eine optimale Gesamtangebotsmenge. Die Bedingung 1. Ordnung für ein Maximum lautet[214] [215]:

$$(4.1.4)\quad \frac{\partial W(x,Q^{OP})}{\partial x} = \frac{(1+2\beta)[a-A+(1+2\beta)x]}{b} - 3\gamma x = 0$$

Bedingung 4.1.4 enthält den gesellschaftlichen Grenzertrag der Forschung ($Ge(x)$) und die gesellschaftlichen Grenzkosten ($Gk(x)$) der Forschung. Bedingung 4.1.4 ist erfüllt, wenn gilt, Grenzertrag der Forschung gleich Grenzkosten der Forschung. Grafisch läßt sich dies folgendermaßen darstellen.[216]

Abbildung 4: Grenzertrag und Grenzkosten der Forschung im first best-Fall

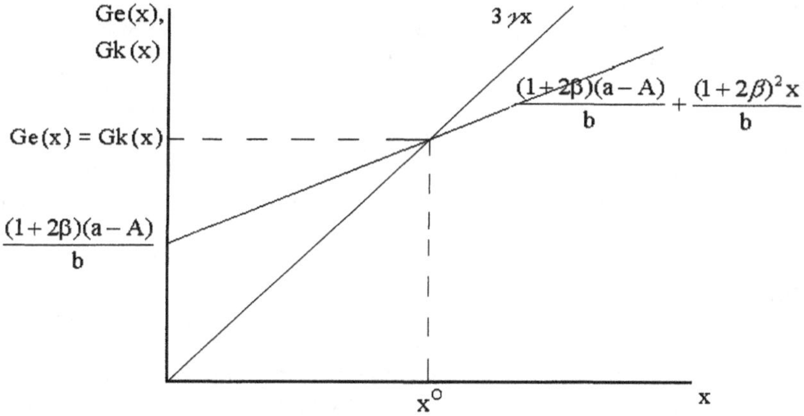

Die Bedingung für die first best-Menge der zu erstellenden und einzusetzenden Forschungseinheiten[217] lautet dann[218]:

---

214 Die Herleitung ist in Anhang A.4.1. aufgeführt.

215 Die Bedingung 2. Ordnung lautet: $\frac{\partial^2 W(x,Q)}{\partial x^2} = \frac{(1+2\beta)^2}{b} - 3\gamma \leq 0$

216 Die Grafik läßt ebenfalls noch einmal die Notwendigkeit einer Einschränkung der Parameterwerte für b und γ deutlich werden. Falls b oder γ zu groß ausfallen ($b \rightarrow \infty$ oder $\gamma \rightarrow \infty$), liegen die Grenzerträge der Forschung stets unter den Grenzkosten. Die optimale Menge der Forschungseinheiten liegt dann bei 0. Falls b oder γ zu gering ausfallen ($b \rightarrow 0$ oder $\gamma \rightarrow 0$), liegen die Grenzkosten der Forschung stets unter den Grenzerträgen. Die optimale Menge der Forschungseinheiten liegt dann bei ∞. Dies ist ein Problem, daß in vielen Modellen zutage tritt. Letztlich kann eine Einschränkung der Parameterwerte lediglich durch eine empirische Messung der Preiselastizität der Nachfrage oder der Effektivität der Produktion von Wissen gerechtfertigt werden.

217 Im folgenden werden diese kurz als first best-Forschungseinheiten bezeichnet.

218 Die Herleitung ist in Anhang A.4.1. aufgeführt.

(4.1.5) $x^{o} = \frac{(1+2\beta)(a-A)}{3b\gamma-(1+2\beta)^2}$

(4.1.5) eingesetzt in (4.1.3) ergibt die Bedingung für die optimale Gesamtangebotsmenge unter Berücksichtigung der first best-Forschungseinheiten[219].

(4.1.6) $Q^{o} = \frac{3(a-A)\gamma}{3b\gamma-(1+2\beta)^2}$

(4.1.5) und (4.1.6) stellen die Bedingungen dar, die erfüllt sein müßten, damit ein optimales Ergebnis für die Gesellschaft erreicht wird. Der Parameter β stellt den Annahmen zufolge den positiven externen Effekt dar. Es läßt sich zeigen, daß die soziale Wohlfahrt, um so größer ausfällt, je näher β an den Wert 1 heranrückt.[220] Die Gesellschaft müßte deshalb an besonders hohen positiven externen Effekten interessiert sein.

Dies führt unmittelbar zu der Überlegung, ob die Gesellschaft die Höhe der positiven externen Effekte als unveränderlich gegeben hinnehmen oder dahingehend beeinflussen sollte, daß der Parameterwert für β nahe an den Wert 1 heranrückt. Eine Beeinflussung hätte positive Wirkungen, wenn die Forschungsergebnisse eines Unternehmens gleichermaßen von allen anderen Unternehmen nicht nur in dem Maß genutzt werden könnten, das die positiven externen Effekte erlauben, sondern auch darüber hinaus.[221] Dieser Fall soll im vorliegenden Modell ausgeschlossen sein. Der Wert des Parameters β stellt neben der Höhe der positiven externen Effekte auch gleichzeitig die Grenze für eine gemeinsame Nutzung der Forschungsressourcen dar. Demzufolge würde ein weiterer Austausch von Forschungsergebnissen keine weiteren Wohlfahrtsgewinne erlauben. Entsprechend ist es nicht sinnvoll für die Gesellschaft, den Parameter β zu vergrößern.

Das optimale Ergebnis ist unter der Voraussetzung abgeleitet worden, daß auf dem Gütermarkt die Menge angeboten wird, die bei Gleichheit von Preis und Grenzkosten angeboten würde. Unberücksichtigt blieb, daß die Unternehmen in einem Oligopol dieses beste (first best) Ergebnis nicht erreichen können, sofern die Zahl der Unternehmen nicht unendlich groß wird. Es ist zu fragen, ob das abgeleitete Ergebnis als Bewertungskriterium brauchbar ist.

---

219 Die Herleitung ist in Anhang A.5.1. aufgeführt.

220 Angenommen ist, daß der Wert des positiven externen Effektes Werte zwischen 0 und 1 annehmen kann. Es gilt: $\frac{\partial W(x,Q)}{\partial \beta} = \frac{[a-A+(1+2\beta)x]}{b} 2x > 0 \text{ für } x > 0 \text{ und } 0 < \beta < 1$.

221 Dieser Fall ist in Teil C Abschnitt V.4. der Untersuchung bereits behandelt worden. Forschung weist teilweise die Eigenschaften eines öffentlichen Gutes auf. Der Gebrauch der Ressource Forschung in einem Produktionsprozeß beeinträchtigt den Gebrauch in einem anderen Prozeß nicht.

Deshalb wird im folgenden ein second best-Kriterium entwickelt, bei dem ein von den Unternehmen erreichbares Ergebnis in Betracht gezogen wird. Von den Ergebnissen, die die Unternehmen auf dem Gütermarkt erreichen können, ist das Wettbewerbsergebnis (3.1.3) das beste.[222] Allerdings gilt nicht, daß die Gleichheit von Preis und Grenzkosten gegeben ist.[223]

Durch Einsetzen in die Wohlfahrtsfunktion ergibt sich:[224]

$$(4.1.7)\quad \max W^S(x,Q^{WP}) = \int_0^{Q^{WP}} a - b(Q^{WP})dQ^{WP} - [A-(1+2\beta)x]Q^{WP} - \frac{3\gamma x^2}{2}$$

Q^{WP} stellt bereits eine Grundbedingung für die Maximierung der Wohlfahrt dar, so daß hier lediglich die Bedingung für die second best-Forschungseinheiten ermittelt werden muß. Die Bedingung 1. Ordnung lautet[225] [226]:

$$(4.1.8)\quad \frac{\partial W^S(x,Q^{WP})}{\partial x} = \frac{15(1+2\beta)[a-A+(1+2\beta)x]}{16b} - 3\gamma x = 0$$

Bedingung 4.1.8 enthält wiederum den gesellschaftlichen Grenzertrag der Forschung ($Ge(x)$) und die gesellschaftlichen Grenzkosten ($Gk(x)$) der Forschung. Bedingung 4.1.8 ist erfüllt, wenn gilt, Grenzertrag der Forschung gleich Grenzkosten der Forschung. Grafisch läßt sich dies folgendermaßen darstellen.

---

222 Unter der Voraussetzung, daß ein größeres Güterangebot mehr Nutzen stiftet als ein geringeres, ist der Wettbewerb vorzuziehen, falls die Gesamtangebotsmenge im Wettbewerb größer ausfällt als diejenige, die in der Monopolsituation angeboten wird.

$$Q^{WP} = \frac{3[(a-A)+(1+2\beta)x]}{4b} > Q^{MP} = \frac{(a-A)+(1+2\beta)x}{2b} \Leftrightarrow 3 > 2$$

223 Dies folgt aus: $a - \frac{4}{3}bQ^{WP} = A-(1+2\beta)x \neq a - bQ^{OP} = A-(1+2\beta)x$.

224 Es wird von der Symmetrieannahme bezüglich der parametrisch festgelegten Forschungseinheiten Gebrauch gemacht. Deshalb wird 3.1.3 zu $Q^{WP} = \frac{3[(a-A)+(1+2\beta)x]}{4b}$

225 Die Herleitung ist in Anhang A.4.2. aufgeführt.

226 Die Bedingung 2. Ordnung lautet $\frac{\partial^2 W^S(x,Q^{WP})}{\partial x^2} = \frac{15(1+2\beta)^2}{16b} - 3\gamma \leq 0$

Abbildung 5: Grenzertrag und Grenzkosten der Forschung im second best-Fall

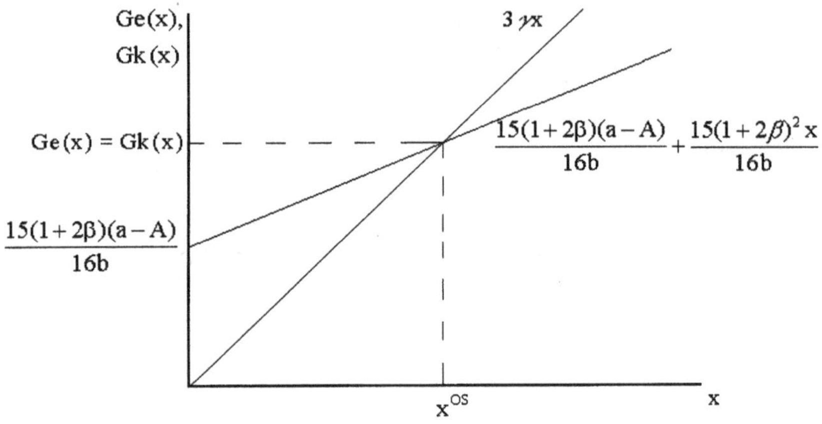

Die Bedingung für die second best-Forschungseinheiten lautet[227]:

(4.1.9) $x^{OS} = \dfrac{5(1+2\beta)(a-A)}{16b\gamma - 5(1+2\beta)^2}$

(4.1.10) $Q^{OS} = \dfrac{12(a-A)\gamma}{16b\gamma - 5(1+2\beta)^2}$

(4.1.9) und (4.1.10) stellen somit die Bedingungen für die second best-Lösung der Gesellschaft dar.

4.2. Das Entscheidungskriterium der Unternehmen

Das Entscheidungskriterium der Unternehmen ist der Gewinn, den jedes Unternehmen in der jeweiligen Situation erzielt. Es wird unterstellt, daß die Unternehmen in der kooperativen Situation jeweils einen gleichermaßen großen Gewinn erzielen. Im Wettbewerb ist der Gewinn gegeben durch:

(4.2.1) $G_i^W = \left[(a-A) - bQ^W + (1+2\beta)x^W\right]\dfrac{Q^W}{3} - \dfrac{\gamma x^{W2}}{2} \quad (i = 1,2,3)$

In der FuE-Kooperation ist der Gewinn gegeben durch:

227 Die Herleitung ist in Anhang A.4.2. aufgeführt.

$$(4.2.2)\quad G_i^K = \left[(a-A) - bQ^K + (1+2\beta)x^K\right]\frac{Q^K}{3} - \frac{\gamma x^{K2}}{2} \quad (i = 1,2,3)$$

In der Monopolsituation ist der Gewinn gegeben durch:

$$(4.2.3)\quad G_i^M = \left[(a-A) - bQ^M + (1+2\beta)x^M\right]\frac{Q^M}{3} - \frac{\gamma x^{M2}}{2} \quad (i = 1,2,3)$$

In der Gütermarktmonopolsituation ist der Gewinn gegeben durch:

$$(4.2.4)\quad G_i^G = \left[(a-A) - bQ^G + (1+2\beta)x^G\right]\frac{Q^G}{3} - \frac{\gamma x^{G2}}{2} \quad (i = 1,2,3)$$

4.3. Die Bewertung der Gesellschaft

In diesem Abschnitt werden die oben abgeleiteten Bedingungen für die optimalen Mengen der zu erstellenden und einzusetzenden Forschungseinheiten und die optimalen Angebotsmengen in den vier verschiedenen Situationen und die daraus hervorgehende Wohlfahrt an den beiden Wohlfahrtskriterien der Gesellschaft gemessen. Zunächst werden die Bedingungen für die optimalen Forschungseinheiten in den vier Situationen mit den Bedingungen für die first best- und second best-Forschungseinheiten verglichen. Die Resultate dieses Vergleichs sind in Übersicht 8 aufgeführt.

In Übersicht 8 ist deutlich erkennbar, daß die drei Unternehmen in den meisten Wettbewerbs- oder Kooperationssituationen nicht die gesellschaftlich optimalen Forschungseinheiten erstellen. Dies trifft sowohl auf den Vergleich mit den first best- als auch auf den Vergleich mit den second best-Forschungseinheiten zu. Falls der Parameter β den Wert 1/22 oder den Wert 1/14 annimmt, erstellen die Unternehmen im Wettbewerb jeweils genügend Forschungseinheiten. Offensichtlich ist der Anreiz Forschungseinheiten zu erstellen, bei einem externen Effekt in dieser Höhe ausreichend.

In allen Situationen können die Aktionen der Unternehmen zu einer zu geringen Erstellung von Forschungseinheiten führen. Um an die Argumentation im Kapitel C anknüpfen zu können, ist zu fragen, inwiefern dies mit einer Unterinvestition in die Forschung einhergeht. Die Forschungsinvestitionen sind in diesem Modell die Geldeinheiten, auf die die Unternehmen in Stufe 1 verzichten müssen, damit sie in Stufe 2 kostengünstiger produzieren können. Sie werden im Modell durch die Forschungskosten dargestellt. Da die Forschungskosten eine Funktion der erstellten Forschungseinheiten sind, bestimmen sie gleichzeitig die Höhe der Forschungsinvestitionen. Insofern ist eine zu geringe Erstellung von Forschungseinheiten gleichbedeutend mit einer Unterinvestition in die Forschung.

Übersicht 8: Vergleich der Forschungseinheiten in verschiedenen Situationen mit den Bedingungen für die first best- und second best-Forschungseinheiten[1)]

Situation	Vergleich mit first best-Forschungseinheiten	Bedingung	Vergleich mit second best-Forschungseinheiten	Bedingung
Wettbewerb	$x^W < x^O$	$\beta > 1/22$	$x^W < x^{OS}$	$\beta > 1/14$
	$x^W = x^O$	$\beta = 1/22$	$x^W = x^{OS}$	$\beta = 1/14$
	$x^W > x^O$	$\beta < 1/22$	$x^W > x^{OS}$	$\beta < 1/14$
FuE-Kooperation	$x^K < x^O$	$0 < \beta < 1$	$x^K < x^{OS}$	$0 < \beta < 1$
Monopol	$x^M < x^O$	$0 < \beta < 1$	$x^M < x^{OS}$	$0 < \beta < 1$
Gütermarkt-monopol	$x^G < x^O$	$0 < \beta < 1$	$x^G < x^{OS}$	$0 < \beta < 1$

1) Die entsprechenden Beweise sind in den Anhängen A.6.1.1. - A.6.2.4. aufgeführt.

Es stellt sich die Frage, wie sich die Unterinvestition bemerkbar macht. Zunächst ist festzustellen, daß der gesellschaftliche Grenzertrag der Forschung höher ausfällt als die gesellschaftlichen Grenzkosten der Forschung. Dies wird in der nachstehenden Abbildung deutlich.

Abbildung 6: Grenzertrag und Grenzkosten der Forschung bei einer durch einen positiven externen Effekt verursachten Unterinvestition - dargestellt für den Wettbewerb -

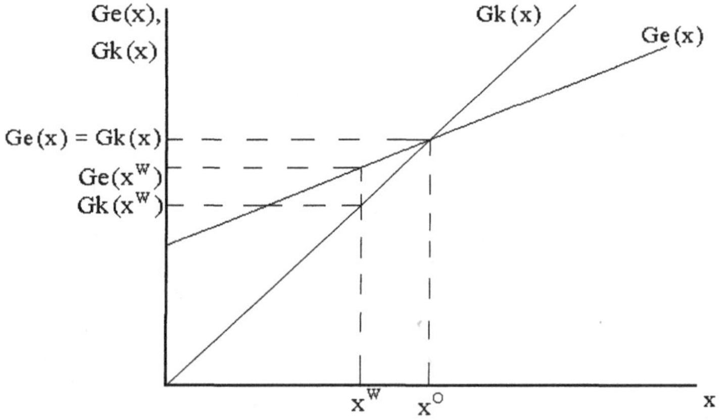

Im Rahmen des Modells bedeutet Unterinvestition eine Nichtnutzung der technischen Möglichkeiten; es wird mit „veralteten" Methoden produziert.[228] Dies hat, wie noch zu zeigen ist, negative Auswirkungen auf die gesamtwirtschaftliche Wohlfahrt.

Im Wettbewerb ist es darüber hinaus möglich, daß die Unternehmen mehr investieren als gesellschaftlich erwünscht ist, wenn die positiven externen Effekte hinreichend gering sind ($\beta < 1/22$) oder ($\beta < 1/14$). Es kommt dann zu einer Überinvestition in die Forschung. In diesem Fall ist festzustellen, daß die gesellschaftlichen Grenzkosten der Forschung höher ausfallen als der gesellschaftliche Grenzertrag der Forschung. Dies wird in der nachstehenden Abbildung deutlich.

Abbildung 7: Grenzertrag und Grenzkosten der Forschung bei einer durch einen positiven externen Effekt verursachten Überinvestition

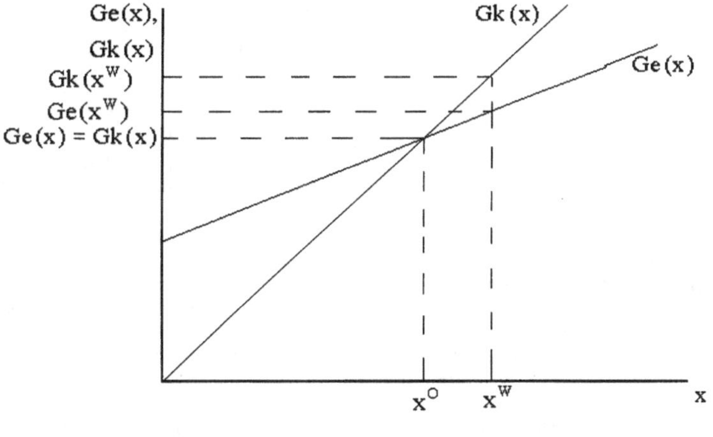

Überinvestition bedeutet im Rahmen des Modells, daß die Unternehmen mit Technologien produzieren, die eine zu große Forschungsintensität aufweisen.[229] Sie hätten die Forschung reduzieren können, ohne das die Gesellschaft dadurch auf Ertrag verzichten muß. D.h., daß ein Teil der Ressourcen

---

228 Zwei weitere Nachteile der Unterinvestition, die im Rahmen dieses Modells nicht untersucht werden, sind:
1) Unterinvestition kann auch bedeuten, daß neben neuen veraltete Produkte angeboten werden. Diese Produkte bieten dem Nachfrager nicht den Nutzen, den sie ihm bieten könnten, wenn sie durch den Einsatz von Forschung und Entwicklung verbessert worden wären.
2) Unterinvestition kann ebenfalls bedeuten, daß neue Produkte überhaupt nicht angeboten werden.

229 Nicht aus dem Modell ableitbar sind die Folgen, wenn Produkte zuviel Forschung enthalten.

für die Forschung in einer anderen Verwendung zu einem besseren Ergebnis für die Gesellschaft geführt hätte. Auch dies hat negative Auswirkungen auf die gesamtwirtschaftliche Wohlfahrt.

Die Nachteile der Unterinvestition und der Überinvestition in die Forschung lassen sich verdeutlichen, wenn man die gesellschaftlich optimalen Angebotsmengen auf dem Gütermarkt mit den tatsächlich angebotenen Mengen vergleicht. Das Ergebnis dieses Vergleichs kann der nachstehenden Übersicht entnommen werden.

Übersicht 9: Vergleich der Angebotsmengen in verschiedenen Situationen mit den first best- und second best-Angebotsmengen[1)]

Situation	Vergleich mit first best-Angebotsmenge	Bedingung	Vergleich mit second best-Angebotsmenge	Bedingung
Wettbewerb	$Q^W < Q^O$	$0<\beta<1$ $b\gamma \geq 1/2$ [2)]	$Q^W > Q^{OS}$ $Q^W < Q^{OS}$ $Q^W = Q^{OS}$	$0<\beta<1/14$ $1/14<\beta<1$ $\beta = 1/14$
FuE-Kooperation	$Q^K < Q^O$	$0<\beta<1$	$Q^K < Q^{OS}$	$0<\beta<1$
Monopol	$Q^M < Q^O$		$Q^M < Q^{OS}$	$0<\beta<1$
Gütermarkt-monopol	$Q^G < Q^O$	$0<\beta<1$	$Q^G < Q^{OS}$	$0<\beta<1$

1) Die entsprechenden Beweise sind in den Anhängen A.7.1.1. - A.7.2.4. aufgeführt.

2) Sehr geringe Werte sind bei den Parametern b und γ gemäß den Anmerkungen auf den Seiten 58 und 59 auszuschließen. Eine besonders hohe Preiselastizität (b nimmt kleine Werte an) würde zu negativen Forschungseinheiten führen. Eine besonders hohe Effektivität der Forschungsabteilung (γ nimmt kleine Werte an) ließe die Möglichkeit von negativen variablen Stückkosten zu. Beide Möglichkeiten sind durch Annahmen ausgeschlossen.

Die Angebotsmengen sind mit Ausnahme von zwei besonderen Situationen geringer als die gesellschaftlich optimalen Angebotsmengen. Die Unter- oder Überinvestition in die Forschung geht im Rahmen dieses Modells mit einem zu geringen gesamtwirtschaftlichen Güterangebot einher.

Es soll an dieser Stelle noch einmal betont werden, daß die first best-Menge im Oligopol nicht bereitgestellt wird. Deshalb wird dieses Ergebnis auch dann eintreten, wenn die Unternehmen ausreichend in die Forschung investieren. Ein Rückblick auf Übersicht 8 läßt erkennen, daß die Unternehmen im Wettbewerbsfall die optimalen Forschungseinheiten erstellen, wenn die positiven externen Effekte den Wert (1/22) annehmen. Dennoch ist auch in diesem Fall das Güterangebot zu gering. Demgegenüber zeigt der Vergleich mit der second best-Situation, daß die Unternehmen im Wettbewerb die optimale Angebotsmenge bereitstellen, wenn die positiven externen Effekte den Wert (1/14) annehmen.[230] Die Auswirkungen der Unter- und Überinvestitionen in die Forschung auf die gesamtwirtschaftliche Wohlfahrt sind in der nachstehenden Übersicht 10 erkennbar.

Übersicht 10: First best- und second best-Wohlfahrt im Vergleich mit den vier verschiedenen Situationen[1)]

Wohlfahrt in verschiedenen Situationen	Bedingung
$W^W < W^O$	$0<\beta<1$
$W^K < W^O$	$0<\beta<1$
$W^M < W^O$	$0<\beta<1$
$W^G < W^O$	$0<\beta<1$
$W^W < W^{OS}$	$0<\beta<1/14,\ 1/14<\beta<1$
$W^W = W^{OS}$	$\beta=1/14$
$W^K < W^{OS}$	$0<\beta<1$
$W^M < W^{OS}$	$0<\beta<1$
$W^G < W^{OS}$	$0<\beta<1$

1) Die entsprechenden Beweise sind in den Anhängen A.9.1.1 - A.9.2.2 aufgeführt.

Es zeigt sich, daß die Unternehmen lediglich ihre Produzentenrente maximieren und die Konsumentenrente dabei nicht berücksichtigen. Dies führt dazu, daß sie zwar soviel Forschungseinheiten erstellen wie es bei einer Gleichheit der privaten Grenzerträge und Grenzkosten erforderlich ist, nicht jedoch soviel wie es bei einer Gleichheit der gesellschaftlichen Grenzerträge und Grenzkosten erforderlich wäre. Das Ergebnis tritt in einem zu geringen Güterangebot und einer zu geringen Wohlfahrt zutage.

Im Falle der Unterinvestition könnte mehr geforscht werden und gleichzeitig mehr zu günstigeren Kosten produziert werden. Im Falle der Überinvestition könnte weniger Forschung betrieben werden und gleichzeitig mehr produziert werden. Zwar wird die Produktion teurer, doch wird dies durch die Reduktion der Forschungkosten aufgefangen.

Auch die Feststellungen in Übersicht 10 lassen sich grafisch verdeutlichen (Abbildung 8). Stellvertretend für alle anderen Situationen ist der Vergleich des Wettbewerbs mit dem second best-Fall dargestellt. Es läßt sich erkennen, daß die Gesellschaft stets auf einige Wohlfahrtseinheiten - dargestellt durch die schwarz markierte Fläche - verzichten muß.

Es konnte gezeigt werden, daß die Unternehmen nicht die gesellschaftlich optimalen Forschungseinheiten erstellen, die Angebotsmengen auf dem Gü-

---

230 Bei dem Wert (1/14) handelt es sich um ein Element aus der Menge der reellen Zahlen zwischen Null und Eins (siehe Annahmen). Dies führt zu der Frage, wie wahrscheinlich es ist, daß dieser Wert eintritt. Ausgehend von einer zufälligen Ziehung des Wertes aus der Menge, läßt sich sagen, daß die Wahrscheinlichkeit, daß der Wert (1/14) gezogen wird, äußerst gering ist.

termarkt zu gering ausfallen und die Wohlfahrt abgesehen von einer Ausnahme nicht die gesellschaftlich gewünschte Höhe erreicht. Von Interesse ist nun, welche der verschiedenen Wettbewerbs- und Kooperationssituationen aus gesellschaftlicher Sicht die beste ist. Um dies herauszufinden werden zunächst die Bedingungen für die Forschungseinheiten und die Angebotsmengen gegenübergestellt, die sich in den vier Situationen ergeben (Übersicht 11).

Abbildung 8: Die Wohlfahrt (KR + PR) im Wettbewerb im Vergleich mit der second best-Wohlfahrt $(1/14 < \beta < 1)$

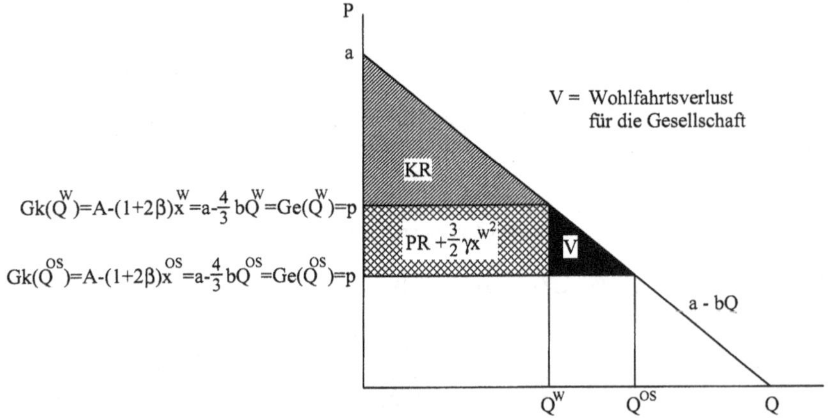

Übersicht 11 läßt erkennen, bei welchen Parameterwerten für den positiven externen Effekt β die Forschungseinheiten und die Gesamtangebotsmengen in den verschiedenen Situationen jeweils größer, kleiner oder gleich ausfallen. Zunächst fällt auf, daß bei einem Parameterwert von weniger als 0,5 (10/28) (10/12) im Wettbewerb jeweils mehr Forschungseinheiten erstellt werden als in den übrigen Situationen. Dementsprechend fällt auch das Güterangebot größer aus. Der Ausschluß der Konkurrenten ist durch den geringen positiven externen Effekt offensichtlich groß genug, um den Anreiz zu erhalten, Forschungseinheiten zu erstellen.
Übersteigt der positive externe Effekt den Wert 0,5 (10/28) (10/12), werden im Wettbewerb weniger Forschungseinheiten erstellt als in der FuEKoopera-tion (im Monopol) (im Gütermarktmonopol). Wie in Abschnitt 3.1 abgeleitet, liegt dies daran, daß im Wettbewerb der Anreiz sinkt, Forschungseinheiten zu erstellen, wenn ein stets größer werdender Teil des Wissens eines Unternehmens von seinen Konkurrenten kostenlos genutzt werden kann, um den Wettbewerb zu verstärken. Die Angebotsmenge fällt allerdings lediglich gegenüber der FuE-Kooperation geringer aus.

Demgegenüber steigt in den übrigen Situationen der Anreiz, Forschungseinheiten zu erstellen, wenn der positive externe Effekt steigt (Abschnitt 3.2.). Dies läßt sich in der FuE-Kooperation und im Monopol interpretieren wie folgt: Die Unternehmen berücksichtigen, daß sie sich gegenseitig begünstigen. Da sie ihre Forschungseinheiten gemeinsam festlegen, entfällt die Möglichkeit, einseitig weniger zu erstellen. Der positive externe Effekt kommt den Unternehmen als Ganzes zugute; er wird internalisiert.

Übersicht 11: Vergleich der Forschungseinheiten und der Angebotsmengen in verschiedenen Wettbewerbs- und Kooperationssituationen[1)]

Menge der Forschungseinheiten	Bedingung	Höhe der Gesamtangebotsmenge	Bedingung
$x^W < x^K$	$\beta > 1/2$	$Q^W < Q^K$	$\beta > 1/2$
$x^W = x^K$	$\beta = 1/2$	$Q^W = Q^K$	$\beta = 1/2$
$x^W > x^K$	$\beta < 1/2$	$Q^W > Q^K$	$\beta < 1/2$
$x^W < x^M$	$\beta > 10/28$	$Q^W > Q^M$	$0 < \beta < 1,\ b\gamma \geq 15/8$
$x^W = x^M$	$\beta = 10/28$	$Q^W > Q^G$	$0 < \beta < 1, b\gamma \geq 3/4$
$x^W > x^M$	$\beta < 10/28$	$Q^K > Q^M$	$0 < \beta < 1, b\gamma \geq 9/8$
$x^W < x^G$	$\beta > 10/12$	$Q^K > Q^G$	$0 < \beta < 1, b\gamma \geq 1/4$
$x^W = x^G$	$\beta = 10/12$	$Q^M > Q^G$	$0 < \beta < 1$
$x^W > x^G$	$\beta < 10/12$		
$x^M < x^K$			
$x^K < x^G$	$\beta < 1/6$		
$x^K = x^G$	$\beta = 1/6$		
$x^K > x^G$	$\beta > 1/6$		
$x^G < x^M$	$0 < \beta < 1$		

1) Die entsprechenden Beweise sind in den Anhängen A.8.1. - A.8.12 aufgeführt.

Im Monopol ist zusätzlich zu berücksichtigen, daß bei steigenden Forschungseinheiten auch die Monopolangebotsmenge ausgedehnt wird. Um diese nicht so stark auszudehnen, daß der Monopolgewinn sinkt, werden die Forschungseinheiten lediglich moderat gesteigert. Da dieser Effekt in der FuE-Kooperation nicht zu berücksichtigen ist, erstellen die Unternehmen stets mehr Forschungseinheiten als im Monopol und bieten dementsprechend mehr an.

Auch im Gütermarktmonopol wird der positive externe Effekt teilweise internalisiert. Dies liegt vor allem daran, daß die gemeinsam festgelegten Angebotsmengen günstiger produziert werden können. Dieser Effekt überlagert das Bestreben der Unternehmen weniger Forschungseinheiten zu erstellen, wenn der positive externe Effekt steigt.

Ein allgemeingültige Aussage über die verschiedenen Situationen läßt der angestellte Vergleich noch nicht zu. So ist z. B. die gesamtwirtschaftlich angebotene Gütermenge in der Monopolsituation immer geringer als in der Wettbewerbssituation, während umgekehrt die Forschungseinheiten größer ausfallen, wenn die positiven externen Effekte hinreichend groß sind. Eine vergleichbare Messung läßt sich lediglich auf der Basis von Wohlfahrtseinheiten anstellen (Übersicht 12).

Der Vergleich der Wohlfahrt in den verschiedenen Situationen läßt erkennen, daß das Gütermarktmonopol die schlechteste Alternative für die Gesellschaft darstellt. Hier wird eine im Vergleich zu den übrigen Situationen zu geringe Angebotsmenge zu überhöhten Produktionskosten bereitgestellt. Die gleiche Argumentation läßt sich auf den Vergleich zwischen der FuE-Kooperation und der Monopollösung anwenden. In der FuE-Kooperation wird günstiger produziert und mehr angeboten als im Monopol.

Übersicht 12: Wohlfahrtsvergleich in verschiedenen Wettbewerbs- und Kooperationssituationen[1)]

Wohlfahrt in verschiedenen Situationen	Bedingung
$W^K < W^W$	$0 \le \beta < 1/2, b\gamma \ge 0,4602464$
$W^K = W^W$ 1)	$\beta = 1/2$
$W^K > W^W$	$1/2 < \beta < 1$
$W^G < W^W$ 2)	$0 < \beta < 1$
$W^M < W^W$	$0 < \beta < 0,785216935$
$W^M = W^W$ 2)	$\beta = 0,785216935$ 3)
$W^M > W^W$	$0,785216935 < \beta < 1$
$W^M < W^K$ 2)	$0 < \beta < 1$
$W^G < W^M$	$0 < \beta < 1$

1) Die entsprechenden Beweise sind im Anhang A.9.3 aufgeführt.
2) Da dem Verfasser die entsprechende Beweisführung nicht gelungen ist, werden die Behauptungen numerisch belegt (Tabelle 2).
3) Die Werte wurden durch Probieren ermittelt. Die übrigen Parameter des Modells wurden wie folgt gewählt: $a = 10$, $A = 7,5$, $b = 4$, $\gamma = 1$.

Demgegenüber ist die FuE-Kooperation der Wettbewerbslösung nur dann überlegen, wenn die positiven externen Effekte hinreichend groß sind ($\beta > 0,5$). Dann führt die Internalisierung des positiven externen Effekts zu einer vermehrten Erstellung von Forschungseinheiten und zu einer Ausdehnung der Angebotsmenge, die entsprechend günstiger produziert wird. Für hinreichend geringe positive externe Effekte ($\beta < 0,5$) verhält es sich umgekehrt. In diesem Fall produzieren die Unternehmen im Wettbewerb die größte Angebotsmenge mit den geringsten Produktionskosten.

Auch in der Monopollösung fällt die Wohlfahrt im allgemeinen geringer aus als im Wettbewerb. Bei positiven externen Effekten, die den ungefähren Wert von 0,7852 (Übersicht 12) übersteigen, fällt die Wohlfahrt im Monopol höher aus als im Wettbewerb. Obwohl die Angebotsmenge geringer ausfällt (Übersicht 11), wird sie zu günstigeren Kosten erstellt. Dies liegt daran, daß der Anreiz, Forschung zu betreiben, in einem Monopol bei hohen positiven externen Effekten größer ist als im Wettbewerb (Siehe hierzu die Argumentation in Abschnitt 8.).

Es zeigt sich, daß der Wettbewerb bei hinreichend geringen positiven externen Effekten, die FuE-Kooperation bei hinreichend hohen positiven externen Effekten die aus gesellschaftlicher Sicht besten Alternativen sind. Dies soll an einem Zahlenbeispiel demonstriert werden. Wählt man die Parameter des Modells wie folgt, $a=10$, $A=7{,}5$, $b=4$, $\gamma=1$, erhält man die in Tabelle 2 aufgeführten Wohlfahrtseinheiten in den verschiedenen Situationen.

Auffällig ist, daß die Wettbewerbslösung im Bereich geringer positiver externer Effekte ($\beta<0{,}5$) die Alternative darstellt, in der die Wohlfahrt größer ausfällt als in den übrigen Situationen. Dies ist ein bemerkenswerte Feststellung in Bezug auf die allgemein akzeptierte Annahme, daß Unternehmenskooperationen im FuE-Bereich stets vorteilhaft sind. Die Vermeidung von Doppelforschung, die im Bereich geringer positiver externer Effekte oft als günstig betrachtet wird, führt also nicht zu einer Wohlfahrtsverbesserung, weil die Unternehmen in der FuE-Kooperation weniger Forschungseinheiten erstellen und die Angebotsmengen reduzieren.

Dieser Argumentation hätte entgegenstehen können, daß die Unternehmen im Wettbewerb bei sehr geringen positiven externen Effekten ($\beta<1/14$) zuviele Forschungseinheiten erstellen. Es läßt sich jedoch zeigen (Beweis im Anhang A.9.3.5.), daß die Differenz zwischen den gesellschaftlichen Grenzkosten und dem gesellschaftlichen Grenzertrag der Forschung bei dieser Parameterkonstellation im Wettbewerb geringer ausfällt als in der FuE-Kooperation. Deshalb fällt die Wohlfahrt im Wettbewerb auch hier größer aus. Die FuE-Kooperation ist erst bei hinreichend großen positiven externen Effekten ($\beta>0{,}5$) die geeignetere Lösung.

Übersteigen die positiven externen Effekte den Wert 0,5, ist die FuE-Kooperation die Alternative, in der die Wohlfahrt am höchsten ausfällt. Die Frage ist nun, welche Alternative von den Unternehmen gewählt wird. Diese Wahl hängt davon ab, welche Gewinne für die Unternehmen mit der jeweiligen Alternative verbunden sind.

Tabelle 2: Numerische Wohlfahrtsvergleiche bei gewählten Parametern[1)]

Höhe des positiven externen Effektes β	W^G Gütermarkt-monopol	W^M Monopol	W^K FuE-Kooperation	W^W Wettbewerb	W^O Optimum first best	W^{OS} Optimum second best
0,00000001	0,6202	0,6202741	0,77068158	0,79146849	0,85227273	0,79449153
0,03	0,6235	0,6247	0,7756	0,8018	0,8619	0,8029
1/22	0,6252	0,6272	0,7783	0,8070	0,8672	0,8074
1/14	0,6280	0,6315	0,7830	0,8156	0,8766	0,8156
0,2	0,6424	0,6569	0,8107	0,8537	0,9337	0,8648
0,5	0,6779	0,75	0,9088	0,9088	1,1718	1,0653
0,7	0,7032	0,8521	1,0108	0,9155	1,5024	1,3316
0,9	0,7300	1,0109	1,1589	0,8978	2,2536	1,8901
0,99999999	0,7440	1,1249	1,2582	0,8806	3,1249	2,4671

1) Die übrigen Parameter des Modells wurden gewählt wie folgt: $a = 10$, $A = 7{,}5$, $b = 4$, $\gamma = 1$.

4.4. Die Entscheidung der Unternehmen

Das Entscheidungskriterium der Unternehmen ist der Gewinn, der sich für sie in den verschiedenen Situationen ergibt. In Übersicht 13 ist ein Vergleich der Unternehmensgewinne in der jeweiligen Situation und die Bedingung aufgeführt, unter deren Voraussetzung die Behauptungen abgeleitet wurden. Es zeigt sich, daß die Unternehmen abgesehen von einer Situation, in der der Parameterwert für die positiven externen Effekte ½ beträgt, in der FuE-Kooperation höhere Gewinne als im Wettbewerb erzielen. Es ist ebenfalls festzustellen, daß im Monopol die höchsten Gewinne anfallen.

In Tabelle 3 ist ein numerischer Vergleich der Gewinne in den verschiedenen Situationen dargestellt. Es ist festzustellen, daß die Unternehmen in den beiden Monopolsituationen die größten Gewinne erzielen. Alle kooperativen Lösungen bieten mit einer Ausnahme höhere Gewinne als der Wettbewerb. In dem Fall, daß die positiven externen Effekte den Wert ½ annehmen, ist der Gewinn im Wettbewerb gleichermaßen hoch wie in der FuE-Kooperation.

Unter der Voraussetzung daß Kooperationsverträge durchsetzbar sind, würden die Unternehmen von sich aus die Monopollösung anstreben. Da das Monopol im Rahmen dieses Modells eine kooperative Lösung ist, wäre zu fragen, ob ein Monopol überhaupt zustande kommt, wenn Kooperationsverträge nicht durchsetzbar wären. Gleiches ist für die FuE-Kooperation und das Gütermarktmonopol zu fragen. In allen diesen Fällen könnte sich ein Unternehmen durch einseitiges Abweichen von der kooperativen Strategie verbessern.[231] Die einzige Strategie, bei der sich kein Unternehmen durch einseitiges Abweichen verbessern kann, ist der Wettbewerb.[232] Sind also Kooperationsverträge nicht bindend, führt das dazu, daß stets die Wettbewerbslösung angestrebt wird, obwohl die Gewinne für die Unternehmen dann geringer sind.[233]

Übersicht 13: Gewinnvergleich in verschiedenen Wettbewerbs- und Kooperationssituationen

Gewinnvergleich	Bedingung
$G_i^W < G_i^K$ 1)	$0 < \beta < 1/2$, $1/2 < \beta < 1$
$G_i^W = G_i^K$ 1)	$\beta = 1/2$
$G_i^W < G_i^G < G_i^M$ 2)	$0 < \beta < 1$
$G_i^K < G_i^G < G_i^M$ 2)	$0 < \beta < 1$

1) Der entsprechende Beweis ist im Anhang A.10.1. aufgeführt.
2) Da dem Verfasser die entsprechende Beweisführung nicht gelungen ist, werden die Behauptungen numerisch belegt (Tabelle 3).

Tabelle 3: Gewinn des einzelnen Unternehmens in verschiedenen Wettbewerbs- und Kooperationssituationen[1)]

Höhe des positiven externen Effekts	Gütermarkt-monopol	Monopol	FuE-Kooperation	Wettbewerb
0,00000001	0,1358	0,1358	0,1008	0,0854
0,03	0,1365	0,1366	0,1012	0,0874
1/22	0,1369	0,1370	0,1014	0,0885
1/14	0,1375	0,1377	0,1018	0,0902
0,2	0,1407	0,1417	0,1040	0,0980
0,5	0,1485	0,1562	0,1116	0,1116
0,7	0,1540	0,1713	0,1190	0,1160
0,9	0,1599	0,1933	0,1293	0,1164
0,99999999	0,1629	0,2083	0,1358	0,1151

1) Die übrigen Parameter des Modells wurden gewählt wie folgt: $a = 10$, $A = 7{,}5$, $b = 4$, $\gamma = 1$.

---

231 Es läßt sich zeigen, daß ein Unternehmen durch eine Erhöhung der Angebotsmenge oder eine Reduzierung der Forschungsinvestitionen einen höheren Gewinn erzielt als in den jeweiligen Kooperationssituationen. Entsprechende Beweise sind im Anhang A.22.2 bis A.22.4 aufgeführt.

232 Die entsprechende Beweisführung ist in Anhang A.22.1. aufgeführt.

233 Es ist ausdrücklich darauf hinzuweisen, daß sich dieses Ergebnis ändern kann, wenn das dem Modell zugrunde gelegte Spiel unendlich oft wiederholt wird. Dann können auch kooperative Strategien zu einer Lösung werden. Siehe HOLLER, M. J. ; ILLING, G. (1991), S. 141.

Insgesamt ist festzuhalten, daß die Unternehmen im Rahmen dieses Modells nicht in jeder Situation von sich aus die im Sinne der Gesellschaft beste Alternative wählen. Sind Kooperationsverträge nicht bindend, wählen sie bei hohen positiven externen Effekten ($\beta > 0{,}5$) nicht die FuE-Kooperation. Sind sie hingegen bindend, streben sie stets die Monopollösung an. Dementsprechend fällt die gesamtwirtschaftliche Wohlfahrt geringer aus. Der nächste Abschnitt ist deshalb der Frage gewidmet, welche Maßnahmen von der Politik ergriffen werden können, um eine höhere Wohlfahrt zu erzielen.

5. Politiküberlegungen

5.1. Gesetzliche Maßnahmen

Im letzten Abschnitt war abgeleitet worden, daß die Unternehmen von sich aus stets den Wettbewerb anstreben, wenn die Kooperationsverträge nicht bindend sind. Unter Berücksichtigung der Ergebnisse des vorletzten Abschnitts ist dies aus der Sicht der Gesellschaft begrüßenswert, falls der positiven externen Effekt hinreichend gering ausfällt ($\beta < 0{,}5$). Die Wohlfahrt, die sich in der Wettbewerbslösung ergibt, übersteigt diejenige der drei kooperativen Lösungen. Bei höheren positiven externen Effekten ($\beta > 0{,}5$) wäre jedoch die FuE-Kooperation vorzuziehen. Dann übersteigt die Wohlfahrt, die sich durch die FuE-Kooperation ergibt, diejenige aller übrigen Lösungen.

Der Unterschied der FuE-Kooperation zu den beiden übrigen kooperativen Lösungen besteht darin, daß hierbei keine Kooperation auf dem Gütermarkt stattfindet. Um auf die Vorteile der FuE-Kooperation nicht verzichten zu müssen, wäre zu überlegen, ob die Rechtsordnung die Durchsetzbarkeit von Kooperationsverträgen einschließen sollte, wenn sie nicht den Gütermarkt, sondern die Entscheidung über Forschungsinvestitionen betreffen. Damit der Vorteil der Wettbewerbslösung bei geringen positiven externen Effekten nicht verloren geht, dürfte sich die Durchsetzbarkeit ausschließlich auf Situationen mit hohen positiven externen Effekten erstrecken.[234]

Das Ergebnis, das die Unternehmen erzielen, ist auch dann nicht optimal, wenn die eben diskutierten Maßnahmen eingeführt werden. Aus Tabelle 2 in Abschnitt 4.3. wird deutlich, daß die Gesellschaft auf etliche Wohlfahrtseinheiten verzichten muß. In der FuE-Kooperation beträgt die Differenz beispielsweise bei hohen positiven externen Effekten ($\beta = 0{,}9$) gegenüber der first best-Lösung mehr als ganze Wohfahrtseinheit, gegenüber der second best-Lösung

234 Unter den Voraussetzungen eines unendlich oft wiederholten Spiels reichen diese Maßnahmen möglicherweise nicht aus. In diesem Fall müßte die Gesellschaft Kooperationen auf dem Gütermarkt in jedem Fall und FuE-Kooperationen bei geringen positiven externen Effekten verbieten. Siehe Fußnote 233 in Abschnitt 4.4.

immerhin mehr als 0,7 Wohlfahrtseinheiten. Im Wettbewerb beträgt die Differenz beispielsweise bei geringen positiven externen Effekten ($\beta = 0{,}2$) gegenüber der first best-Lösung in etwa 0,08 Wohfahrtseinheiten und gegenüber der second best-Lösung etwa 0,01 Wohlfahrtseinheiten. Es ist deshalb die Frage, was getan werden kann, um diese Wohlfahrtsverluste zu vermeiden. Davon handelt der nächste Abschnitt.

5.2. Fiskalische Maßnahmen

Im folgenden wird gezeigt, daß die Gesellschaft durch geeignete Besteuerung und Subventionierung der Unternehmen bessere Ergebnisse als mit einer Laissez-faire-Politik erzielen kann. Vorausgesetzt wird, daß die gesetzlichen Rahmenbestimmungen eine Zusammenarbeit auf dem Gütermarkt verbieten. Die Unternehmen erhalten jetzt eine Subvention in Abhängigkeit von der Menge der erstellten und eingesetzten Forschungseinheiten und werden pauschal mit einer Kopfsteuer belastet. Der Subventionssatz wird mit s bezeichnet. Es ist anzumerken, daß die Subvention auch negativ ausfallen und dann zu einer Steuer werden kann. Der Subventionsbetrag, den die Unternehmen jeweils erhalten, ist $sx_i, i = 1,2,3$. Die Kopfsteuer wird mit T bezeichnet. Im übrigen wird T so bestimmt, daß die Summe der Subventionsbeträge durch die Kopfsteuern ausgeglichen wird ($sx_1 + sx_2 + sx_3 = 3T$).[235] Der Gewinn der Unternehmen ist dann gegeben durch:

$$G_1 = (a - bQ)q_1 - (A - x_1 - \beta(x_2 + x_3))q_1 - \frac{\gamma x_1^2}{2} + sx_1 - T$$

$$(5.2.1)\quad G_2 = (a - bQ)q_2 - (A - x_2 - \beta(x_1 + x_3)q_2 - \frac{\gamma x_2^2}{2} + sx_2 - T$$

$$G_3 = (a - bQ)q_3 - (A - x_3 - \beta(x_1 + x_2)q_3 - \frac{\gamma x_3^2}{2} + sx_3 - T$$

Die in 3.1. hergeleiteten Reaktionsfunktionen (3.1.2) werden durch die Subvention und die Besteuerung nicht beeinflußt. Die Bedingungen für ein symmetrisches Cournot-Nash-Gleichgewicht sind deshalb dieselben wie in Abschnitt 3.1. Wiederum kann die Betrachtung auf ein Unternehmen beschränkt werden, wenn die Symmetrieannahme aufrecht erhalten wird. Der Gewinn des Unternehmens 1 ist im Wettbewerb gegeben durch:

---

235 In der sozialen Wohlfahrtsfunktion sind sowohl die Steuer als auch die Subvention nicht zu berücksichtigen. Sie fallen einerseits durch die Forderung eines ausgeglichenen Budgets heraus. Andererseits darf die Einführung der Subvention nicht dazu führen, daß die gesamtwirtschaftliche Wohlfahrt erhöht wird.

$$(5.2.2)\quad G_1^{WSP} = \frac{[(a-A)+(3-2\beta)x_1+(2\beta-1)(x_2+x_3)]^2}{16b} - \frac{\gamma x_1^2}{2} + sx_1 - T$$

Bestimmt man die Bedingung für die optimalen Forschungseinheiten unter der Voraussetzung, daß die Lösung symmetrisch ist, ergibt sich:[236]

$$(5.2.3)\quad x^{WS} = \frac{(3-2\beta)(a-A)+8bs}{8b\gamma-3-4\beta+4\beta^2}$$

Es ergibt sich folgende Bedingung für die Gesamtangebotsmenge:

$$(5.2.4)\quad Q^{WS} = \frac{6[(a-A)\gamma+(1+2\beta)s]}{8b\gamma-3-4\beta+4\beta^2}$$

Die Subventionssätze werden nun jeweils so bestimmt, daß x^W von den Unternehmen entsprechend den Bedingungen für die first best- und die second best-Forschungseinheiten gewählt wird. Die Bedingungen dafür sind:[237]

$$(5.2.5)\quad \begin{aligned} s^{WFB} &= \frac{(22\beta-1)(a-A)\gamma}{24b\gamma-8(1+2\beta)^2} \\ s^{WSB} &= \frac{(14\beta-1)(a-A)\gamma}{16b\gamma-5(1+2\beta)^2} \end{aligned}$$

Analog wird nun für die FuE-Kooperation verfahren:

$$(5.2.6)\quad \begin{aligned} G^K &= G_1^{KSP} + G_2^{KSP} + G_3^{KSP} \\ &= \frac{[(a-A)+(3-2\beta)x_1+(2\beta-1)(x_2+x_3)]^2}{16b} - \frac{\gamma x_1^2}{2} + sx_1 - T \\ &+ \frac{[(a-A)+(3-2\beta)x_2+(2\beta-1)(x_1+x_3)]^2}{16b} - \frac{\gamma x_2^2}{2} + sx_2 - T \\ &+ \frac{[(a-A)+(3-2\beta)x_3+(2\beta-1)(x_1+x_2)]^2}{16b} - \frac{\gamma x_3^2}{2} + sx_3 - T \end{aligned}$$

Dann ergibt sich als Bedingung für die optimalen Forschungseinheiten:[238]

---

236 Die Herleitung ist im Anhang A.11.1. und A.13.1 aufgeführt.

237 Die Herleitung ist im Anhang A.12.1 aufgeführt.

238 Die Herleitung ist im Anhang A.11.2. und A.13.2. aufgeführt.

(5.2.7) $x^{KS} = \frac{(1+2\beta)(a-A)+8bs}{8b\gamma-(1+2\beta)^2}$

Die korrespondierende Gesamtangebotsmenge lautet:

(5.2.8) $Q^{KS} = \frac{6[(a-A)\gamma+(1+2\beta)s]}{8b\gamma-(1+2\beta)^2}$

Wiederum werden die Subventionssätze jeweils so bestimmt, daß die Unternehmen x^K entsprechend den first best- und second best-Forschungseinheiten wählen. Die Subventionenssätze sind dann gegeben durch:[239]

(5.2.9)
$$s^{KFB} = \frac{5(1+2\beta)(a-A)\gamma}{8\left[3b\gamma-(1+2\beta)^2\right]}$$
$$s^{KSB} = \frac{3(1+2\beta)(a-A)\gamma}{16b\gamma-5(1+2\beta)^2}$$

Übersicht 14: Vergleich der first best- und second best-Subventionssätze im Wettbewerb und in der FuE-Kooperation

Subventionssatzvergleiche[1)]	
$s^{WFB} > 0,\ 1 > \beta > 1/22,\ b\gamma \geq 3$	$s^{WSB} = 0,\ \beta = 1/14$
$s^{WFB} = 0,\ \beta = 1/22$	$s^{WSB} < 0,\ 0 < \beta < 1/14,\ b\gamma \geq 2{,}8125$
$s^{WFB} < 0,\ 0 < \beta < 1/22,\ b\gamma \geq 3$	$s^{KSB} > 0,\ 0 < \beta < 1$
$s^{KFB} > 0,\ 0 < \beta < 1$	$s^{KSB} > s^{WSB},\ 0 < \beta < 1/2$
$s^{KFB} > s^{WFB},\ 0 < \beta < 1/2$	$s^{KSB} = s^{WSB},\ \beta < 1/2$
$s^{KFB} = s^{WFB},\ \beta < 1/2$	$s^{KSB} < s^{WSB},\ 1/2 < \beta < 1$
$s^{KFB} < s^{WFB},\ 1/2 < \beta < 1$	$s^{WFB} > s^{WSB},\ 0 < \beta < 1$
$s^{WSB} > 0,\ 1 > \beta > 1/14,\ b\gamma \geq 2{,}8125$	$s^{KFB} > s^{KSB},\ 0 < \beta < 1,\ b\gamma \geq 9/8$

1) Die entsprechenden Beweise sind in den Anhängen A.14.1 - A.14.12 aufgeführt.

Die Subventionen bewirken, daß die Unternehmen entweder die first best- oder second best-Forschungseinheiten erstellen. Ein Vergleich der Subventionssätze erfordert einige Anmerkungen. Der first best-Subventionssatz fällt grundsätzlich höher aus als der second best-Subventionssatz.[240] Für hinrei-

239 Die Herleitung ist im Anhang A.12.2. aufgeführt.

240 Dies liegt daran, daß die Menge der zu erstellenden Forschungseinheiten in der first best Situation größer ist als in der second best Situation (Eine Gegenüberstellung der Bedingungen (4.1.5) und (4.1.9) ergibt $b\gamma > 0$). Dementsprechend muß die Subvention und damit der Subventionssatz höher ausfallen, wenn die first best anstelle der second best Situation angestrebt wird.

chend geringe positive externe Effekte ($\beta < 1/22$ (first best) oder $\beta < 1/14$ (second best)) wird der Subventionssatz in der Wettbewerbssituation zu einem Steuersatz.[241] Die Kooperation hingegen ist in jedem Fall zu subventionieren. Nehmen die positiven externen Effekte jeweils einen bestimmten Wert an ($\beta = 1/22$ (first best) oder $\beta = 1/14$ (second best)), ist eine Subvention in der Wettbewerbssituation nicht notwendig.[242] Für hinreichend große positive externe Effekte ($\beta > 0{,}5$) ist die Subvention, die an die Unternehmen in der FuE-Kooperation gegeben werden sollte, geringer als in der Wettbewerbssituation.

Da die Subvention jeweils so bemessen ist, daß die Unternehmen die situationsbedingten optimalen Forschungseinheiten erstellen, ist ein Vergleich nicht erforderlich. Deshalb werden zunächst lediglich die Gesamtangebotsmengen gegenübergestellt. Die Unternehmen bieten sowohl in der Wettbewerbs- als auch in der Kooperationssituation die gleiche Menge an. Die first best-Gesamtangebotsmenge wird auch nach der Subventionsvergabe nicht erreicht.[243] Darin bestätigt sich die Erwartung, daß die Unternehmen diese Menge in einem Oligopol nicht anbieten können. Wie bereits erwähnt, entspricht ihre Entscheidung nicht der Bedingung der Gleichheit von Preis und Grenzkosten. Demgegenüber wird die second best-Gesamtangebotsmenge im Oligopol erreicht.

Übersicht 15: Gesamtangebotsmengen nach Subventionsvergabe

Gesamtangebotsmengen	Bedingung[1)]
$Q^{WFB} = Q^{KFB} < Q^{O}$ $Q^{WSB} = Q^{KSB} = Q^{OS}$ $Q^{OS} < Q^{O}$	$0 < \beta < 1, b\gamma \geq 9/8$

1) Die entsprechenden Beweise sind in den Anhängen A.15.1 - A.15.4 aufgeführt.

Ein Vergleich der Wohlfahrtseinheiten läßt deutlich erkennen, daß die first best-Wohlfahrt unerreichbar ist (Übersicht 16). Die second best-Wohlfahrt ist hingegen erreichbar. Auffällig ist aber, daß die gesamtwirtschaftliche Wohlfahrt bei Vergabe der second best-Subvention größer als bei der first best-Subvention ausfällt. Die first best-Subvention ist höher als die second best-Subvention und führt daher zu höheren Forschungseinheiten. Da aber die größere Menge

241 Dies liegt daran, daß die Unternehmen im Wettbewerb bei sehr geringen positiven externen Effekten zuviele Forschungseinheiten erstellen (Überinvestition). Sie müssen deshalb besteuert werden, damit sie weniger Forschungseinheiten erstellen.

242 Wie in Abschnitt 4.3. gezeigt wurde (Übersicht 8), erstellen die Wettbewerber bei diesen Parameterwerten für den positiven externen Effekt die jeweils optimalen Forschungseinheiten.

243 Um dies zu erreichen, müßte auch die Produktion subventioniert werden. Dies wird von den Autoren Leahy und Neary in einem Oligopolmodell mit weit weniger spezifizierten Annahmen gezeigt. Siehe LEAHY, D.; NEARY, J. P. (1997).

an erstellten Forschungseinheiten nicht bewirkt, daß die Unternehmen ihre Angebotsmenge gemäß dem Grenzkostenpreis bestimmen, ist die Menge der Forschungseinheiten zu groß. Die angebotene Menge ließe sich auch mit geringeren Forschungskosten produzieren. Es wäre deshalb für die Gesellschaft besser, auf die first best-Subvention zu verzichten und statt dessen die second best-Subvention zu vergeben.

Übersicht 16: Wohlfahrtsvergleiche nach Subventionsvergabe

Wohlfahrtseinheiten	Bedingung[1)]
$W^{WFB} = W^{KFB} < W^{WSB} = W^{KSB} = W^{OS} < W^{O}$	$0 < \beta < 1$

1) Die entsprechenden Beweise sind in den Anhängen A.16.1 - A.16.4 aufgeführt.

Im folgenden sollen die Ergebnisse an einem Zahlenbeispiel veranschaulicht werden. Es wird angenommen, daß die Parameter folgende Werte annehmen: $a = 10$, $A = 7{,}5$, $b = 4$, $\gamma = 1$. Zunächst sind die Subventionssätze zu berechnen. Die Ergebnisse sind in Tabelle 4 aufgeführt.

Es ist erkennbar, daß die Subventionssätze um so größer werden, je höher der positive externe Effekt ausfällt.[244] Bei Parameterwerten von $\beta \leq 1/14$ bzw. $1/22$ werden die Subventionssätze für die Wettbewerber zu Steuersätzen. Bei Parameterwerten für den positiven externen Effekt von $1/22 = \beta$ $(1/14 = \beta)$ nimmt der first best- (second best-) Subventionssatz den Wert 0 an. Die FuE-Kooperation erhält jedoch stets Subventionen. Bei Parameterwerten für den positiven externen Effekt von $1/22 < \beta < 0{,}5$ $(1/14 < \beta < 0{,}5)$ fällt der first best- (second best-) Subventionssatz in der Wettbwerbssituation geringer aus als derjenige in der FuE-Kooperation. Bei Parameterwerten für den positiven externen Effekt von $\beta > 0{,}5$ fallen der first best- und der second best-Subventionssatz in der Wettbewerbssituation höher aus als diejenigen in der FuE-Kooperation.

Nach der Subventionsvergabe erstellen die Unternehmen die jeweils optimalen Forschungseinheiten. Die Angaben in Tabelle 5 sollen dazu dienen, die Größenordnung der jeweils optimalen Forschungseinheiten transparent erscheinen zu lassen. Es ist erkennbar, daß die optimalen Forschungseinheiten mit dem positiven externen Effekt ansteigen.[245] Außerdem ist die Menge der first best-Forschungseinheiten stets größer als die Menge der second best-Forschungseinheiten.

---

244 Zur Begründung der Feststellungen siehe die Anmerkungen zu Übersicht 14.

245 Zur Begründung siehe die Argumentation in Abschnitt 4.1. auf Seite 76 f.

Tabelle 4: Numerische Subventionssatzvergleiche bei gewählten Parametern[1)]

positiver externer Effekt	Subventionssatz im Wettbewerb first best	Subventionssatz in der FuE-Kooperation first best	Subventionssatz im Wettbewerb second best	Subventionssatz in der FuE-Kooperation second best
0,00000001	-0,02840908	0,14204546	-0,04237288	0,12711865
0,03	-0,00976886	0,15227925	-0,02483642	0,13617211
1/22	0	0,15768349	-0,01566059	0,14094533
1/14	0,01669847	0,16698473	0	0,14914773
0,2	0,10582669	0,21787849	0,08302583	0,19372694
0,5	0,390625	0,390625	0,34090909	0,34090909
0,7	0,721154	0,600962	0,625	0,511364
0,9	1,41225962	1,05168269	1,16935484	0,84677419
0,99999999	2,18749989	1,56249993	1,71052624	1,18421048

1) Die Parameter des Modells wurden gewählt wie folgt: $a = 10$, $A = 7{,}5$, $b = 4$, $\gamma = 1$.

Tabelle 5: Forschungseinheiten nach Subventionsvergabe[1)]

positiver externer Effekt	Forschungseinheiten first best	Forschungseinheiten second best
0,00000001	0,22727273	0,21186441
0,03	0,24364679	0,22695351
1/22	0,25229358	0,23490888
1/14	0,26717557	0,24857955
0,2	0,34860558	0,32287823
0,5	0,625	0,56818182
0,7	0,961538	0,852273
0,9	1,68269231	1,41129032
0,99999999	2,49999988	1,97368414

1) Die Parameter des Modells wurden gewählt wie folgt: $a = 10$, $A = 7{,}5$, $b = 4$, $\gamma = 1$.

Die Unternehmen produzieren nach Vergabe der first best-Subvention folgende Angebotsmengen (Tabelle 6). Die Angebotsmengen sind durchweg höher als in der Laissez-faire Situation, fallen aber grundsätzlich geringer aus als die first best-Angebotsmenge. Dies liegt wiederum darin begründet, daß die first best-Angebotsmenge im Oligopol mit einer endlichen Zahl von Unternehmen nicht erstellt wird.

Tabelle 6: Numerischer Vergleich der Gesamtangebotsmengen vor und nach Vergabe der first best-Subvention bei gewählten Parametern[1)]

positiver externer Effekt	Wettbewerb ohne Subvention	FuE-Kooperation ohne Subvention	first best-Angebotsmenge	Wettbewerb/FuE-Kooperation mit Subvention
0,00000001	0,51724138	0,48387097	0,68181818	0,51136364
0,03	0,51932585	0,48580793	0,6895664	0,5171748
1/22	0,5203555	0,48685622	0,69380734	0,5203555
1/14	0,52201705	0,48869681	0,70133588	0,52600191
0,2	0,52891396	0,49933422	0,74701195	0,56025896
0,5	0,53571429	0,53571429	0,9375	0,703125
0,7	0,53267	0,571646	1,201923	0,901442
0,9	0,52374302	0,62086093	1,80288462	1,35216346
0,99999999	0,51724138	0,65217391	2,4999999	1,87499993

1) Die Parameter des Modells wurden wie folgt gewählt: $a = 10$, $A = 7{,}5$, $b = 4$, $\gamma = 1$.

Die Unternehmen produzieren nach Vergabe der second best-Subvention folgende Angebotsmengen (Tabelle 7). Die Angebotsmengen sind im allgemeinen höher als in der Laissez-faire Situation und entsprechen der second best-Angebotsmenge.

Tabelle 7: Numerischer Vergleich der Gesamtangebotsmengen vor und nach Vergabe der second best-Subvention bei gewählten Parametern[1)]

positiver externer Effekt	Wettbewerb ohne Subvention	FuE-Kooperation ohne Subvention	optimale second best-Angebotsmenge	Wettbewerb/FuE-Kooperation mit Subvention
0,00000001	0,51724138	0,48387097	0,50847458	0,50847458
0,03	0,51932585	0,48580793	0,51385701	0,51385701
1/22	0,5203555	0,48685622	0,51679954	0,51679954
1/14	0,52201705	0,48869681	0,52201705	0,52201705
0,2	0,52891396	0,49933422	0,55350554	0,55350554
0,5	0,53571429	0,53571429	0,68181818	0,68181818
0,7	0,53267	0,571646	0,852273	0,852273
0,9	0,52374302	0,62086093	1,20967742	1,20967742
0,99999999	0,51724138	0,65217391	1,57894732	1,57894732

1) Die Parameter des Modells wurden gewählt wie folgt: $a = 10$, $A = 7{,}5$, $b = 4$, $\gamma = 1$.

Nachdem nun die jeweils nach Subventionsvergabe erstellten Forschungseinheiten und Angebotsmengen verglichen wurden, ist es von Interesse dies ebenfalls für die Wohlfahrt zu tun. In Tabelle 8 ist zu erkennen, daß die Wohlfahrt nach Vergabe der second best-Wohlfahrt grundsätzlich höher ausfällt als nach der Vergabe der first best-Subvention. Durch die Vergabe der second best-Subvention wird demnach ein besseres Ergebnis erzielt als durch die Vergabe der first best-Subvention.

Tabelle 8: Numerischer Wohlfahrtsvergleich nach Subventionsvergabe bei gewählten Parametern[1)]

positiver externer Effekt	Wohlfahrt second best	Wohlfahrt first best
0,00000001	0,79449153	0,79416323
0,03	0,80290158	0,80252027
1/22	0,80749929	0,8070881
1/14	0,81565163	0,81518585
0,2	0,8648524	0,86401158
0,5	1,06534091	1,06201172
0,7	1,51383775	1,49664195
0,9	1,89012097	1,84730665
0,99999999	2,46710519	2,34374994

1) Die Parameter des Modells wurden wie folgt gewählt: $a = 10$, $A = 7{,}5$, $b = 4$, $\gamma = 1$.

Die Einführung von Subventionen in das Modell läßt folgende Aussagen zu:

1. Die gesamtwirtschaftliche Wohlfahrt läßt sich durch die (den) Vergabe (Einzug) optimaler Subventionen (Steuern) verbessern.[246]
2. Die Verbesserung der Wohlfahrt ist nicht davon abhängig, ob die Subvention (Steuer) an Wettbewerber(n) oder an kooperierende(n) Unternehmen vergeben (auferlegt) wird.[247]
3. Die first best-Wohlfahrt ist durch Subventionierung (Besteuerung) der Forschung nicht erreichbar.
4. Die second best-Wohlfahrt ist durch Subventionierung (Besteuerung) erreichbar.
5. Durch Vergabe (Einzug) der second best-Subvention (Steuer) ist eine höhere gesamtwirtschaftliche Wohlfahrt erreichbar als durch Vergabe (Einzug) der first best-Subvention (Steuer).
6. Solange optimale Subventionen vergeben werden, ist es unerheblich, ob sie an Wettbewerber oder an FuE-Kooperationen vergeben werden.

---

246 Eine Ausnahme von dieser Regel ist gegeben, wenn der positive externe Effekt einen bestimmten Wert ($\beta = 1/14$) annimmt. Dann wird in der Wettbewerbssituation die second best Wohlfahrt erreicht.

247 Ausnahme: siehe vorhergehende Fußnote.

5.3. Ergebnis und Erweiterungsmöglichkeiten

Im vorhergehenden Abschnitt wurde gezeigt, daß die gesamtwirtschaftliche Wohlfahrt durch Vergabe einer second best-Subvention verbessert werden kann. Dieses Ergebnis ist allerdings nur unter den nachstehenden Voraussetzungen gültig:

1. Die Institution, die die Berechnung der Subvention durchführt, kennt die Nachfragefunktion und die Gewinnfunktionen der Unternehmen und kann den Parameterwert für die Höhe der positiven externen Effekte und die übrigen Parameterwerte bestimmen.
2. Die Institution ist in der Lage die Kopfsteuer so zu bemessen, daß ein ausgeglichenes Budget vorliegt.
3. Die Institution muß die optimalen Subventionssätze und die Kopfsteuern bekannt geben, bevor die Unternehmen mit Spielstufe 1 begonnen haben und darf nicht davon abweichen.[248]
4. Die Institution muß den Kooperationsvertrag durchsetzen.[249]

Insgesamt ist in dem Modell unterstellt, daß die Kommunikation der Unternehmen hinsichtlich der kooperativen Festlegung der Forschungseinheiten keine Kosten verursacht. Dies ist vor dem Hintergrund der in der Realität gegebenen Transaktionskosten höchst fragwürdig. Im nächsten Abschnitt wird daher geprüft, welche Auswirkungen die Berücksichtigung von Transaktionskosten bei kooperativen Verhandlungen auf die bisherigen Ergebnisse hat.

Ebenfalls unberücksichtigt ist, inwiefern sich die Ergebnisse ändern, wenn Kooperationsvorteile eine Rolle spielen. Es wäre ja möglich, daß die gemeinsame Bearbeitung von Forschungsvorhaben günstiger ist als eine getrennte. Dies wird im darauf folgenden Abschnitt geprüft.

Schließlich wird untersucht, welche Auswirkungen wettbewerbsbeschränkendes Verhalten der Unternehmen in einer FuE-Kooperation auf die Ergebnisse hat. Außerdem wird geprüft, ob die Vergabe von Subventionen zu Wettbewerbsverzerrungen führen kann.

---

248 Dies ist notwendig, weil die Unternehmen den Zusammenhang zwischen der Subvention und den Kopfsteuern durchschauen könnten. Würde die Subvention erst nach Beendigung der Spielstufe 1 vergeben, könnten ein Unternehmen z.B. eine Forschungseinheit mehr erstellen. Es erhält dann eine höhere Subvention, muß diese aber lediglich zu einem Drittel mitfinanzieren.
Falls die Unternehmen damit rechnen, daß die Institution von den vor Beginn der Stufe 1 bekannt gegebenen Subventionssätzen und Kopfsteuern abweicht, werden sie nicht die optimalen Forschungseinheiten erstellen, sondern weniger. Vgl. LEAHY, D.; NEARY, J.P. (1997).

249 Ist der Kooperationsvertrag nicht durchsetzbar, haben die Unternehmen in der Kooperationssituation einen Anreiz, von der kooperativen Lösung abzuweichen. Der entsprechende Beweis ist im Anhang A.22.6. aufgeführt. Bei der Subventionierung von Wettbewerbern entsteht dieses Problem nicht. Der entsprechende Beweis ist im Anhang A.22.5. aufgeführt.

6. Berücksichtigung von Transaktionskosten

In den vorangegangenen Abschnitten war abgeleitet worden, daß im Rahmen des untersuchten Modells FuE-Kooperationen ausschließlich dann zustande kommen, wenn eine Kommunikation zwischen den Unternehmen stattfindet und Kooperationsverträge von einer übergeordneten Instanz durchgesetzt werden. Transaktionskosten wurden dabei nicht berücksichtigt. Es soll nun untersucht werden, inwiefern sich an den bisherigen Aussagen etwas ändert, wenn die Aushandlung der Kooperationsverträge Transaktionskosten verursacht. Es wird weiter angenommen, daß FuE-Kooperationsverträge kostenlos durchsetzbar sind. Monopolverträge und Gütermarktmonopolverträge sind nicht durchsetzbar.

6.1. Einführung von Transaktionskosten in das Modell

Die Transaktionskosten werden folgendermaßen in das entwickelte Modell integriert. Zwischen den erstellten Forschungseinheiten und den Transaktionskosten wird ein linearer Zusammenhang angenommen. Damit soll zum Ausdruck gebracht werden, daß Verhandlungen über Forschungsvorhaben, um so schwieriger und zeitaufwendiger sind, je größer der damit verbundene Aufwand ist. Dementsprechend fallen bei Vorhaben mit hohem Aufwand, d.h. bei einer großen Menge von Forschungseinheiten, höhere Transaktionskosten an als bei solchen mit geringem Aufwand.[250] Darüber hinaus fallen in der FuE-Kooperation von der Menge der Forschungseinheiten unabhängige konstante Transaktionskosten an. Damit soll zum Ausdruck gebracht werden, daß eine Einigung unabhängig von den Gegenständen, über die man verhandeln möchte, bestimmte Mindestkosten verursacht. Die Transaktionskosten werden deshalb wie folgt definiert:[251]

(6.1.1) $TK = kx_1 + kx_2 + kx_3 + c \;,\; k > 0 \,,\; c > 0$

(6.1.1) eingesetzt in den Gewinn der Kooperation ergibt:

---

250 Dieser Zusammenhang wird im Modell der Einfachheit halber als proportional angenommen. Es ist durchaus denkbar, daß die Transaktionskosten mit steigenden Forschungsausgaben überproportional ansteigen.

251 Es ist sicherlich nicht unrealistisch, davon auszugehen, daß die Transaktionskosten mit steigender Zahl von Partnern überproportional steigen. Dieser Zusammenhang wird hier nicht modelliert, weil asymmetrische Gleichgewichte auftreten können. Im Modell wird unterstellt, daß entweder alle drei Unternehmen gemeinsam oder alle nicht kooperieren.

$$G^{KTK} = \frac{[(a-A)+(3-2\beta)x_1+(2\beta-1)(x_2+x_3)]^2}{16b} - \frac{\gamma x_1^2}{2} - kx_1$$

(6.1.2) $$+\frac{[(a-A)+(3-2\beta)x_2+(2\beta-1)(x_1+x_3)]^2}{16b} - \frac{\gamma x_2^2}{2} - kx_2$$

$$+\frac{[(a-A)+(3-2\beta)x_3+(2\beta-1)(x_1+x_2)]^2}{16b} - \frac{\gamma x_3^2}{2} - kx_3 - c$$

Die in der Kooperation jeweils von den Unternehmen erstellten Forschungseinheiten und die Gesamtangebotsmenge ergeben sich wie folgt:[252] [253]

(6.1.3) $$x^{KTK} = \frac{(1+2\beta)(a-A)-8bk}{8b\gamma-(1+2\beta)^2}$$

(6.1.3) läßt sich ökonomisch interpretieren wie folgt: Falls die forschungsabhängigen Transaktionskosten (Parameter k) steigen, sinkt die Menge der erstellten Forschungseinheiten.[254] Die anfallenden Transaktionskosten lassen sich nur vermeiden, in dem weniger Forschungseinheiten erstellt werden.

Steigerungen des positiven externen Effektes wirken sich aus wie in der FuE-Kooperation ohne Berücksichtigung von Transaktionskosten, sofern dies nicht durch hohe Transaktionskosten (Parameter k) überlagert wird. [255] Erreichen diese eine bestimmte Höhe, führt eine Steigerung des positiven externen Effektes zu sinkenden Forschungseinheiten.

Eine erhöhte (sinkende) Preiselastizität führt dazu, daß die Unternehmen ihre Forschungseinheiten steigern (verringern).[256] Je flexibler (inflexibler) die Nachfrage auf Preisänderungen reagiert, um so mehr (weniger) läßt sich durch eine Senkung der variablen Stückkosten und damit durch den Einsatz von For-

---

252 Für k muß gelten: $\frac{(1+2\beta)(a-A)}{8b} \geq k$. Die Herleitung ist in Anhang A.17.3. aufgeführt.

253 Die Herleitung der nachstehenden Bedingungen ist in Anhang A.17.1. und A.17.2. aufgeführt.

254 Dies folgt aus: $\frac{\partial x^{KTK}}{\partial k} = -\frac{8b}{8b\gamma-(1+2\beta)^2} < 0$ für $b\gamma \geq 9/8$.

255 Dies folgt aus: $\frac{\partial x^{KTK}}{\partial \beta} = \frac{(a-A)[8b\gamma-(1+2\beta)^2]-16bk(1+2\beta)}{[8b\gamma-(1+2\beta)^2]^2} > 0, (=0), (<0)$ für $\frac{(a-A)[8b\gamma-(1+2\beta)^2]}{16b(1+2\beta)} > k, (=k), (<k)$.

256 Dies folgt aus: $\frac{\partial x^{KTK}}{\partial b} = \frac{k(1+2\beta)-\gamma(a-A)}{[8b\gamma-(1+2\beta)^2]^2} < 0, (=0), (>0)$ für $\frac{\gamma(a-A)}{(1+2\beta)} > k, (=k), (<k)$.

schungseinheiten erreichen. Auch dieser Effekt kann durch hohe Transaktionskosten überlagert werden.

Eine höhere (niedrigere) Effektivität der Forschungsabteilung führt zu einer größeren (geringeren) Menge an Forschungseinheiten.[257] Die Erstellung der Forschungseinheiten wird dadurch kostengünstiger (teurer). Wiederum kann dieser Effekt durch hohe Transaktionskosten überlagert werden.

(6.1.4) $$Q^{KTK} = \frac{6[(a-A)\gamma - k(1+2\beta)]}{8b\gamma - (1+2\beta)^2}$$

(6.1.4) läßt sich ökonomisch interpretieren wie folgt: Falls die forschungsabhängigen Transaktionskosten (Parameter k) steigen, sinkt die Ausbringungsmenge.[258] Die anfallenden Transaktionskosten lassen sich nur vermeiden, in dem weniger Forschungseinheiten erstellt werden. Dies führt zu höheren variablen Stückkosten und dadurch zu einer geringeren Ausbringungsmenge.

Steigerungen (Verringerungen) des positiven externen Effektes wirken sich aus wie in der FuE-Kooperation ohne Berücksichtigung von Transaktionskosten. [259] Der erhöhte (verringerte) Effekt bewirkt, daß die eingesetzten Forschungseinheiten zu einer stärkeren Senkung (Erhöhung) der variablen Stückkosten beitragen. Dadurch sinken (steigen) die Produktionskosten und die Ausbringungsmenge steigt (sinkt).

Eine erhöhte (sinkende) Preiselastizität führt dazu, daß Unternehmen mehr (weniger) produzieren.[260] Je flexibler (inflexibler) die Nachfrage auf Preisänderungen reagiert, um so mehr (weniger) wird abgesetzt. Dieser Effekt kann durch hohe Transaktionskosten überlagert (verstärkt) werden.

---

257 Dies folgt aus: $\frac{\partial x^{KTK}}{\partial \gamma} = \frac{8bk - (1+2\beta)(a-A)}{[8b\gamma - (1+2\beta)^2]^2} < 0, (=0), (>0)$ für $\frac{(1+2\beta)(a-A)}{8b} > k, (=k), (<k)$.

258 Dies folgt aus: $\frac{\partial Q^{KTK}}{\partial k} = -\frac{6(1+2\beta)}{8b\gamma - (1+2\beta)^2} < 0$ für $b\gamma \geq 9/8$.

259 Dies folgt aus: $\frac{\partial Q^{KTK}}{\partial \beta} = \frac{2(1+2\beta)(a-A)\gamma - k[8b\gamma + (1+2\beta)^2]}{[8b\gamma - (1+2\beta)^2]^2} > 0, (=0), (<0)$ für $\frac{2(1+2\beta)(a-A)}{[8b\gamma + (1+2\beta)^2]} > k, (=k), (<k)$.

260 Dies folgt aus: $\frac{\partial Q^{KTK}}{\partial b} = \frac{k(1+2\beta) - \gamma(a-A)}{[8b\gamma - (1+2\beta)^2]^2} < 0, (=0), (>0)$ für $\frac{\gamma(a-A)}{(1+2\beta)} > k, (=k), (<k)$.

Eine höhere (niedrigere) Effektivität der Forschungsabteilung zu einer größeren (geringeren) Menge an Forschungseinheiten.[261] Da die Erstellung der Forschungseinheiten dadurch kostengünstiger (teurer) wird, wird mehr (weniger) geforscht mit der Folge, daß die variablen Stückkosten sinken (steigen). Dies führt schließlich zu einer erhöhten (geringeren) Angebotsmenge.

6.2. Bewertung des Ergebnisses durch die Gesellschaft und die Entscheidung der Unternehmen

6.2.1. Das Bewertungskriterium der Gesellschaft

Es ist nun zu untersuchen, welche Konsequenzen die Berücksichtigung von Transaktionskosten für die gesamtwirtschaftliche Wohlfahrt mit sich bringt. Deshalb ist zunächst zu klären, welche Menge an erstellten Forschungseinheiten unter Berücksichtigung von Transaktionskosten gesellschaftlich optimal ist. Eine solche Überlegung muß an der Wohlfahrt orientiert werden, die durch eine FuE-Kooperation unter diesen Umständen tatsächlich erreicht wird. Dementsprechend ist die second best-Wohlfahrtsfunktion dahingehend zu erweitern, daß den Transaktionskosten Rechnung getragen wird.

(6.2.1.1)
$$\max W^{OSTK}(x, Q^{WP}) = \int_0^{Q^{WP}} a - bQ^{WP} dQ^{WP} - [A - (1+2\beta)x]Q^{WP} - 3kx - c - \frac{3\gamma x^2}{2}$$

Die Bedingung für eine optimale Menge zu erstellender Forschungseinheiten ist in diesem Fall:[262]

(6.2.1.2)
$$x^{OSTK} = \frac{5(1+2\beta)(a-A) - 16bk}{16b\gamma - 5(1+2\beta)^2}$$

Die optimale Gesamtangebotsmenge ist:

(6.2.1.3)
$$Q^{OSTK} = \frac{12[(a-A)\gamma - k(1+2\beta)]}{16b\gamma - 5(1+2\beta)^2}$$

---

261 Dies folgt aus: $\frac{\partial Q^{KTK}}{\partial \gamma} = \frac{8bk - (1+2\beta)(a-A)}{[8b\gamma - (1+2\beta)^2]^2} < 0$ für $\frac{(1+2\beta)(a-A)}{8b} > k$.

262 Die Herleitung der nachstehenden Bedingungen ist in Anhang A.17.4. und A.17.5. aufgeführt.

6.2.2. Das Entscheidungskriterium der Unternehmen

Die Frage, die sich stellt, lautet: Wie verhalten sich die Unternehmen in dieser Situation? Sie werden wieder die Gewinne in den jeweiligen Situationen vergleichen. Der Gewinn des einzelnen Unternehmens in der FuE-Kooperation unter Berücksichtigung von Transaktionskosten und unter Verwendung der Symmetrieannahme ist gegeben durch:

$$(6.2.2.1)\quad G_i^{KTK} = \frac{\left[a - A + (1+2\beta)x^{KTK}\right]^2}{16b} - \frac{\gamma x^{KTK}}{2} - kx^{KTK} - \frac{c}{3},\quad i = 1,2,3$$

6.2.3. Vergleich der Bewertung der Gesellschaft und der Entscheidung der Unternehmen

Ein Vergleich der optimalen Forschungseinheiten, der optimalen gesamten Angebotsmenge und der second best-Wohlfahrt mit den bisherigen Ergebnissen ist in der nachstehenden Übersicht aufgeführt. Als erstes Ergebnis ist festzuhalten, daß die in der FuE-Kooperation unter Berücksichtigung von Transaktionskosten erreichbare (second best) Wohlfahrt geringer ausfällt als bei einer Nichtberücksichtigung ($W^{OSTK} < W^{OS}$).

Übersicht 17: Vergleich der FuE-Kooperation unter Berücksichtigung von Transaktionskosten mit den bisherigen Ergebnissen[1)]

Größenvergleich	Bedingung
$x^{OSTK} < x^{OS}$	$0<k \wedge 0<\beta<1$
$Q^{OSTK} < Q^{OS}$	$0<k \wedge 0<\beta<1$
$W^{OSTK} < W^{OS}$	$0<k \wedge 0<c$
$x^{KTK} < x^{OS}$	$0<k \wedge 0<\beta<1 \wedge b\gamma \geq 45/16$
$Q^{KTK} < Q^{OS}$	$0<k \wedge 0<\beta<1 \wedge b\gamma \geq 45/16$
$W^{KTK} < W^{OS}$	$0<k \wedge 0<\beta<1 \wedge b\gamma \geq 45/16 \wedge 0<c$
$x^{KTK} < x^{OSTK}$	$0<k \wedge 0<\beta<1$
$Q^{KTK} < Q^{OSTK}$	$k < (a-A)\gamma/(1+2\beta)$
$W^{KTK} < W^{OSTK}$	$0<k \wedge 0<c$
$x^{KTK} < x^{K}$	—
$Q^{KTK} < Q^{K}$	$0<k \wedge 0<\beta<1$
$W^{KTK} < W^{K}$	$0<k \wedge 0<\beta<1 \wedge 0<c$

1) Beweis der Behauptungen im Anhang A.18.1 - A.18.10.

Es ist bereits gezeigt worden, daß die gesamtwirtschaftliche Wohlfahrt, die sich durch die Bildung einer FuE-Kooperation ergibt, nicht optimal ist. Dies gilt ebenfalls für eine FuE-Kooperation, in der Transaktionskosten zu berücksichtigen sind ($W^{KTK} < W^{OSTK}$ und $W^{KTK} < W^{OS}$[263]). Darüber hinaus ist die daraus resultierende Wohlfahrt geringer als im Falle der FuE-Kooperation, in der Transaktionskosten keine Rolle spielen ($W^{KTK} < W^{K}$). Die Transaktionskosten führen dazu, daß die Unternehmen weniger Forschungseinheiten erstellen ($x^{KTK} < x^{K}$)[264], mit höheren Stückkosten produzieren und dementsprechend weniger anbieten ($Q^{KTK} < Q^{K}$).[265]

Ein Vergleich der gesamtwirtschaftlichen Wohlfahrt hatte ergeben, daß bei hinreichend großen positiven externen Effekten ($\beta > 0{,}5$) in der FuE-Kooperation ein besseres Ergebnis erzielt wird als im Wettbewerb. Außerdem hatten die Unternehmen bei Durchsetzbarkeit der Kooperationsverträge stets die FuE-Kooperation vorgezogen, weil sie in diesem Fall höhere Gewinne erzielen konnten. Es soll nun geprüft werden, inwiefern sich an diesen Ergebnissen etwas geändert hat, wenn Transaktionskosten eine Rolle spielen. Bedauerlicherweise ist es dem Verfasser nicht gelungen, eine allgemeine Bedingung abzuleiten und entsprechend zu beweisen. Deshalb wird untersucht, wie sich die Wohlfahrt in den verschiedenen Situationen hinsichtlich bestimmter Parameterwerte numerisch verändert (siehe Tabellenanhang). Dabei werden folgende Konstellationen unterschieden:

- es fallen ausschließlich von der Menge der Forschungseinheiten unabhängige Transaktionskosten an,
- es fallen ausschließlich von der Menge der Forschungseinheiten abhängige Transaktionskosten an,
- sowohl von der Menge der Forschungseinheiten abhängige als auch unabhängige Transaktionskostenarten werden berücksichtigt,

a) es fallen ausschließlich von der Menge der Forschungseinheiten unabhängige Transaktionskosten an.

Zunächst wird die Wirkung einer Einführung von forschungsunabhängigen Transaktionskosten in das Modell untersucht. Bei Nichtberücksichtigung von Transaktionskosten hatte sich ergeben, daß bei einem positiven externen Effekt in Höhe von 0,5 die Wohlfahrt im Wettbewerb und in der FuE-Kooperation gleich ausfällt. Bei höheren Werten ($\beta > 0{,}5$) stellte die FuE-Kooperation und

---

263 Dieses Ergebnis setzt voraus, daß die Preiselastizität und die Effektivität der Forschungsabteilung nicht zu groß ausfallen. Siehe hierzu die Argumentation auf den Seiten 58 und 59.

264 Dies folgt aus: $\frac{\partial x^{KTK}}{\partial k} = -\frac{8b}{8b\gamma - (1+2\beta)^2} < 0$ für $b\gamma \geq 9/8$. $b\gamma \geq 9/8$ ist eine notwendige Bedingung, damit in einer FuE-Kooperation überhaupt Forschungseinheiten erstellt werden.

265 Dies folgt aus: $\frac{\partial Q^{KTK}}{\partial k} = -\frac{6(1+2\beta)}{8b\gamma - (1+2\beta)^2} < 0$ für $b\gamma \geq 9/8$. $b\gamma \geq 9/8$ ist eine notwendige Bedingung, damit in einer FuE-Kooperation überhaupt Forschungseinheiten erstellt werden.

bei geringeren Werten ($\beta < 0{,}5$) der Wettbewerb die gesamtwirtschaftlich erstrebenswertere Lösung dar. Dies hat sich dahingehend geändert, daß der Bereich, in dem die Wohlfahrt in der FuE-Kooperation höher ist als im Wettbewerb, auf Parameterwerte beschränkt wird, die deutlich größer als ½ sind (Übersicht 18). Je größer die Transaktionskosten werden, um so kleiner wird der Bereich, in dem die FuE-Kooperation bessere Ergebnisse hervorbringt als der Wettbewerb.

Übersicht 18: Der Einfluß der forschungsunabhängigen Transaktionskosten auf die Wohlfahrt in der FuE-Kooperation im Vergleich zum Wettbewerb[1)]

Wohlfahrt	Bedingung für die Transaktionskosten	Bedingung für den positiven externen Effekt[2)]	Bezugstabelle
$W^W < W^{KTK}$ $W^W = W^{KTK}$ $W^W > W^{KTK}$	$c = 0{,}01$	$\beta > 0{,}528739$ $\beta = 0{,}528739$ $\beta < 0{,}528739$	Tabelle A.3
$W^W < W^{KTK}$ $W^W = W^{KTK}$ $W^W > W^{KTK}$	$c = 0{,}046027$	$\beta > 0{,}6125999$ $\beta = 0{,}6125999$ $\beta < 0{,}6125999$	Tabelle A.2
$W^W < W^{KTK}$ $W^W = W^{KTK}$ $W^W > W^{KTK}$	$c = 0{,}06204$	$\beta > 0{,}64354$ $\beta = 0{,}64354$ $\beta < 0{,}64354$	Tabelle A.1
$W^W = W^{KTK}$ $W^W > W^{KTK}$	$c = 0{,}3776225$	$\beta = 0{,}99999999$ $\beta < 0{,}99999999$	Tabelle A.4

1) Die übrigen Parameter des Modells wurden wie folgt gewählt: $a = 10,\ A = 7{,}5,\ b = 4,\ \gamma = 1$.

2) Es handelt sich um Näherungswerte.

Ökonomisch läßt sich dies interpretieren wie folgt: Der Wohlfahrtsgewinn, der durch eine FuE-Kooperation auf dem Wege der Internalisierung externer Effekte entsteht, wird durch die Transaktionskosten vermindert. Umgekehrt ausgedrückt, je größer die Transaktionskosten ausfallen, um so höher müßte der positive externe Effekt sein, damit die Wohlfahrt durch die Internalisierung gesteigert werden kann. Erreichen die Transaktionskosten jedoch ein bestimmtes Maß (im Beispiel $c = 0{,}3776225$), ist ein Ausgleich dieses Verlustes auch bei sehr hohen positiven externen Effekten nicht mehr möglich. Die Gesellschaft würde in diesem Fall stets den Wettbewerb zwischen den Unternehmen vorziehen.

Die Frage, die sich an den Wohlfahrtsvergleich unmittelbar anschließt, lautet: Wie werden sich die Unternehmen unter Berücksichtigung von Transaktionskosten verhalten? Im Abschnitt über die Gewinne der Unternehmen in den verschiedenen Situationen war abgeleitet worden, daß die Gewinne in einer FuE-Kooperation stets höher sind als im Wettbewerb. Diese Feststellung läßt sich unter Berücksichtigung von Transaktionskosten nicht uneingeschränkt aufrecht erhalten.

In Übersicht 19 ist deutlich erkennbar, daß die Entscheidung der Unternehmen nicht nur von den Transaktionskosten, sondern ebenfalls von den positiven externen Effekten beeinflußt wird. Bereits die Einführung geringer Transaktionskosten beschränkt den Bereich, in dem die FuE-Kooperation einen höheren Gewinn für die Unternehmen erbringt, auf entweder hohe oder niedrige positive externe Effekte. Der Bereich dazwischen läßt den Wettbewerb als günstigste Alternative erscheinen (z.B. $G^W > G^K$ für $c = 0{,}01$ und $0{,}27868 < \beta < 0{,}708$). Je höher die Transaktionskosten werden, um so mehr wird die FuE-Kooperation zu einer Randlösung und schließlich gar nicht mehr bevorzugt.

Übersicht 19: Der Einfluß der forschungsunabhängigen Transaktionskosten auf die Gewinne der Unternehmen in der FuE-Kooperation im Vergleich zum Wettbewerb[1)]

Gewinn	Bedingung für die Transaktionskosten	Bedingung für den positiven externen Effekt[2)]	Bezugstabelle
$G^W < G^{KTK}$ $G^W = G^{KTK}$ $G^W > G^{KTK}$	$c = 0{,}01$	$\beta < 0{,}27868$, $\beta > 0{,}708$ $\beta = 0{,}27868$, $\beta = 0{,}708$ $0{,}27868 < \beta < 0{,}708$	Tabelle A.3
$G^W < G^{KTK}$ $G^W = G^{KTK}$ $G^W > G^{KTK}$	$c = 0{,}046027$	$\beta > 0{,}93413$ $\beta = 0{,}00000001$, $\beta = 0{,}93413$ $0{,}00000001 < \beta < 0{,}93413$	Tabelle A.2
$G^W = G^{KTK}$ $G^W > G^{KTK}$	$c = 0{,}06204$	$\beta = 0{,}99999999$ $\beta < 0{,}99999999$	Tabelle A.1
$G^W > G^{KTK}$	$c = 0{,}3776225$	$0 < \beta < 1$	Tabelle A.4

1) Die übrigen Parameter des Modells wurden wie folgt gewählt: $a = 10$, $A = 7{,}5$, $b = 4$, $\gamma = 1$.

2) Es handelt sich um Näherungswerte.

Im Bereich niedriger externer Effekte erkennen die Unternehmen, daß sie sich durch hohe Forschungseinheiten gegenseitig schaden;[266] dies um so mehr, je geringer der positive externe Effekt ausfällt. Solange die Transaktionskosten nicht zu hoch ausfallen, lohnt sich eine FuE-Kooperation für sie. Im Be-

266 Eine einseitige Erhöhung der Forschungseinheiten senkt den Kooperationsgewinn, weil das Unternehmen mit geringeren Stückkosten produziert, mehr anbietet und dadurch die Gewinne der Partner vermindert. Dies können sie bei geringen positiven externen Effekten nicht ausgleichen, weil sie kaum von den Forschungseinheiten des Partnerunternehmens profitieren.

reich sehr hoher positiver externer Effekte stellen sie fest, daß sie sich durch eine gemeinsame Festlegung der Forschungseinheiten gegenseitig begünstigen und erhöhen sie deshalb. Demgegenüber vermindern die Transaktionskosten den Gewinn, den die Unternehmen aus der gemeinsamen Festlegung erzielen. Der positive externe Effekt müßte deshalb entweder sehr hoch oder sehr gering ausfallen, damit der vermiedene Schaden oder die Begünstigung nicht durch die Transaktionskosten kompensiert wird. Übersteigen die Transaktionskosten ein bestimmtes Maß, lohnt sich die Vermeidung des Schadens oder die gegenseitige Begünstigung unabhängig von der Höhe des positiven externen Effekts nicht mehr.

b) es fallen ausschließlich von der Menge der Forschungseinheiten abhängige Transaktionskosten an.

Die Einführung forschungsabhängiger Transaktionskosten führt bezüglich der gesamtwirtschaftlichen Wohlfahrt zu den gleichen Feststellungen wie im Falle nicht forschungsabhängiger Transaktionskosten. Der positive externe Ef-fekt müßte um so höher ausfallen, damit der Wohlfahrtsverlust durch steigende Transaktionskosten in der FuE-Kooperation ausgeglichen werden kann. Zu hohe Transaktionskosten führen wiederum dazu, daß der Wettbewerb der FuE-Kooperation vorgezogen wird.

Übersicht 20: Der Einfluß der forschungsabhängigen Transaktionskosten auf die Wohlfahrt in der FuE-Kooperation im Vergleich zum Wettbewerb[1)]

Wohlfahrt	Bedingung für die Transaktionskosten	Bedingung für den positiven externen Effekt[2)]	Bezugstabelle
$W^W < W^{KTK}$		$\beta > 0{,}556025$	
$W^W = W^{KTK}$	$k = 0{,}02$	$\beta = 0{,}556025$	Tabelle A.5
$W^W > W^{KTK}$		$\beta < 0{,}556025$	
$W^W = W^{KTK}$	$k = 0{,}172414$ für $1/2 < \beta$	$\beta = 0{,}99999999$	Tabelle A.6
$W^W > W^{KTK}$	$\frac{(2\beta+1)(a-A)}{8b} = k$ für $\beta < 1/2$	$\beta < 0{,}99999999$	
$W^W > W^{KTK}$	$\frac{(2\beta+1)(a-A)}{8b} = k$	$0 < \beta < 1$	Tabelle A.7

1) Die übrigen Parameter des Modells wurden wie folgt gewählt:
$a = 10, A = 7{,}5, b = 4, \gamma = 1, c = 0$.

2) Es handelt sich um Näherungswerte.

Übersicht 21: Der Einfluß der forschungsabhängigen Transaktionskosten auf die Gewinne der Unternehmen in der FuE-Kooperation im Vergleich zum Wettbewerb[1)]

Gewinn	Bedingung für die Transaktionskosten	Bedingung für den positiven externen Effekt[2)]	Bezugstabelle
$G^W < G^{KTK}$ $G^W = G^{KTK}$ $G^W > G^{KTK}$	$k = 0{,}02$	$\beta < 0{,}30805, \beta > 0{,}74229$ $\beta = 0{,}30805, \beta = 0{,}74229$ $0{,}30805 < \beta < 0{,}74229$	Tabelle A.5
$G^W < G^{KTK}$ $G^W = G^{KTK}$ $G^W > G^{KTK}$	$k = 0{,}172414$ für $1/2 < \beta$ $\frac{(2\beta+1)(a-A)}{8b} = k$ für $\beta < 1/2$	$\beta < 0{,}19281$ $\beta = 0{,}19281$ $\beta > 0{,}19281$	Tabelle A.6
$G^W < G^{KTK}$ $G^W = G^{KTK}$ $G^W > G^{KTK}$	$\frac{(2\beta+1)(a-A)}{8b} = k$	$0{,}1928 < \beta$ $0{,}1928 = \beta$ $0{,}1928 > \beta$	Tabelle A.7

1) Die übrigen Parameter des Modells wurden wie folgt gewählt:
$a = 10,\ A = 7{,}5,\ b = 4,\ \gamma = 1,\ c = 0$.

2) Es handelt sich um Näherungswerte.

Der Einfluß der Einführung forschungsabhängiger Transaktionskosten auf die Gewinne macht sich zunächst darin bemerkbar, daß die Unternehmen bei geringen und hohen positiven externen Effekten die FuE-Kooperation wählen. Im Bereich dazwischen ziehen sie den Wettbewerb vor. Eine Steigerung des Parameters k hat zur Folge, daß die Unternehmen bei geringen positiven externen Effekten die FuE-Kooperation, bei hohen positiven externen Effekten den Wettbewerb vorziehen.

Die Unternehmen bemerken in der FuE-Kooperation bei geringen positiven externen Effekten, daß sie sich gegenseitig schaden; sie reduzieren deshalb ihre Forschungseinheiten. Forschungsabhängige Transaktionskosten bestärken sie zusätzlich bei dieser Entscheidung, weil sie um so geringer ausfallen, je weniger investiert wird. Bei hohen positiven externen Effekten bemerken die Unternehmen, daß sie sich durch die Forschungseinheiten gegenseitig begünstigen. Da aber Transaktionskosten anfallen, die mit zunehmenden Forschungseinheiten steigen, wird diese positive Wirkung der FuE-Kooperation eingeschränkt oder überkompensiert. Dieser Entwicklung können die Unternehmen durch eine Reduzierung der Forschungseinheiten begegnen. Da in diesem Fall aber die gegenseitige Begünstigung wegfällt, wählen die Unternehmen den Wettbewerb.

c) sowohl von der Höhe der Forschungsinvestition abhängige als auch unabhängige Transaktionskosten werden berücksichtigt

In den beiden vorangegangenen Abschnitten wurde abgeleitet, daß entsprechend hohe Transaktionskosten unabhängig davon, ob sie von der Forschungsinvestition abhängig sind oder nicht, zu einer geringeren Wohlfahrt in der FuE-Kooperation als im Wettbewerb führen. Treten beide Kostenarten gleichzeitig auf und fallen sie hinreichend gering aus ($k = 0{,}02$ und $c = 0{,}05$), stellt die FuE-Kooperation bei hohen externen Effekten die bessere Lösung für die Gesellschaft dar.

Übersicht 22: Der Einfluß forschungsunabhängiger und forschungsabhängiger Transaktionskosten auf die Wohlfahrt in der FuE-Kooperation im Vergleich zum Wettbewerb[1)]

Wohlfahrt	Bedingung für die forschungsabhängigen Transaktionskosten	Bedingung für die forschungsunabhängigen Transaktionskosten	Bedingung für den positiven externen Effekt[2)]	Bezugstabelle
$W^W < W^{KTK}$			$\beta > 0{,}66538$	
$W^W = W^{KTK}$	$k = 0{,}02$	$c = 0{,}05$	$\beta = 0{,}66538$	Tabelle A.8
$W^W > W^{KTK}$			$\beta < 0{,}66538$	

1) Die übrigen Parameter des Modells wurden wie folgt gewählt: $a = 10$, $A = 7{,}5$, $b = 4$, $\gamma = 1$.

2) Es handelt sich um Näherungswerte.

Übersicht 23: Der Einfluß forschungsunabhängiger und forschungsabhängiger Transaktionskosten auf den Gewinn der Unternehmen in der FuE-Kooperation im Vergleich zum Wettbewerb[1)]

Gewinn	Bedingung für die forschungsabhängigen Transaktionskosten	Bedingung für die forschungsunabhängigen Transaktionskosten	Bedingung für den positiven externen Effekt	Bezugstabelle
$G^W > G^{KTK}$	$k = 0{,}02$	$c = 0{,}05$	$0 < \beta < 1$	Tabelle A.8

1) Die übrigen Parameter des Modells wurden wie folgt gewählt: $a = 10, A = 7{,}5, b = 4, \gamma = 1$.

Bezüglich des Gewinns der Unternehmen ist festzustellen, daß bei hinreichend hohen Transaktionskosten der Wettbewerb unabhängig von der Höhe der positiven externen Effekte vorgezogen wird (Übersicht 23). Werden die Parameterwerte für die Transaktionskosten entsprechend gesenkt, wird der Gewinn in der FuE-Kooperation wie in den beiden vorangegangenen Abschnitten gezeigt, für bestimmte Wertebereiche des positiven externen Effekts größer als im Wettbewerb.

6.3. Politiküberlegungen

6.3.1. Gesetzliche Maßnahmen

Gesetzliche Maßnahmen könnten notwendig sein, wenn die Unternehmen sich für eine bestimmte Lösung entscheiden, diese aber in der Bewertung durch die Gesellschaft ein geringeres Wohlfahrtsniveau aufweist als die Alternative. In den drei nachstehenden Übersichten sind solche Situationen hervorgehoben.[267]

Im letzten Abschnitt war abgeleitet worden, daß der Wettbewerb bei hinreichend hohen Transaktionskosten stets die bessere Alternative für die Gesellschaft darstellt. Dies wäre positiv zu beurteilen, wäre nicht dem Umstand Rechnung zu tragen, daß die Unternehmen bei hinreichend geringen positiven externen Effekten und hinreichend geringen Transaktionskosten die Bildung einer FuE-Kooperation vorziehen würden.[268] Unter diesen Umständen wäre es im Sinne einer höheren gesamtwirtschaftlichen Wohlfahrt empfehlenswert, die Durchsetzung von FuE-Kooperationsverträgen bei geringen positiven externen Effekten abzulehnen. Diese Erkenntnis entspricht derjenigen, die in Abschnitt 5.1. abgeleitet wurde.

---

[267] Erläuterung der Übersichten 24, 25, u. 26: Die Bevorzugung des Wettbewerbs oder der FuE-Kooperation unter Berücksichtigung von Transaktionskosten durch die Gesellschaft ist von der Wohlfahrt abhängig, die jeweils entsteht. In den Tabellen im Anhang A.1 bis A.8 sind die Wohlfahrtseinheiten aufgeführt, die sich unter verschiedenen Parameterkonstellationen jeweils - im Wettbewerb und in der FuE-Kooperation - berechnen lassen. In den Übersichten ist dargestellt, welche Situation - Wettbewerb oder FuE-Kooperation - bei der jeweiligen Parameterkonstellation ein höheres Wohlfahrtsniveau aufweist und deshalb von der Gesellschaft bevorzugt wird.

Die Unternehmen entscheiden sich für die Situation, die ihnen bei gegebener Parameterkonstellation den höchsten Gewinn verspricht. In den Tabellen im Anhang A.1 bis A.8 sind ebenfalls die Gewinneinheiten aufgeführt, die sich unter verschiedenen Parameterkonstellationen jeweils - im Wettbewerb und in der FuE-Kooperation - berechnen lassen. In den nachstehenden Übersichten ist dargestellt, welche Situation - Wettbewerb oder FuE-Kooperation - bei der jeweiligen Parameterkonstellation einen höheren Gewinn verspricht und deshalb von den Unternehmen bevorzugt wird.

Beispiel: So würden z.B. bei forschungsunabhängigen Transaktionskosten in Höhe von $c = 0{,}01$ und einem positiven externen Effekt im Wertebereich $0{,}528739 < \beta < 0{,}708$ die Unternehmen den Wettbewerb wählen, die Gesellschaft hingegen die FuE-Kooperation vorziehen, weil dabei ein höheres Wohlfahrtsniveau erreicht wird (Tabelle A.3). Bei forschungsunabhängigen Transaktionskosten in Höhe von $c = 0{,}01$ und einem positiven externen Effekt $\beta = 0{,}528739$ würden die Unternehmen ebenfalls den Wettbewerb wählen (Tabelle A.3). Die Gesellschaft ist hingegen indifferent, weil das Wohlfahrtsniveau in der Wettbewerbslösung ebenso hoch ausfällt wie in der FuE-Kooperation (Tabelle A.3).

[268] Dies gilt ausschließlich dann, wenn Kooperationsverträge durchsetzbar sind. Siehe Beweis im Anhang A.22.7.

Übersicht 24: Vergleich der Entscheidungen der Unternehmen und der von der Gesellschaft bevorzugten Lösung unter Berücksichtigung von forschungsunabhängigen Transaktionskosten

Bedingung für die Transaktionskosten	Bedingung für den positiven externen Effekt	bevorzugte Lösung von der Gesellschaft	Entscheidung der Unternehmen
$c = 0{,}01$	$\beta < 0{,}27868$	*Wettbewerb*	*FuE-Kooperation*
	$\beta = 0{,}27868$	*Wettbewerb*	*indifferent*
	$0{,}27868 < \beta < 0{,}528739$	Wettbewerb	Wettbewerb
	$\beta = 0{,}528739$	indifferent	Wettbewerb
	$0{,}528739 < \beta < 0{,}708$	*FuE-Kooperation*	*Wettbewerb*
	$\beta = 0{,}708$	*FuE-Kooperation*	*indifferent*
	$0{,}708 < \beta < 1$	FuE-Kooperation	FuE-Kooperation
$c = 0{,}046027$	$\beta = 0{,}00000001$	*Wettbewerb*	*indifferent*
	$0{,}00000001 < \beta < 0{,}6125999$	Wettbewerb	Wettbewerb
	$\beta = 0{,}6125999$	indifferent	Wettbewerb
	$0{,}6125999 < \beta < 0{,}93413$	*FuE-Kooperation*	*Wettbewerb*
	$\beta > 0{,}93413$	FuE-Kooperation	FuE-Kooperation
$c = 0{,}06204$	$\beta < 0{,}64354$	Wettbewerb	Wettbewerb
	$\beta = 0{,}64354$	indifferent	Wettbewerb
	$0{,}64354 < \beta < 0{,}99999999$	*FuE-Kooperation*	*Wettbewerb*
	$\beta = 0{,}99999999$	*FuE-Kooperation*	*indifferent*
$c = 0{,}3776225$	$0 < \beta < 0{,}99999999$	Wettbewerb	Wettbewerb
	$\beta = 0{,}99999999$	indifferent	Wettbewerb
	$0{,}99999999 < \beta < 1$	*FuE-Kooperation*	*Wettbewerb*

Bei hohen positiven externen Effekten fällt die Entscheidung der Unternehmen - wie in den Übersichten (24 - 26) zu ersehen ist - häufig zugunsten des Wettbewerbs aus. Demgegenüber ist die Gesellschaft in einigen dieser Situationen an einer FuE-Kooperation interessiert. Der Fall, daß die Unternehmen bei hohen positiven externen Effekten die FuE-Kooperation wählen, die Gesellschaft jedoch den Wettbewerb vorziehen würde, tritt nicht ein. Es ist demnach sinnvoll, die Durchsetzung von FuE-Kooperationsverträgen bei hohen positiven externen Effekten zuzulassen. Auch dieses Ergebnis steht im Einklang mit dem Ergebnis, das sich ohne die Berücksichtigung von Transaktionskosten ergeben hatte.

Übersicht 25: Vergleich der Entscheidungen der Unternehmen und der von der Gesellschaft bevorzugten Lösung unter Berücksichtigung von forschungsabhängigen Transaktionskosten

Bedingung für die Transaktionskosten	Bedingung für den positiven externen Effekt	bevorzugte Lösung der Gesellschaft	Entscheidung der Unternehmen
$k = 0{,}02$	$0 < \beta < 0{,}30805$	*Wettbewerb*	*FuE-Kooperation*
	$\beta = 0{,}30805$	*Wettbewerb*	*indifferent*
	$0{,}30805 < \beta < 0{,}556025$	Wettbewerb	Wettbewerb
	$\beta = 0{,}556025$	indifferent	Wettbewerb
	$0{,}556025 < \beta < 0{,}74229$	*FuE-Kooperation*	*Wettbewerb*
	$\beta = 0{,}74229$	*FuE-Kooperation*	*indifferent*
	$0{,}74229 < \beta < 1$	FuE-Kooperation	FuE-Kooperation
$k = 0{,}172414$ für $1/2 < \beta$; $\frac{(2\beta+1)(a-A)}{8b} = k$ für $\beta < 1/2$	$0 < \beta < 0{,}19281$	*Wettbewerb*	*FuE-Kooperation*
	$\beta = 0{,}19281$	Wettbewerb	Wettbewerb
	$0{,}19281 < \beta < 0{,}99999999$	Wettbewerb	Wettbewerb
	$\beta = 0{,}99999999$	indifferent	Wettbewerb
	$0{,}99999999 < \beta < 1$	*FuE-Kooperation*	*Wettbewerb*
$\frac{(2\beta+1)(a-A)}{8b} = k$	$0 < \beta < 0{,}19281$	*Wettbewerb*	*FuE-Kooperation*
	$\beta = 0{,}19281$	Wettbewerb	Wettbewerb
	$0{,}19281 < \beta < 1$	Wettbewerb	Wettbewerb

Übersicht 26: Vergleich der Entscheidungen der Unternehmen und der von der Gesellschaft bevorzugten Lösung unter Berücksichtigung forschungsabhängiger und forschungsunabhängiger Transaktionskosten

Bedingung für die forschungsabhängigen Transaktionskosten	Bedingung für die forschungsunabhängigen Transaktionskosten	Bedingung für den positiven externen Effekt	bevorzugte Lösung der Gesellschaft	Entscheidung der Unternehmen
$k = 0{,}02$	$c = 0{,}05$	$0 < \beta < 0{,}66538$	Wettbewerb	Wettbewerb
		$\beta = 0{,}66538$	indifferent	Wettbewerb
		$0{,}66538 < \beta < 1$	*FuE-Kooperation*	*Wettbewerb*

6.3.2. Fiskalische Maßnahmen

Im Abschnitt 6.2.3. war deutlich geworden, daß die Gesellschaft bei der Bildung von FuE-Kooperationen unter Berücksichtigung von Transaktionskosten auf einige Wohlfahrtseinheiten verzichten muß. Die Frage, die sich anschließt, lautet, inwiefern FuE-Kooperationen unter der Berücksichtigung von Transaktionskosten subventioniert werden sollten. Dies soll im folgenden untersucht werden.

Wiederum erhalten die Unternehmen eine Subvention in Abhängigkeit von ihren Forschungseinheiten. Zur Gegenfinanzierung werden sie mit einer Kopfsteuer belastet. Auch hier soll gelten, daß der Subventionsbetrag der Steuer entspricht. Unter diesen Umständen legen die Unternehmen ihre Forschungseinheiten wie folgt fest[269]:

(6.3.2.1) $$x^{KTKS} = \frac{(1+2\beta)(a-A) - 8bk + 8bs}{8b\gamma - (1+2\beta)^2}$$

Die optimale Gesamtangebotsmenge ist:

(6.3.2.2) $$Q^{KTKS} = \frac{6[(a-A)\gamma - k(1+2\beta) + s(1+2\beta)]}{8b\gamma - (1+2\beta)^2}$$

Der Subventionssatz wird nun so bestimmt, daß die Menge der Forschungseinheiten x^{KTKS} der Menge der second best-Forschungseinheiten unter Berücksichtigung von Transaktionskosten entspricht (6.2.1.2).[270] [271] Es ergibt sich der folgende optimale Subventionssatz:

(6.3.2.3) $$s^{KTK} = \frac{3(1+2\beta)[(a-A)\gamma - (1+2\beta)k]}{16b\gamma - 5(1+2\beta)^2}$$

Die Subvention bewirkt, daß die Unternehmen die second best-Forschungseinheiten erstellen. Die daraus hervorgehende Wohlfahrt entspricht der optimalen erreichbaren Wohlfahrt unter Berücksichtigung von Transaktionskosten. Die Frage ist nun, ob ein solches Vorgehen sinnvoll ist.

In folgenden Fällen führt eine Subventionierung dazu, daß ein gesamtwirtschaftlich unsinniges Ergebnis erzielt wird. Es kann nämlich erstens der Fall eintreten, daß das second best-Ergebnis unter Berücksichtigung von Transaktionskosten geringer ausfällt als das Ergebnis, das die Unternehmen im Wett-

---

269 Die Herleitung der folgenden Bedingungen ist in Anhang A.19.1 - A.19.2 aufgeführt.

270 Im Abschnitt über Subventionierung ist bereits festgestellt worden, daß eine second best-Subvention einer first best-Subvention vorzuziehen ist. Deshalb wird hier auf eine Betrachtung der first best-Subvention verzichtet.

271 Die Herleitung der nachstehenden Bedingungen ist in Anhang A.19.3. aufgeführt.

bewerb erzielen.[272] Durch die Subvention wäre dann ein gesamtwirtschaftlich schlechteres Ergebnis erzielt worden.

Zweitens wäre es von vorn herein sinnvoller, eine optimale Subvention an Unternehmen zu vergeben, die im Wettbewerb zueinander stehen. Wie gezeigt, wird dann das second best-Ergebnis erreicht. Dieses ist höher als das in der FuE-Kooperation unter Berücksichtigung von Transaktionskosten erreichbare Ergebnis.[273]

Drittens ist es nicht sinnvoll, den Unternehmen einen Ausgleich für die forschungsunabhängigen Transaktionskosten zu geben. Diese beeinflussen nämlich nicht die Entscheidung der Unternehmen bezüglich der Forschungseinheiten, sondern allenfalls die Entscheidung darüber, ob die Unternehmen eine FuE-Kooperation bilden oder nicht. Die Subvention hätte in diesem Fall keine Lenkungsfunktion hinsichtlich der Forschungseinheiten und würde deshalb nicht zu einer Lösung der Probleme beitragen, die mit einer Über- oder Unterinvestition in die Forschung verbunden sind.

Darüber hinaus würde die Subvention den Charakter einer Umverteilungsmaßnahme annehmen. Es ist offensichtlich, daß eine derartige Subvention nicht durch die Erhebung einer Kopfsteuer bei den Unternehmen finanziert werden kann. In diesem Fall müßte eine Besteuerung des Konsums in Betracht gezogen werden. Eine Untersuchung der Wirkungen dieser Steuer würde eine Erweiterung des betrachteten Modells erforderlich machen.

7. Berücksichtigung von Kooperationsvorteilen

In der bisherigen Analyse war unterstellt, daß die Unternehmen durch die kooperative Festlegung der Forschungseinheiten lediglich eine Internalisierung der externen Effekte erreichen konnten. Möglicherweise lassen sich durch FuE-Kooperationen weitere Vorteile realisieren. Derartige Vorteile könnten in Economies of Scale, Economies of Scope, in einer Risikoteilung und dem Gewinn eines Zeitvorsprungs[274] bestehen. Es wäre deshalb zu prüfen, inwiefern die bislang abgeleiteten Feststellungen auch unter Berücksichtigung solcher Vorteile Gültigkeit haben.

Bedauerlicherweise lassen sich Kooperationsvorteile nicht in das Modell integrieren, wenn damit steigende Skalenerträge verbunden sind. Es ist offensichtlich, daß im Falle von steigenden Skalenerträgen keine Gleichgewichte gefunden werden können. Die Kooperationsvorteile müssen deshalb so in das Modell integriert werden, daß die Eigenschaft abnehmender Skalenerträge erhalten bleibt.

---

272 Dies ist z.B. der Fall, wenn gilt: $\frac{(2\beta+1)(a-A)}{8b} = k$, $c = 0{,}5$ und $a = 10, A = 7{,}5, b = 4, \gamma = 1$

273 Es gilt $W^{OSTK} < W^{OS}$ für $0 < \beta < 1$, $0 < k$ und $0 < c$. Beweis siehe Anhang A.18.6.

274 Vgl. ARBEITSKREIS DIE UNTERNEHMUNG IM MARKT (Arbeitskreis Hax) (1990).

7.1. Die Integration von Kooperationsvorteilen in das Modell

Für die nachstehende Untersuchung soll angenommen werden, daß die Unternehmen ihre Stückkosten durch den Einsatz von Forschungsmitteln in einer FuE-Kooperation stärker senken können als im Wettbewerb.[275] Zwischen den Forschungseinheiten und den Stückkosten soll ein linearer Zusammenhang bestehen. Eine Steigerung der Forschungseinheiten führt demnach stets zu einer Senkung der variablen Stückkosten um einen konstanten Faktor. Es soll gelten:

(7.1.1) $A - vx_i - v\beta(x_j + x_z) > 0, \quad i = 1,2,3, \quad j = 1,2,3, \quad z = 1,2,3, \quad i \neq j \neq z, \quad v > 1$

Der Gewinn der Unternehmen in der Kooperation ist in diesem Fall gegeben durch:[276]

(7.1.2)
$$G^{KV} = G_1^{KV} + G_2^{KV} + G_3^{KV} = \frac{[(a-A) + v(3-2\beta)x_1 + v(2\beta-1)(x_2+x_3)]^2}{16b} - \frac{\gamma x_1^2}{2} + \frac{[(a-A) + v(3-2\beta)x_2 + v(2\beta-1)(x_1+x_3)]^2}{16b} - \frac{\gamma x_2^2}{2} + \frac{[(a-A) + v(3-2\beta)x_3 + v(2\beta-1)(x_1+x_2)]^2}{16b} - \frac{\gamma x_3^2}{2}$$

Die Bedingung 1. Ordnung für ein Maximum lautet:[277] [278]

(7.1.3)
$$\frac{\partial G^{KV}}{\partial x_1} = \frac{v(3-2\beta)[(a-A) + v(3-2\beta)x_1 + v(2\beta-1)(x_2+x_3)]}{8b} - \gamma x_1 + \frac{v(2\beta-1)[(a-A) + v(3-2\beta)x_2 + v(2\beta-1)(x_1+x_3)]}{8b} + \frac{v(2\beta-1)[(a-A) + v(3-2\beta)x_3 + v(2\beta-1)(x_1+x_2)]}{8b} = 0$$

---

275 Es ist zum Beispiel denkbar, daß eine gemeinsame Bearbeitung eines Forschungsvorhabens mit Zeitvorteilen verbunden ist oder bestimmte Ressourcen geteilt werden können.

276 Die Herleitung ist im Anhang 20.1 aufgeführt.

277 Die Bedingung 2. Ordnung lautet: $\frac{\partial^2 G^{KV}}{\partial x_1^2} = \left[\frac{v^2(3-2\beta)^2 + 2v^2(2\beta-1)^2}{8b}\right] - \gamma \leq 0$

278 Die Herleitung ist im Anhang 20.1 aufgeführt.

Die Bedingung für die optimale Menge der Forschungseinheiten ist unter diesen Voraussetzungen gegeben durch:

(7.1.4) $$x^{KV} = \frac{v(1+2\beta)(a-A)}{8b\gamma - v^2(1+2\beta)^2}$$

Diese Bedingung läßt sich ökonomisch interpretieren wie folgt: Wie in den bereits untersuchten FuE-Kooperationssituationen steigen die Forschungseinheiten, wenn der positive externe Effekt steigt;[279] die positive Wirkung des Effekts bleibt erhalten.[280] Eine höhere (geringere) Preiselastizität und eine höhere (geringere) Effektivität der Forschungsabteilung führen zu steigenden (sinkenden) Forschungseinheiten;[281] auch daran hat sich nichts geändert. Zusätzlich ist nun die Wirkung der Kooperationsvorteile zu betrachten. Wenn die Kooperationsvorteile steigen, steigt auch die Menge der erstellten Forschungseinheiten.[282] Die Unternehmen stellen fest, daß zusätzliche Forschung die Nutzung weiterer Kostensenkungspotentiale erlaubt.

Die Bedingung für eine optimale Gesamtangebotsmenge ist:[283]

(7.1.5) $$Q^{KV} = \frac{6(a-A)\gamma}{\left[8b\gamma - v^2(1+2\beta)^2\right]}$$

Diese Bedingung läßt sich ökonomisch interpretieren wie folgt:

Zunächst ist festzustellen, daß die positive Wirkung des externen Effekts in der FuE-Kooperation erhalten bleibt.[284] Dies gilt ebenfalls für die Wirkungen einer erhöhten (veringerten) Preiselastizität und einer höheren (geringeren) Effektivität der Forschungsabteilung;[285] sie erhöhen (verringern) die Ausbrin-

---

279 Dies folgt aus: $\frac{\partial x^{KV}}{\partial \beta} = \frac{8b\gamma + v^2(1+2\beta)^2}{\left[8b\gamma - v^2(1+2\beta)^2\right]^2} > 0$.

280 Zur Interpretation siehe die Anmerkungen zu Bedingung (3.2.2.5) in Abschnitt (3.2.2.).

281 Dies folgt aus: $\frac{\partial x^{KV}}{\partial b} = -\frac{8\gamma v(1+2\beta)(a-A)}{\left[8b\gamma - v^2(1+2\beta)^2\right]^2} < 0$ und $\frac{\partial x^{KV}}{\partial \gamma} = -\frac{8bv(1+2\beta)(a-A)}{\left[8b\gamma - v^2(1+2\beta)^2\right]^2} < 0$.
Zur Interpretation siehe die Anmerkungen zu Bedingung (3.2.1.7) in Abschnitt (3.2.1.).

282 Dies folgt aus: $\frac{\partial x^{KV}}{\partial v} = \frac{8b\gamma + v^2(1+2\beta)^2}{\left[8b\gamma - v^2(1+2\beta)^2\right]^2} > 0$.

283 Die Herleitung ist im Anhang 20.2 aufgeführt.

284 Dies folgt aus: $\frac{\partial Q^{KV}}{\partial \beta} = \frac{24v^2(1+2\beta)(a-A)\gamma}{\left[8b\gamma - v^2(1+2\beta)^2\right]^2} > 0$. Zur Interpretation siehe die Anmerkungen zu Bedingung (3.2.2.6) in Abschnitt (3.2.2.).

285 Dies folgt aus $\frac{\partial Q^{KV}}{\partial b} = -\frac{48\gamma(a-A)}{\left[8b\gamma - v^2(1+2\beta)^2\right]^2} < 0$ und $\frac{\partial Q^{KV}}{\partial \gamma} = -\frac{v^2(1+2\beta)^2}{\left[8b\gamma - v^2(1+2\beta)^2\right]^2} < 0$.

gungsmenge.[286] Steigende Kooperationsvorteile führen ebenfalls zu einer Steigerung der Ausbringungsmenge.[287] Dies liegt daran, daß die Produktionskosten sinken.

7.2. Die Bewertung des Ergebnisses durch die Gesellschaft und die Entscheidung der Unternehmen

7.2.1. Das Bewertungskriterium der Gesellschaft

Die Gesellschaft richtet ihre Entscheidung wiederum an der unter Berücksichtigung von Kooperationsvorteilen erreichbaren (second best) Wohlfahrt aus. Es wird davon ausgegangen, daß die Unternehmen auf dem Gütermarkt das Wettbewerbsergebnis anstreben.[288]

(7.2.1.1) $$W^{OSKV} = \int_0^{Q^{KVP}} a - bQ^{KVP} dQ^{KVP} - [A - v(1+2\beta)x]Q^{KVP} - \frac{3\gamma x^2}{2}$$

Die Bedingung für die optimale Menge der Forschungseinheiten lautet:[289]

(7.2.1.2) $$x^{OSKV} = \frac{5v(1+2\beta)(a-A)}{16b\gamma - v^2 5(1+2\beta)^2}$$

Daraufhin ergibt sich die Bedingung für eine optimale Gesamtangebotsmenge:[290]

(7.2.1.3) $$Q^{OSKV} = \frac{12(a-A)\gamma}{16b\gamma - 5v^2(1+2\beta)^2}$$

7.2.2. Das Entscheidungskriterium der Unternehmen

Die Unternehmen richten ihre Entscheidung am Gewinn aus, den sie unter Berücksichtigung von Kooperationsvorteilen erzielen können. Es wird angenommen, daß die an der Kooperation beteiligten Unternehmen jeweils den gleichen Anteil am Kooperationsgewinn erhalten. Dieser ist gegeben durch:[291]

---

286 Zur Interpretation siehe die Anmerkungen zu Bedingung (3.1.8) in Abschnitt (3.1.).

287 Dies folgt aus: $\frac{\partial Q^{KV}}{\partial v} = \frac{12v(1+2\beta)^2(a-A)\gamma}{[8b\gamma - v^2(1+2\beta)^2]^2} > 0$.

288 Die Herleitung ist in Anhang A.20.3. aufgeführt.

289 Die Herleitung ist in Anhang A.20.3. aufgeführt.

290 Die Herleitung ist in Anhang A.20.4. aufgeführt.

291 Die Herleitung ist im Anhang 20.1. aufgeführt. In Gleichung A.20.1.21 sind x_1, x_2, x_3 durch x^{KV} zu ersetzen.

$$(7.2.2.1)\quad G_i^{KV} = \frac{\left[(a-A)+v(1+2\beta)x^{KV}\right]^2}{16b} - \frac{\gamma x^{KV2}}{2} \quad i=1,2,3$$

7.2.3. Vergleich der Bewertung der Gesellschaft und der Entscheidung der Unternehmen

Es ist zunächst die Frage, in welchem Verhältnis die second best-Wohlfahrt unter Berücksichtigung von Kooperationsvorteilen zu der second Wohlfahrt ohne eine solche Berücksichtigung steht. Ein numerischer Vergleich bei gewählten Parametern zeigt, daß die Wohlfahrt unter Berücksichtigung von Kooperationsvorteilen unabhängig von der Höhe der positiven externen Effekte stets höher ist (siehe Tabelle A.9 im Tabellenanhang). Die Begründung liegt darin, daß in einer Kooperation unter Berücksichtigung solcher Vorteile durch die Zusammenlegung des gemeinsamen Wissens größere Kostensenkungspotentiale ausgeschöpft werden können. Dementsprechend kann günstiger produziert werden und mehr angeboten werden.

Die sich an diese Erkenntnis anschließende Frage ist, inwiefern eine FuE-Kooperation in der Lage ist, die optimale erreichbare Wohlfahrt unter Berücksichtigung von Kooperationsvorteilen zu erreichen. Eine entsprechende Prüfung ergibt, daß dies nicht der Fall ist.[292] Wiederum ist zu prüfen, ob die FuE-Kooperation unter Berücksichtigung von Kooperationsvorteilen eine bessere oder schlechtere Alternative als der Wettbewerb darstellt. Ein numerischer Vergleich verdeutlicht, daß das Ergebnis dieser Prüfung vom Ausmaß der Kooperationsvorteile abhängt (siehe Tabellen A.10 und A.11). Das Ausmaß der Kooperationsvorteile wird durch die Größe des Parameters v bestimmt. Je größer der Parameter v wird, um so höher ist die Wohlfahrt, die in der FuE-Kooperation erreicht wird.[293]

Im Bereich hoher positiver externer Effekte ($\beta > 0{,}5$) war festzustellen (Abschnitt 4.3.), daß sich in der FuE-Kooperation eine höhere Wohlfahrt ergibt als im Wettbewerb. An dieser Feststellung ändert sich unter der Berücksichtigung von Kooperationsvorteilen nichts. Da allerdings zu den Wohlfahrtsgewinnen durch die Internalisierung der positiven externen Effekte zusätzliche Wohlfahrtsgewinne durch geringere Stückkosten infolge der Kooperationsvorteile anfallen, führt eine FuE-Kooperation unter Berücksichtigung von Kooperationsvorteilen schon bei geringeren positiven externen Effekten zu einem besseren Ergebnis als der Wettbewerb.

---

292 Die entsprechende Beweisführung ist in Anhang A.20.5. aufgeführt. Als Begründung läßt sich anführen, daß die Unternehmen ihre Forschungseinheiten nicht so festlegen, daß die Gleichheit von gesellschaftlichem Grenzertrag der Forschung und gesellschaftlichen Grenzkosten der Forschung gegeben ist.

293 Dies folgt aus: $\frac{\partial W^{KV}}{\partial v} = \frac{15(1+2\beta)x^{KV}\left[a-A+v(1+2\beta)x^{KV}\right]}{16b} > 0$.

In Abschnitt 4.3. war abgeleitet worden, daß die Wohlfahrt im Wettbewerb und in der FuE-Kooperation gerade gleich hoch ausfällt, wenn der positive externe Effekt den Wert 0,5 annimmt. Bei Parameterwerten unter 0,5 erwies sich der Wettbewerb stets als die bessere Alternative. Unter Berücksichtigung von Kooperationsvorteilen schrumpft der Wertebereich, in dem der Wettbewerb die bessere Alternative ist (Tabelle A.10). Steigen die Kooperationsvorteile weiter an, ist die FuE-Kooperation dem Wettbewerb unabhängig von der Höhe der positiven externen Effekte hinsichtlich der erreichten Wohlfahrt überlegen (Tabelle A.11).

Wie entscheiden sich nun die Unternehmen? Der numerische Vergleich der Gewinne zeigt, daß die Unternehmen unter Berücksichtigung von Kooperationsvorteilen stets die FuE-Kooperation vorziehen (Tabelle A.10 u. Tabelle A.11). Es wäre noch zu prüfen, ob sich an dieser Entscheidung etwas ändert, wenn Kooperationsverträge nicht durchsetzbar sind. Diesbezüglich ist festzustellen, daß eine FuE-Kooperation unter Berücksichtigung von Kooperationsvorteilen nicht zustande kommt.[294]

7.3. Politiküberlegungen

7.3.1. Gesetzliche Maßnahmen

Wiederum ist festzustellen, daß die von der Gesellschaft bevorzugte Situation nicht bei jeder Parameterkonstellation mit derjenigen übereinstimmt, für die sich die Unternehmen entscheiden (Übersicht 27).[295] Sind die positiven externen Effekte und auch die Kooperationsvorteile gering, würde die Gesellschaft wieder den Wettbewerb vorziehen. Wenn Kooperationsverträge nicht durchsetzbar sind, besteht in diesem Fall kein Handlungsbedarf für die Gesellschaft.

---

294 Die entsprechende Beweisführung ist im Anhang A.22.9. aufgeführt.

295 Erläuterung der Übersicht 27: Die Bevorzugung des Wettbewerbs oder der FuE-Kooperation unter Berücksichtigung von Kooperationsvorteilen durch die Gesellschaft ist von der Wohlfahrt abhängig die jeweils entsteht. In den Tabellen im Anhang A.10 und A.11 sind die Wohlfahrtseinheiten aufgeführt, die sich unter verschiedenen Parameterkonstellationen jeweils - im Wettbewerb und in der FuE-Kooperation - berechnen lassen. In der nachstehenden Übersicht ist dargestellt, welche Situation - Wettbewerb oder FuE-Kooperation - bei der jeweiligen Parameterkonstellation ein höheres Wohlfahrtsniveau aufweist und deshalb von der Gesellschaft bevorzugt wird.

Die Unternehmen entscheiden sich für die Situation, die ihnen bei gegebener Parameterkonstellation den höchsten Gewinn verspricht. In den Tabellen im Anhang A.10 und A.11 sind ebenfalls die Gewinneinheiten aufgeführt, die sich unter verschiedenen Parameterkonstellationen jeweils - im Wettbewerb und in der FuE-Kooperation - berechnen lassen. In der nachstehenden Übersicht ist dargestellt, welche Situation - Wettbewerb oder FuE-Kooperation - bei der jeweiligen Parameterkonstellation einen höheren Gewinn verspricht und deshalb von den Unternehmen bevorzugt wird.

Beispiel: So würden z.B. bei einem Parameterwert für die Kooperationsvorteile von $v = 1{,}1$ und einem positiven externen Effekt im Wertebereich $\beta < 0{,}39127$ die Unternehmen die FuE-Kooperation wählen, die Gesellschaft hingegen den Wettbewerb vorziehen, weil dabei ein höheres Wohlfahrtsniveau erreicht wird (Tabelle A.10). Bei einem Parameterwert für die Kooperationsvorteile von $v = 1{,}4$ würden sowohl die Unternehmen als auch die Gesellschaft die FuE-Kooperation vorziehen (Tabelle A.11).

Bei hohen positiven externen Effekten und gleichzeitig durchsetzbaren Kooperationsverträgen bevorzugen die Gesellschaft und die Unternehmen die FuE-Kooperation. Wenn die Kooperationsvorteile hinreichend hoch werden, bevorzugen sowohl die Gesellschaft als auch die Unternehmen beiderseits unabhängig von der Höhe der positiven externen Effekte die FuE-Kooperation.

Übersicht 27: Vergleich der Entscheidungen der Unternehmen und der von der Gesellschaft bevorzugten Lösung unter Berücksichtigung von Kooperationsvorteilen

Bedingung für die Kooperationsvorteile	Bedingung für den positiven externen Effekt	bevorzugte Lösung der Gesellschaft	Entscheidung der Unternehmen
$v=1{,}1$	$\beta<0{,}39127$	*Wettbewerb*	*FuE-Kooperation*
	$\beta=0{,}39127$	indifferent	FuE-Kooperation
	$0{,}39127<\beta<1$	FuE-Kooperation	FuE-Kooperation
$v=1{,}4$	$0<\beta<1$	FuE-Kooperation	FuE-Kooperation

In dem Falle, in dem Kooperationsverträge nicht durchsetzbar sind, wäre zu überlegen, ob die Gesellschaft, eine Durchsetzbarkeit einführen sollte. Unter den Voraussetzungen des betrachteten Modells wäre dies sinnvoll, wenn die damit beauftragte Institution über entsprechende Informationen verfügt.

7.3.2. Fiskalische Maßnahmen

Es ist festgestellt worden, daß eine FuE-Kooperation unter Berücksichtigung von Kooperationsvorteilen die second best-Wohlfahrt nicht zuwege bringt. Analog zu den bereits betrachteten Fällen, wäre zu prüfen, ob die Gesellschaft die Unternehmen in einer FuE-Kooperation unter Berücksichtigung von Kooperationsvorteilen durch Subventionierung dazu bewegen kann, die gesellschaftlich wünschenswerten Entscheidungen zu treffen.

Wiederum erhalten die Unternehmen eine Subvention in Abhängigkeit von ihren Forschungseinheiten. Zur Gegenfinanzierung werden sie mit einer Kopfsteuer belastet. Auch hier soll gelten, daß der Subventionsbetrag der Steuer entspricht. Unter diesen Umständen legen die Unternehmen ihre Forschungseinheiten wie folgt fest[296]:

$$(7.3.2.1)\quad x^{KVS}=\frac{v(1+2\beta)(a-A)+8bs}{8b\gamma-v^2(1+2\beta)^2}$$

Die optimale Gesamtangebotsmenge ist:

---

296 Die Herleitung der folgenden Bedingungen ist in Anhang A.21.1 - A.21.2 aufgeführt.

$$(7.3.2.2)\ Q^{KVS} = \frac{6[(a-A)\gamma + sv(1+2\beta)]}{8b\gamma - v^2(1+2\beta)^2}$$

Die Subvention wird nun so bestimmt, daß die Forschungseinheiten x^{KVS} der Menge der second best-Forschungseinheiten unter Berücksichtigung von Kooperationsvorteilen entspricht (7.2.1.2).[297] [298] Es ergibt sich folgender optimaler Subventionssatz:

$$(7.3.2.3)\ s^{KV} = \frac{3\gamma v(1+2\beta)(a-A)}{16b\gamma - 5v^2(1+2\beta)^2}$$

Die Subvention bewirkt, daß die Unternehmen die second best-Forschungseinheiten erstellen. Die daraus hervorgehende Wohlfahrt entspricht der second best-Wohlfahrt unter Berücksichtigung von Kooperationsvorteilen. Daraus folgt auch, daß es unter diesen Umständen besser ist, eine FuE-Kooperation zu subventionieren als die Unternehmen im Wettbewerb. Die erreichbare Wohlfahrt ist im Wettbewerb geringer, weil die Unternehmen in diesem Fall keine Kooperationsvorteile realisieren können.

Es ist wieder zu prüfen, ob die FuE-Kooperation zustande kommt, wenn Kooperationsverträge nicht durchsetzbar sind. Dies ist nicht der Fall.[299] Wenn eine FuE-Kooperation subventioniert wird, muß die damit beauftragte Institution die Verträge durchsetzen.

8. Berücksichtigung von Wettbewerbsbeschränkungen und -verzerrungen

FuE-Kooperationen sind bezüglich möglicher Wettbewerbsbeschränkungen nicht unumstritten.[300] Ein wesentliches Argument der Europäischen Kommission für die Förderung von FuE-Kooperationen war ursprünglich, daß sie einen vorwettbewerblichen Bereich betreffen. Diese Prämisse hat sie mittlerweile teilweise aufgegeben und ihre Förderung marktnäher gestaltet.

Die Ergebnisse in Abschnitt 4.3. haben gezeigt, daß wettbewerbsbeschränkendes Verhalten die gesamtgesellschaftliche Wohlfahrt stark negativ beein-

---

297 Im Abschnitt über Subventionierung ist bereits festgestellt worden, daß eine second best-Subvention einer first best-Subvention vorzuziehen ist. Deshalb wird hier auf eine Betrachtung der first best-Subvention verzichtet.

298 Die Herleitung der nachstehenden Bedingungen ist in Anhang A.21.3 aufgeführt.

299 Die entsprechende Beweisführung ist im Anhang A.22.10 aufgeführt.

300 Vgl. z.B. FRANZ, M. (1995), S. 135 ff.

flußt. Dies läßt die Frage nach den verschiedenen Möglichkeiten des wettbewerbsbeschränkenden Verhaltens im Rahmen einer FuE-Kooperation aufkommen. Außerdem ist es von Interesse zu klären, zu welchen Konsequenzen dies jeweils führt. Schließlich begünstigen die Subventionen der Kommission eine Gruppe von Unternehmen gegenüber aktuellen oder potentiellen Wettbewerbern. Potentielle Wettbewerber werden benachteiligt, weil sie den FuE-Aufwand z.T. selbst zu leisten haben. Daraus ergeben sich möglicherweise starke Wettbewerbsverzerrungen, die einer Untersuchung bedürfen.

8.1. Die Bedeutung der Marktstruktur für Forschung und Entwicklung

Nach den in Abschnitt 4.3. abgeleiteten Ergebnissen fallen sowohl die Forschungseinheiten als auch die gesamtwirtschaftliche Wohlfahrt bei hohen positiven externen Effekten in der Monopolsituation höher aus als im Wettbewerb (Übersichten 11 u. 12). Dies läßt die Bedeutung erkennen, die eine Monopolstellung unter den Voraussetzungen hoher positiver externer Effekte auf den Anreiz hat, in die Forschung zu investieren. Auf diesen Zusammenhang hatte bereits Schumpeter hingewiesen.[301]

Seine Argumentation war sinngemäß wie folgt: "Der fundamentale Antrieb, der die kapitalistische Maschine in Bewegung setzt und hält, kommt von den neuen Konsumgütern, den neuen Märkten, den neuen Formen der industriellen Organisation, welche die kapitalistische Unternehmung schafft."[302] Schumpeter bezeichnete die Schaffung neuer und die Auflösung vorhandener Strukturen als "Prozeß der schöpferischen Zerstörung".[303] Er kritisierte die neoklassische Sicht monopolistischer und oligopolistischer Marktstrukturen dahingehend, daß sie zu sehr zeitbezogen ist und den Entwicklungsprozeß völlig außer acht läßt. Sein Hauptvorwurf richtete sich gegen die Sichtweise, wettbewerbsbeschränkende Handlungen unter den Bedingungen statischer Konkurrenz zu bewerten.

Unter Verwendung eines dynamischen Konkurrenzbegriffs unterliegt auch eine Unternehmung, die momentan eine wettbewerbsbeherrschende Stellung einnimmt, einem enormen Anpassungsdruck, der von neuen Gütern, Technologien, Rohstoffquellen und Organisationstypen ausgeht. Wettbewerbsbeschränkende Handlungen wie z.B. die Erlangung von Patenten oder die Aufrechterhaltung von Betriebsgeheimnissen sind der Ausdruck des Unternehmens, die Amortisation seiner Investitionen gegen Strukturveränderungen zu schützen, die von potentiellen Neuerungen ausgehen. Gleichermaßen dient die Erlangung von Monopolstellungen oder von Marktmacht als Anreiz dafür, die Investition in z.B. FuE überhaupt zu tätigen.

---

301 Siehe SCHUMPETER, J. A. (1942).

302 Siehe SCHUMPETER, J. A. (1950), S. 137.

303 Vgl. SCHUMPETER, J. A. (1950), S. 137 f.

Diese Feststellung legt den Schluß nahe, daß FuE-Aufwendungen und damit Innovationen mit zunehmender Marktmacht (Konzentration) steigen (Schumpeter-Hypothese). In Schumpeters Werken finden sich darüber hinaus einige Aussagen über den Zusammenhang zwischen der Unternehmensgröße und der Fähigkeit von Unternehmen, in FuE zu investieren oder Innovationen hervorzubringen.[304] Darauf basiert die sogenannte "Neo-Schumpeter-Hypothese", die besagt, daß große Unternehmen mehr in Forschung und Entwicklung investieren und daher innovativer sind als kleine Unternehmen. Beide Hypothesen konnten bis heute nicht zweifelsfrei empirisch belegt werden und werden kontrovers diskutiert.[305]

Ein weiterer Aspekt des Zusammenhangs zwischen Marktmacht und dem Anreiz, in FuE zu investieren, ergibt sich aus der Betrachtung der Faktoren, die Innovationen auslösen. Die Durchführung einer Innovation hängt weitgehend von ihren Gewinnaussichten ab, die zum einen von der Kostenseite und damit von der Technologie und zum anderen von der Nachfrage bestimmt werden.[306] Wissenschaftliche und technologische Fortschritte sind vielfach dazu geeignet, die Kosten einer Innovation zu senken. Dadurch lösen sie entsprechende Investitionen aus (technologie-induzierte Innovationen). Gleichermaßen kann eine Nachfragesteigerung Preiserhöhungen bewirken und ebenfalls die entsprechenden Investitionen nach sich ziehen (nachfrageinduzierte Innovationen).

Unter der Voraussetzung, das sowohl der technische Fortschritt als auch Nachfragesteigerungen äußerst langsam vor sich gehen, ermöglichen die damit verbundenen Kostensenkungen und Preissteigerungen nur geringe Gewinne, die durch die Einführung einer technologie- oder nachfrageinduzierten Innovation entstehen. Ein sofort einsetzender und starker Wettbewerb führt dazu, daß kein Unternehmen Gewinne macht, die es für den Innovationsaufwand entschädigen; die Innovation unterbleibt. In einer solchen Situation wäre ein Monopol die unbedingte Voraussetzung für die Inangriffnahme der Innovation.

Werden durch einen drastischen Fortschritt in der Wissenschaft und Technik die Innovationskosten erheblich gesenkt, würde ein Unternehmen mit Monopolstellung die Umsetzung der Innovation verlangsamen, um möglichst lange die Vorteile des Monopols auszunutzen. Es wäre besser, wenn mehrere Unternehmen das Innovationspotential nutzen könnten und durch den Wettbewerb zu einer raschen Vermarktung gezwungen wären.

---

304 "Einerseits könnten in vielen Fällen Pläne größten Ausmaßes überhaupt nicht verwirklicht werden, wenn man nicht von Anbeginn wüßte, daß die Konkurrenz durch große Kapitalerfordernisse oder Mangel an Erfahrung abgeschreckt werden wird, oder daß Mittel vorhanden sind, sie abzuschrecken oder matt zu setzen, um Zeit und Raum für weitere Entwicklungen zu gewinnen." Siehe SCHUMPETER, J. A. (1950), S. 146.

305 Vgl. z.B. KEUTER, A. (1994), S. 50 f.; COHEN, W.; KLEPPER, S. (1996).

306 Vgl. SCHERER, F. M.; ROSS, D. (1990), S. 637 ff.

8.2. Wettbewerbsbeschränkendes Verhalten im Rahmen von FuE-Kooperationen

Wettbewerbsbeschränkende Absprachen im Rahmen von FuE-Kooperationen betreffen sowohl den FuE- als auch den Produktmarkt. Auf dem FuE-Markt treten eventuell statische und dynamische Ineffizienzen auf. Die Kooperationsmitglieder könnten beispielsweise ihre Lizenzvergaben an weitere Unternehmen künstlich beschränken, um den Preis für FuE zu erhöhen (statische Ineffizienz)[307]. Darüber hinaus ist es möglich, daß die Mitglieder, wie oben erwähnt, die Innovationsgeschwindigkeit verringern (dynamische Ineffizienz).[308] Obwohl eine Vermeidung von Doppelforschung wünschenswert wäre, münden Absprachen z.T. in der Bearbeitung sinnloser Vorhaben.[309] Die Eigeninitiative wird eingeschränkt und es treten Inflexibilitäten auf.

Es ist ebenfalls denkbar, daß in Kooperationen mit technologisch weit fortgeschrittenen Mitgliedern die Innovationsgeschwindigkeit künstlich erhöht wird, um potentiellen Wettbewerbern den Eintritt in den Produktmarkt zu erschweren. Dies läßt sich bereits durch einen auf die Partner beschränkten Austausch von technologischem Wissen erreichen. In ähnlicher Weise behindert die Definition gemeinsamer Standards für zukünftige Produkte und Prozesse den Markteintritt anderer Unternehmen.

Das Auftreten der beschriebenen Ineffizienzen ist nicht zuletzt davon abhängig, wie anfällig die Kooperation gegenüber den Verhandlungskosten zur Aufrechterhaltung der monopolistischen Absprachen und opportunistischem Verhalten ist.[310] Die Verhandlungskosten sind im allgemeinen um so geringer, je weniger Interessen ausgeglichen werden müssen und je geringer die Anpassungswahrscheinlichkeit ist. Deshalb lassen die Zahl der Partner, die Zahl der von der FuE beeinflußten Produkte und Prozesse und die Geschwindigkeit des technischen Fortschritts in dem betreffenden Wissenschaftsgebiet möglicherweise Rückschlüsse auf wettbewerbsbeschränkendes Verhalten zu.[311]

Auch die Konstruktion des Kooperationsvertrages läßt eventuell auf Monopolisierungstendenzen schließen. Für jedes einzelne Mitglied besteht ein großer Anreiz, die gemeinsam erzielten Ergebnisse unabhängig von den Partnern zu vermarkten. Damit wäre dann der Monopolpreis durch Einschränkung der Lizenzvergaben nicht aufrecht zu erhalten. Außerdem ermöglicht dies den Mitgliedern ein "free-rider-Verhalten", das zu einem Nichtzustandekommen der Kooperation oder zu einem verminderten Anreiz führen kann, gemeinsame

---

307 Siehe GROSSMAN, G. M.; SHAPIRO, C. (1986).

308 Siehe GROSSMAN, G. M.; SHAPIRO, C. (1986).

309 Vgl. JAQUEMIN, A. (1988), S. 556.

310 Kooperationen sind ständig einem Austritts- oder Auflösungsdruck ihrer Mitglieder ausgesetzt. Vgl. BEA, F. X. (1988), S. 2526.

311 Vgl. BAUMOL, W. (1992); JORDE, T. M.; TEECE, D. J. (1990), S. 91.

FuE-Ergebnisse zu erzielen. In einem Kartellvertrag müßte zur Aufrechterhaltung statischer Ineffizienzen jegliche unabhängige Nutzung der gemeinsamen Forschungsergebnisse durch einzelne Mitglieder ausgeschlossen werden. Zur Aufrechterhaltung der dynamischen Ineffizienz wäre eine Kontrolle der über die gemeinsamen FuE-Aktivitäten hinausgehenden Bemühungen notwendig. Sollte es einem Partnerunternehmen gelingen, wesentliche technische Fortschritte unabhängig von den übrigen Mitgliedern zu erzielen, ist der Anreiz für eine Nichteinhaltung der Vereinbarung gegeben.

8.3. Wettbewerbsverzerrungen gegenüber aktuellen Wettbewerbern

An den subventionierten FuE-Kooperationen sind in der Praxis nur wenige Unternehmen beteiligt. Es ist deshalb eine Benachteiligung von Konkurrenten zu befürchten. Dies ist jedoch davon abhängig, ob die Kooperation positive externe Effekte auslöst oder nicht.[312] Falls nämlich die Konkurrenten von den Forschungsleistungen in ähnlicher Weise profitieren ohne Wettbewerbsnachteile hinnehmen zu müssen, ließe sich die Subvention rechtfertigen. Dies ist in hohem Maße unrealistisch.

Es ist nämlich denkbar, daß sich die positiven externen Effekte zwischen den beteiligten Unternehmen in der kooperativen Situation verstärken.[313] Wenn die nicht beteiligten Unternehmen von dieser Verstärkung nicht betroffen sind, erreicht die Kooperation einen Wettbewerbsvorteil.[314] Dieser stellt einen Anreiz dar, eine FuE-Kooperation einzugehen.[315] Andererseits schrumpft der Wettbewerbsvorteil, je mehr Konkurrenten an der Kooperation partizipieren. Dies läßt auf eine aus unternehmerischer Sicht optimale Kooperationsgröße schließen, die nicht die gesamte Branche umfaßt.[316]

Aus gesamtwirtschaftlicher Sicht wäre dies ineffizient, wenn einerseits nicht alle Unternehmen von den Innovationen Gebrauch machen und andererseits der Wettbewerb durch ein Ausscheiden der nicht beteiligten Unternehmen zukünftig schwächer wird. Es wäre ebenfalls möglich, daß die nicht beteiligten Unternehmen ihre FuE-Investitionen als Folge sinkender Gewinne beschränken und damit gesamtwirtschaftlich weniger in FuE investiert wird.[317] Eine Subvention würde diese Effekte wesentlich verstärken. Sie ließe sich lediglich

---

312 Vgl. POYAGO-THEOTOKY, J. (1995), S. 211.

313 Zur Analyse siehe KAMIEN, M. I.; MULLER, E.; ZANG, I. (1992); VONORTAS, N. S. (1991); VONORTAS, N. S. (1994).

314 POYAGO-THEOTOKY, J. (1995), S. 211.

315 Im weltweiten Wettbewerb hat sich vielfach gezeigt, daß kooperatives Verhalten im FuE-Bereich starke Wettbewerbsvorteile für die Beteiligten erbringen kann, wenn die Konkurrenten weiterhin eine nicht-kooperative Strategie verfolgen. Vgl. OUCHI, W. G.; BOLTON, M. K. (1988).

316 POYAGO-THEOTOKY, J. (1995), S. 211.

317 Vgl. BAUMOL, W. J. (1992), S. 136.

dann begründen, wenn ein hinreichender Informationstransfer an nicht beteiligte Unternehmen gewährleistet ist.

8.4. Wettbewerbsverzerrungen gegenüber potentiellen Wettbewerbern

Forschungssubventionen stellen für potentielle Neulinge erhebliche strukturelle Markteintrittsbarrieren dar, wenn Mitnahmeeffekte auftreten.[318] Strukturelle Markteintrittsbarrieren ergeben sich aus Kosten- und Produktdifferenzierungsvorteilen der etablierten Unternehmen,[319] in diesem Fall der geförderten Unternehmen.

Sind die Kostenvorteile unabhängig von der Ausbringung, spricht man von absoluten Kostenvorteilen.[320] Die Förderung bewirkt, daß potentielle Newcomer höhere Kosten bei der Beschaffung der Forschungsausrüstung, des Personals und des notwendigen Kapitals realisieren. Da die geförderten Unternehmen zum Teil früher mit den Vorhaben beginnen können als nicht geförderte Unternehmen, erzielen sie darüber hinaus Kostenvorteile durch Lerneffekte.

Von der Ausbringungsmenge abhängige Kostenvorteile etablierter Unternehmen werden als Betriebsgrößenvorteile bezeichnet.[321] Hier sind die bereits angesprochenen Economies of Scale und of Scope zu nennen. Die geförderten Unternehmen bilden gemeinsam eine große Einheit, die zum Teil nur deshalb sinnvoll für sie ist, weil die Kommission die organisatorischen Kosten trägt. In diesen Fällen realisieren die geförderten Unternehmen eventuell Betriebsgrößenvorteile, die anderen nicht möglich sind.

Prinzipiell kann die Förderung bei den Beteiligten auch Produktdifferenzierungsvorteile schaffen. Das geförderte Vorhaben erzielt eventuell in der Öffentlichkeit eine entsprechende Aufmerksamkeit. Beispiele aus der Praxis zeigen, daß länderübergreifende Kooperationen unter Beteiligung bekannter Unternehmen in den Medien durchaus Beachtung finden.[322] Eine Teilnahme an einem solchen Vorhaben ermöglicht einem Unternehmen den Aufbau einer entsprechenden Reputation, die sich als Wettbewerbsvorteil gegenüber Mitbewerbern erweist.

---

318 Wenn Mitnahmeeffekte vorliegen, wäre das Vorhaben mindestens teilweise auch ohne Förderung durchgeführt worden. Sofern dabei Gewinne erzielbar wären, ist zumindest ein potentieller Wettbewerb (darum) denkbar. Liegen hingegen keine Mitnahmeeffekte vor, würde das FuE-Vorhaben ohne Förderung nicht durchgeführt. Durch die auftretenden Verluste findet weder realer noch potentieller Wettbewerb statt. Deshalb bilden die Subventionen in diesem Fall auch keine Markteintrittsbarriere.

319 Siehe BAIN, J. S. (1956); WEIZSÄCKER, C. C. (1980).

320 Vgl. SCHMIDT, I.; ENGELKE, H. (1989), S. 399.

321 Vgl. SCHMIDT, I.; ENGELKE, H. (1989), S. 400.

322 Vgl. z.B. BÖNDEL, B. (1994), S. 96.

9. Analyseergebnis

Das erste Ziel der voranstehenden Analyse bestand darin, die Vorteilhaftigkeit der Bildung von FuE-Kooperationen gegenüber dem Wettbewerb im Hinblick auf die Vermeidung von Unter- und Überinvestition (Marktversagen) im Bereich Forschung und Entwicklung zu untersuchen. Das zweite Ziel bestand darin, zu untersuchen, ob es sinnvoll ist, FuE-Kooperationen zu subventionieren.

Die Untersuchung ergibt bezüglich der Fragestellung folgende Resultate. Zunächst läßt sich durch positive externe Effekte verursachtes Marktversagen feststellen (Abschnitt 4.3.). Diese Effekte führen dazu, daß im Wettbewerb zueinander stehende Unternehmen nicht die im Sinne einer effizienten Allokation optimalen Forschungsinvestitionen[323] tätigen (Übersicht 8 in Abschnitt 4.3.). Diesbezüglich lassen sich sowohl die Über- als auch die Unterversorgungshypothese bestätigen (Übersicht 8 in Abschnitt 4.3.). Bei sehr geringen positiven externen Effekten investieren die Unternehmen zuviel in die Forschung, bei externen Effekten in höherem Ausmaß zuwenig. In beiden Situationen fällt das Ergebnis im Vergleich zur erreichbaren (second best) Wohlfahrt zu gering aus (Übersicht 10 in Abschnitt 4.3.).

Eine genauere Analyse der Unterversorgungssituation ergibt, daß FuE-Kooperationen je nach Lage eine schlechtere, gleichermaßen gute oder bessere Alternative als der Wettbewerb darstellen. Unterversorgung heißt, daß eine Steigerung der Forschungsinvestitionen zu einer höheren gesamtwirtschaftlichen Wohlfahrt führen würde. Dementsprechend führt eine FuE-Kooperation zu schlechteren Ergebnissen als der Wettbewerb, wenn in einer FuE-Kooperation weniger in die Forschung investiert wird als im Wettbewerb. Dies ist der Fall, wenn das Ausmaß der positiven externen Effekte so beschaffen ist, daß die Unternehmen weniger als die Hälfte des Wissens der Konkurrenten kostenlos nutzen können (Übersicht 12 in Abschnitt 4.3.). Ist das Ausmaß so beschaffen, daß sie genau die Hälfte des Wissens kostenlos nutzen können, führen der Wettbewerb und die FuE-Kooperation zu der gleichen gesamtwirtschaftlichen Wohlfahrt (Übersicht 12 in Abschnitt 4.3.). Bei höheren positiven externen Effekten erreichen die Unternehmen in einer FuE-Kooperation durch die Internalisierung ein besseres Ergebnis (Übersicht 12 in Abschnitt 4.3.). Insofern wird also die Vermutung bestätigt, daß FuE-Kooperationen bei positiven externen Effekten eine bessere Lösung als der Wettbewerb darstellen können.

In der Überversorgungssituation ist überraschenderweise der Wettbewerb stets die überlegene Alternative (Übersicht 12 in Abschnitt 4.3.). Zu einer Über-

---

323 Im folgenden wird der Begriff Forschungsinvestitionen anstelle des in der Analyse verwendeten Begriffs Forschungseinheiten verwendet. Wie bereits in Abschnitt 4.3. auf Seite 79 dargelegt, bestimmen die erstellten und eingesetzten Forschungseinheiten die Höhe der Forschungskosten. Diese lassen sich als Investitionen auffassen, weil sie von den Unternehmen getragen werden, um damit zu einem späteren Zeitpunkt billiger zu produzieren.

versorgung kommt es grundsätzlich nur bei sehr geringen positiven externen Effekten (Übersicht 8 in Abschnitt 4.3.). Da in einer FuE-Kooperation bei geringen positiven externen Effekten stets weniger in die Forschung investiert wird als im Wettbewerb, hätte es sein können, daß sich daraus eine höhere Wohlfahrt ergibt als im Wettbewerb. Dies ist, wie die Analyse zeigt, nicht der Fall.

Zwar führt die Internalisierung des positiven externen Effektes in einer FuE-Kooperation zu einer Reduzierung der Forschungsinvestitionen - in der FuE-Kooperation wird bei geringen positiven externen Effekten weniger investiert als im Wettbewerb (Übersicht 11 in Abschnitt 4.3.) -, doch werden die Forschungsinvestitionen unterhalb des optimalen Niveaus festgelegt (Übersicht 8 in Abschnitt 4.3.). In der Analyse ist unterstellt, daß die Forschungsinvestitionen dazu dienen, die Stückkosten zu senken. Deshalb entstehen in der FuE-Kooperation geringere Forschungskosten - es wird weniger investiert - bei gleichzeitig höheren Stückkosten. Im Wettbewerb entstehen höhere Forschungskosten bei gleichzeitig niedrigeren Stückkosten. Dies führt dazu, daß im Wettbewerb mehr produziert wird als in der FuE-Kooperation. Offensichtlich hat aber die Steigerung der Forschungskosten nicht zur Folge, daß im Wettbewerb eine geringere Wohlfahrt erzielt wird als in der FuE-Kooperation.

Als weiteres Ergebnis der Analyse ist festzustellen, daß FuE-Kooperationen unabhängig von der Höhe der positiven externen Effekte eine überlegene Alternative sein können, wenn mit einer Kooperation neben der Internalisierung externer Effekte weitere Kooperationsvorteile in großem Ausmaß verbunden sind (Abschnitt 7.2.3). Solche Vorteile können durch die gemeinsame Nutzung von Ressourcen entstehen. Die Unternehmen realisieren dann in der FuE-Kooperation stets geringere variable Durchschnittskosten als im Wettbewerb. Sind diese entsprechend gering, wird in der FuE-Kooperation stets eine höhere Wohlfahrt als im Wettbewerb erreicht.

Die Vorteilhaftigkeit von FuE-Kooperationen unterliegt jedoch gewissen Einschränkungen. Erstens können Transaktionskosten, die bei den Kooperationsverhandlungen auftreten, so hoch ausfallen, daß der Wettbewerb unabhängig von externen Effekten und trotz vorhandener Kooperationsvorteile günstiger ist (Abschnitt 6.2.3). Zweitens kommt eine FuE-Kooperation nur in Ausnahmefällen zustande (Abschnitt 4.4., Abschnitt 6.3.1., Abschnitt 7.2.3. u. Beweise in den Anhängen A.22.3., A.22.7. u. A.22.9.). Ohne eine übergeordnete Instanz, die Kooperationsverträge durchsetzt, besteht für die Unternehmen fast immer ein Anreiz, ihre Forschungsinvestition abweichend von der Investition festzulegen, die in einer FuE-Kooperation optimal wäre. Drittens besteht in einer FuE-Kooperation die Gefahr, daß die daran beteiligten Unternehmen den Wettbewerb beschränken und dadurch den technischen Fortschritt behindern (Abschnitt 8.2.). Schließlich erreicht eine FuE-Kooperation in keiner Situation das gesellschaftlich optimale Wohlstandsniveau (Übersicht 10 in Abschnitt 4.3., Abschnitt 6.2.3. u. Abschnitt 7.2.3.). Insofern ist sie dem Wettbewerb ebenfalls nicht überlegen.

Die Analyse ergibt weiter, daß unter den Voraussetzungen vollständiger Information durch je nach Lage jeweils optimale Subventionierung und Besteuerung der an einer FuE-Kooperation beteiligten oder im Wettbewerb befindlichen Unternehmen das optimale second best-Ergebnis für die Gesellschaft erreicht werden kann (Abschnitt 5.2.). Dieses Ergebnis bestätigt die Annahme, daß eine durch positive externe Effekte verzerrte Allokation durch geeignete Subventionen und Steuern korrigiert werden kann.

Die Subventionierung von FuE-Kooperationen unterliegt diesbezüglich vier Beschränkungen (Abschnitt 5.3. u. 8.3.). Zunächst ist die mit der Durchführung beauftragte staatliche Institution gezwungen, den Kooperationsvertrag durchzusetzen. Die Unternehmen haben trotz der Subvention weiter einen Anreiz ihre Forschungsinvestition abweichend von der in der FuE-Kooperation optimalen festzulegen (Beweis in Anhang A.22.6.). Darüber hinaus ist das second best-Ergebnis für die Gesellschaft unter Berücksichtigung von Transaktionskosten, die nicht durch andere Kooperationsvorteile als die Internalisierung externer Effekte ausgeglichen werden können, ausschließlich durch Vergabe einer optimalen Subvention an Wettbewerber erreichbar (Abschnitt 6.3.2.). Dies liegt daran, daß die Transaktionskosten durch die Vergabe der Subvention gesamtwirtschaftlich nicht wegfallen. Das second best-Ergebnis ist im Falle von Transaktionskosten nicht erreichbar. Da Transaktionskosten in der Wettbewerbslösung nicht anfallen, führt eine Subventionierung von Wettbewerbern zu einem besseren Ergebnis. Subventioniert die Gesellschaft dennoch FuE-Kooperationen ist darauf zu achten, daß in der FuE-Kooperation kein wettbewerbsbeschränkendes Verhalten auftritt.

Unter den Voraussetzungen vollständiger Information und gegebenen Kooperationsvorteilen, die die Transaktionskosten wesentlich übersteigen, kann ausschließlich durch Vergabe einer optimalen Subvention an eine FuE-Kooperation ein optimales Ergebnis für die Gesellschaft erreicht werden.[324] Unter Berücksichtigung von Kooperationsvorteilen führt eine Erhöhung der Forschungsinvestitionen in einer FuE-Kooperation um eine Einheit stets zu einer stärkeren Reduzierung der Stückkosten als der Einsatz der gleichen Einheit im Wettbewerb. Unter der Voraussetzung, daß lediglich Transaktionskosten in geringem Ausmaß anfallen, investieren die Unternehmen in der FuE-Kooperation mehr als im Wettbewerb. Dementsprechend kann das second best-Ergebnis nur durch eine FuE-Kooperation erreicht werden. Einschränkend ist wieder darauf hinzuweisen, daß der Kooperationsvertrag auch in diesem Fall durchgesetzt werden muß.

---

324 Dies ist eine Behauptung, die in der Analyse nicht belegt ist. Betrachtet man jedoch die Aussagen der Abschnitte 6. und 7. gemeinsam, läßt sich dies jedoch folgern.

10. Beurteilung der Kooperationshypothese

Das Ergebnis der vorangegangenen Analyse ist, daß eine Subventionierung von FuE-Kooperationen unter bestimmten Voraussetzungen sinnvoll ist. Dies wurde auf der Basis eines sehr einfachen Modells abgeleitet, in dem Sachverhalte unterstellt worden sind, die von der Realität weit entfernt sind. Dennoch lassen sich daraus folgende Aussagen für eine Beurteilung der Sinnhaftigkeit der Subventionierung von FuE-Kooperationen durch die Kommission der Europäischen Union ableiten.

Erstens zeigt die Analyse, unter welchen Voraussetzungen sich die Überversorgungs- und die Unterversorgungshypothese tatsächlich begründen lassen.[325] Die Gültigkeit dieser Hypothesen bildet die Grundvoraussetzung dafür, daß man in den Markt eingreift. Von der Europäischen Kommission wäre zunächst zu fordern, daß sie klarstellt, unter welchen Voraussetzungen sie die Überversorgungs- und Unterversorgungshypothese abgeleitet hat, die sie zur Legitimation der Förderung von FuE-Kooperationen verwendet.

Zweitens impliziert die Analyse, daß die Subventionierung von FuE-Kooperation sinnvoll sein kann, nicht jedoch, daß dies stets der Fall ist. Eine staatliche Institution muß über sehr detaillierte Informationen verfügen, wenn sie Maßnahmen ergreift. Mit einer ad hoc Maßnahme auf der Basis unvollständiger Informationen ließen sich allenfalls zufällig bessere Ergebnisse erzielen. Es besteht auch die Möglichkeit, daß Maßnahmen ergriffen werden, die die Wohlfahrt der Gesellschaft verringern.

In den folgenden Abschnitten wird gezeigt, daß in einer Ökonomie, wie sie durch das insgesamt sehr einfach konstruierte Modell gegeben ist, Subventionen an FuE-Kooperationen zu einer Verringerung der Wohlfahrt führen können, wenn bestimmte Voraussetzungen (vollständige Information, Durchsetzung der Kooperationsverträge, Vermeidung von Wettbewerbsbeschränkungen) nicht gegeben sind. Die Voraussetzungen für eine sinnvolle Subventionierung von FuE-Kooperationen sind:

1. Die fördernde Institution verfügt über vollständige Information bezüglich
   - der positiven externen Effekte,
   - der Nachfragefunktion,
   - der Produktionsfunktionen der Unternehmen,
   - der Transaktionskosten einer FuE-Kooperation
   - und der Vorteile einer FuE-Kooperation.
2. Die fördernde Institution verfügt über die Mittel zur Durchsetzung der Kooperationsverträge.

---

[325] Dies läßt sich selbstverständlich auch in anderen Modellen mit unterschiedlichen Annahmen zeigen. Auf entsprechende Beispiele wurde im Verlauf der Analyse hingewiesen.

3. Die fördernde Institution verfügt über die Mittel zur Vermeidung von Wettbewerbsbeschränkungen.

Es wird nun erstens untersucht, ob diese Voraussetzungen bei einer Institution wie der Europäischen Kommission gegeben sein könnten. Zweitens wird geprüft, mit welchen Konsequenzen zu rechnen ist, wenn sie nicht gegeben sind.

10.1. Die Voraussetzung vollständiger Information

Es ist offensichtlich, daß die Europäische Kommission nicht über vollständige Informationen verfügt. Es liegen ihr keine Daten über positive externe Effekte, über die Nachfragefunktionen, die Gewinnfunktionen der Unternehmen, die Transaktionskosten und Kooperationsvorteile vor. Übertragen auf das Modell, führt das zunächst dazu, daß die Kommission nicht in der Lage ist, zu beurteilen, ob eine Situation hinsichtlich der erreichten Wohlfahrt als unbefriedigend einzustufen ist. Hierüber könnte sie allenfalls Vermutungen anstellen. Darüber hinaus fehlen alle notwendigen Informationen für eine Berechnung der optimalen Subventionen. Folglich ist es unwahrscheinlich, daß die tatsächliche Subvention dem optimalen Wert entspricht.

Festzuhalten ist, daß die Kommission nicht beurteilen kann, ob eine ineffiziente Situation vorliegt. Folglich ist ihr nicht bekannt, ob sie überhaupt eingreifen sollte, noch weiß sie, wie sie eine optimale Steuerung implementieren könnte. Vor diesem Hintergrund sind die Subventionen der Kommission besonders kritisch zu betrachten. Es besteht nämlich durchaus die Möglichkeit, daß die Subventionen zu einer weitaus geringeren Wohlfahrt führen als die Situation ohne Subvention.

So wäre es zum Beispiel bei sehr geringen positiven externen Effekten (Überinvestition im Wettbewerb) vollkommen unsinnig, Unternehmen durch eine Subvention zu einer FuE-Kooperation zu bewegen, wenn dadurch keine Reduzierung der Forschungsinvestitionen erreicht wird. Ebensowenig sinnvoll ist dieses Vorgehen, wenn die Unternehmen bei geringen positiven externen Effekten (Unterinvestition im Wettbewerb) in der FuE-Kooperation ihre Forschungsinvestitionen reduzieren. Wie in Abschnitt 4.3. abgeleitet wurde, führt dies zu einer geringeren Wohlfahrt als im Wettbewerb. Um derartige unerwünschte Ergebnisse zu vermeiden, müßte die Kommission, wenn sie Subventionen trotz der oben angeführten Bedenken für unverzichtbar hält, genau darauf achten, daß verhältnismäßig hohe positive externe Effekte vorliegen oder daß mit einer Zusammenarbeit weitere Vorteile verbunden sind.

Selbst dann kann sie nicht sicher sein, daß eine Wohlfahrtssteigerung eintritt. Immerhin besteht die Möglichkeit, daß hohe Transaktionskosten die durch eine FuE-Kooperation erreichbare Wohlfahrt sehr gering werden lassen. Wie in Abschnitt 6.3.2. abgeleitet wurde, ist es nicht sinnvoll, den Unternehmen eine Subvention als Ausgleich für die Transaktionskosten zu zahlen. Solche Subventionen besitzen keine Lenkungsfunktion bezüglich der Forschungsinvestitionen und bewirken keine Steigerung der Wohlfahrt. Falls die Kommission trotz dieser Bedenken an einer Subventionierung festhält, hätte sie sicherzustellen, daß die Transaktionskosten der FuE-Kooperation gering ausfallen.

Dies ist allerdings schon dadurch nicht gewährleistet, daß die Kommission die Transaktionskosten selbst beeinflußt. Bei geförderten FuE-Kooperationen fallen zunächst alle Transaktionskosten an, die auch bei nicht geförderten Kooperationen eine Rolle spielen. Darüber hinaus fallen die Kosten für alle Vereinbarungen an, die im Zusammenhang mit den Regelungen entstehen, die die Kommission den Kooperationspartnern auferlegt. Diese betreffen sowohl die Zusammensetzung der Kooperationen als auch die vertragliche Gestaltung.

Es bestehen z.T. faktische Auflagen für das Kooperationsdesign: So können zusätzliche Kosten verursacht werden, weil eventuell mehr Kooperationspartner gesucht werden müssen, um die Teilnahmechance an der Förderung zu erhöhen. Das betrifft ebenfalls die Organisationsform und -größe der Partner. So kann z.B. die Verpflichtung, mit einer staatlichen Stelle oder mit kleinen und mittleren Unternehmen zu kooperieren, Probleme bereiten, die bei freier Partnerwahl vermeidbar sind.[326]

Darüber hinaus begrenzt der Vertrag, den die Unternehmen mit der Kommission abschließen, die Möglichkeiten, sich gegen opportunistisches Verhalten zu schützen.[327] Unternehmen, die eine FuE-Kooperation bilden, schließen üblicherweise untereinander Verträge ab. Darin sichern sie sich gegenseitig u.a. folgendes zu:

1. Eigenforschungs- und Weiterentwicklungsverbote. Damit wird verhindert, daß ein Partnerunternehmen seine Beiträge zum gemeinschaftlichen Forschungsprojekt zugunsten eigener Vorhaben vernachlässigt und gemeinschaftlich erarbeitete Ergebnisse dabei nutzt. Der Vertrag mit der Kommission beinhaltet demgegenüber eine Verpflichtung zur Verwertung der Ergebnisse (Übersicht A.1).[328]
2. Gemeinschaftliche Verwertung durch Zuweisung einzelner Nutzungsrechte. Diese Vereinbarung dient dazu, daß auch nach Beendigung des Forschungsvorhabens weiter zusammen gearbeitet werden muß. Sie ist dann

---

326 Zu den Problemen, die sich aus einer Zusammenarbeit von Unternehmen und staatlichen Instituten ergeben können, vgl: LÜTZ, S. (1993), S. 125 ff.; TISDELL, C. (1994), S. 11.; WILLIAMSON, O. E. (1967), S. 240 ff.; LEWIS, J. (1991), S. 310 ff. Zu den Problemen, die sich aus einer Zusammenarbeit kleiner und großer Unternehmen im Forschungsbereich ergeben, vgl. REICHARDT, K.; WIMMERS, S.; KAYSER, G. (1992), S. 75 ff.

327 Zur vertraglichen Gestaltung von FuE-Kooperationen siehe MAURER, A. E. H. (1995), S. 46 ff. Zu davon abweichenden Vertragselementen bei der FuT-Förderung siehe die Übersichten A.1. und A.2. im Tabellenanhang.

328 Die Regelung, die die Kommission getroffen hat, erfährt durchaus ihre Berechtigung, wenn die Argumentation in Abschnitt 8.2. berücksichtigt wird. Dennoch erhöht dies den Aufwand der Unternehmen, sich gegen opportunistisches Verhalten zu schützen.

wirksam, wenn ein Unternehmen bei einer Verwertung seiner Nutzungsrechte auf die Nutzung der Rechte der Partner angewiesen ist. Zwar ist eine gemeinsame Verwertung im Vertrag mit der Kommission nicht ausgeschlossen. Doch können die Unternehmen nicht darauf bestehen, weil der Vertrag mit der Kommission eine getrennte Verwertung ausdrücklich erlaubt (Übersicht A.1)[329]. Zudem sind die für die Verwertung notwendigen Lizenzen und Kenntnisse von den Partnern unentgeltlich weiterzugeben, sofern es sich um während des Vorhabens erworbenes Wissen oder erworbene Lizenzen handelt (Übersicht A.2).[330]

3. Ausschluß der Vergabe von Lizenzen an Dritte. Dies wird vielfach vereinbart, um zu verhindern, daß nicht beteiligte Konkurrenten das Know-how nutzen. Auch diese Möglichkeit wird im Vertrag mit der Kommission eingeschränkt. Teilnehmer an anderen Programmen der EU können neue Kenntnisse und nichtausschließliche Lizenzen kostendeckend erwerben, wenn sie diese für ihr Vorhaben im Rahmen des Programms oder für die Verwertung der Ergebnisse benötigen (Übersicht A.2)[331]. Andere Unternehmen in der Europäischen Union können diese zum Vorzugspreis erwerben, wenn sie diese für ihre FuE-Vorhaben und deren Verwertung benötigen (Übersicht A.2)[332]. Auch bereits bestehende Kenntnisse und nichtausschließliche Lizenzen sind zum Vorzugspreis an andere Programmteilnehmer weiterzugeben (Übersicht A.2)[333].

Insgesamt erhöhen diese Regelungen den Aufwand der Unternehmen, eine befriedigende Vertragsgestaltung zu erzielen.

10.2. Die Voraussetzung der Durchsetzbarkeit der Kooperationsverträge

Diese Voraussetzung ist vermutlich als gegeben anzusehen. Es ist nicht unwahrscheinlich, daß die Kommission die Kooperationsverträge entweder gerichtlich oder durch die Androhung von Sanktionen durchsetzen kann. Es ist aber die Frage, ob sie sie durchsetzen sollte. Wie bereits oben festgestellt wurde, verfügt sie über keinerlei Informationen, mit der sie die Wohlfahrt in einer bestimmten Situation beurteilen kann. Dementsprechend weiß sie nicht, ob abweichendes Verhalten eines Unternehmens zu einer höheren oder geringeren Wohlfahrt führt.

Unter Berücksichtigung des Umstandes, daß die vertraglich festgelegten Forschungsinvestitionen den gesellschaftlich optimalen Größen nicht entspre-

---

329 Siehe die vorhergehende Anmerkung.

330 Siehe die vorhergehende Anmerkung.

331 Siehe die vorhergehende Anmerkung.

332 Siehe die vorhergehende Anmerkung.

333 Siehe die vorhergehende Anmerkung.

chen, kann die Durchsetzung negative Folgen haben. Im Falle geringer positiver externer Effekte stellt eine FuE-Kooperation keine bessere Alternative als der Wettbewerb dar. Um in den Genuß der Subvention zu kommen, vereinbaren die Unternehmen, jede Art von Doppelforschung zu vermeiden. Während des Verlaufs der Kooperation weichen nun einige Unternehmen von dieser Vereinbarung ab, indem sie ihre Forschungsinvestitionen erhöhen. Dies kann in einer Unterversorgungssituation zu einer Wohlfahrtsverbesserung führen. Demnach ist es nicht sinnvoll, einen derartigen Kooperationsvertrag durchzusetzen.

Eine Durchsetzung der Kooperationsverträge ist deshalb allenfalls bei hohen positiven externen Effekten sinnvoll. Wie gesehen haben die Unternehmen einen Anreiz von der Vereinbarung abzuweichen. Führt das bei hohen positiven externen Effekten dazu, daß sie ihre Forschungsinvestitionen reduzieren, sinkt die Wohlfahrt. Um dies zu vermeiden, könnte es sinnvoll sein, die Verträge durchzusetzen. Wiederum hätte die Kommission darauf zu achten, daß sie ausschließlich dann Kooperationsverträge durchsetzt, wenn hohe positive externe Effekte vorliegen oder große Kooperationsvorteile realisiert werden könnten und die Transaktionskosten nicht besonders hoch ausfallen.

10.3. Die Voraussetzung der Vermeidung wettbewerbsbeschränkenden Verhaltens

Diese Voraussetzung ist als gegeben anzusehen, wenn die Kommission wettbewerbsbeschränkendes Verhalten seitens der Unternehmen verhindern kann. Wettbewerbsbeschränkendes Verhalten resultiert in statischen und dynamischen Ineffizienzen im Forschungsbereich und Ineffizienzen auf dem Gütermarkt. Ineffizienzen auf dem Forschungsmarkt können lediglich dann verhindert werden, wenn die Forschungsergebnisse einerseits allen nicht beteiligten Unternehmen zugänglich gemacht werden, ohne daß sie hierfür diskriminierende Preise entrichten müssen und andererseits die geförderten Unternehmen zu einer zügigen Umsetzung der Forschungsergebnisse verpflichtet werden. Darüber hinaus sollten die Forschungssubventionen keine Markteintrittsbarrieren für potentielle Wettbewerber darstellen. Es stellt sich also die Frage, ob die Kommission unerwünschte Wettbewerbsbeschränkungen ausschließen kann und ob die dafür von der Kommission verwendeten Mittel adäquat sind.

Die Europäische Kommission hat in ihrer Gestaltung der Fördermaßnahmen wettbewerbsbeschränkendes Verhalten in Betracht gezogen und in ihren Vertrag mit den Unternehmen entsprechende Regelungen aufgenommen.[334] So versucht sie statische Ineffizienzen dadurch zu vermeiden, daß kein Ausschluß der Lizenzvergabe an Dritte vereinbart werden darf, eine getrennte Verwertung der Ergebnisse ausdrücklich erlaubt ist, die Weitergabe von neuen Kenntnis-

---

334 Vgl. KOMMISSION (1988), S. II1/A ff.

sen und Lizenzen an andere Unternehmen in der Europäischen Union ebenfalls nicht verweigert werden darf und zudem in die Gebührengestaltung bei der Erteilung von Lizenzen eingegriffen wird.[335] Den dynamischen Ineffizienzen trägt sie dadurch Rechnung, daß im Vertrag ein Zeitraum vereinbart wird, während dessen eine Verwertung der Ergebnisse zwingend vorgeschrieben ist.

Dennoch lassen einige vertraglich erlaubte Absprachen zwischen den Unternehmen die Möglichkeit zur Wettbewerbsbeschränkung offen[336]. So dürfen die Unternehmen einen regelmäßigen Erfahrungs- und Ergebnisaustausch vereinbaren. Führt dies dazu, daß alle Partner den gleichen Kenntnisstand aufweisen, kann kein Unternehmen in Konkurrenz zu den Partnern treten. Ebenfalls erlaubt ist eine Vereinbarung zur gemeinsamen Verwertung der Ergebnisse. Eine solche Vereinbarung ist gleichbedeutend mit einer Aufgabe der individuellen Verwertungsmöglichkeiten und damit der Fähigkeit, in Konkurrenz zu den anderen Partnern treten zu können.

Die vertragliche Gestaltung der FuE-Kooperationen läßt den Unternehmen demnach einerseits Spielräume für wettbewerbsbeschränkendes Verhalten. Andererseits ist es fraglich, inwiefern die Kommission derartige Verhaltensweisen überhaupt beurteilen kann. Wiederum ist zu bezweifeln, daß sie über entsprechende Informationen verfügt. Sie ist deshalb vermutlich nicht in der Lage, wettbewerbsbeschränkendes Verhalten zu verhindern.

III. ZWISCHENERGEBNIS

Die Subventionierung von FuE-Kooperationen kann unter bestimmten Voraussetzungen sinnvoll sein. Die mit der Subventionierung beauftragte staatliche Institution muß die vollständige Information über positive externe Effekte, über die Nachfragefunktion, die Gewinnfunktionen der Unternehmen und die Transaktionskosten besitzen. Zusätzlich muß sie in der Lage sein, Kooperationsverträge durchzusetzen und wettbewerbsbeschränkendes Verhalten zu verhindern.

Es ist jedoch festzustellen, daß diese Voraussetzungen - selbst unter den Bedingungen des in der Analyse verwendeten, sehr einfach konstruierten Modells - von seiten der Europäischen Kommission nicht gegeben wären. Der Kommission würden nicht nur die Informationen fehlen, die sie für eine Berechnung der optimalen Subventionen benötigen würde. Sie könnte darüber hinaus nicht sicherstellen, daß sie durch ihren Eingriff keine Verschlechterung der gesamtwirtschaftlichen Wohlfahrt bewirkt. Aus den gleichen Gründen könnte sie nicht beurteilen, ob die Durchsetzung der Kooperationsverträge sinnvoll ist oder nicht. Und schließlich wäre sie nicht in der Lage, wettbewerbsbeschränkendes Verhalten seitens der Unternehmen wirksam auszuschließen.

---

335 Zu diesen Regelungen siehe Übersicht A.2.

336 Siehe MAURER, A. E. H. (1995), 201 ff.

Eine Subventionierung von FuE-Kooperationen ist demnach bereits in einem einfach gestalteten Modell fragwürdig.

Vor diesem Hintergrund ist es fraglich, ob die Europäische Kommission unter realen Bedingungen, die ein weit höheres Maß an Komplexität aufweisen, FuE-Kooperationen subventionieren sollte. Es kann nicht ausgeschlossen werden, daß es auch in der Realität zu beträchtlichen Wohlfahrtsverlusten kommen kann, wenn eine Institution auf der Grundlage unvollständiger Informationen Subventionen an FuE-Kooperationen vergibt, die den Wettbewerb beschränken oder nur zum Schein eingegangen werden, obwohl der Wettbewerb die im Sinne einer höheren Wohlfahrt gesellschaftlich bevorzugte Situation darstellt. Aus diesem Grund ist die Förderung von FuE-Kooperationen durch die Europäische Kommission abzulehnen.

E. ZUSAMMENFASSUNG

Die Kommission der EU legitimiert ihr Engagement im Bereich der FuT-Förderung zunächst mit der Wettbewerbshypothese. Danach sei die Wettbewerbsfähigkeit der Volkswirtschaft Europäische Union gegenüber den als Hauptkonkurrenten betrachteten Ländern Japan und den USA nicht gegeben oder sogar gefährdet. Bei der Überprüfung der Hypothese zeigte sich, daß eine internationale Wettbewerbsfähigkeit nicht oder nur schwerlich ermittelt werden kann, da eine Theorie weitgehend fehlt. Im übrigen ergab die Analyse mehrerer Indikatoren, die üblicherweise für einen Vergleich der Wettbewerbsfähigkeit herangezogen werden, daß die Unterschiede zwischen den USA und der EU nicht so groß ausfallen, wie es einige Publikationen vermitteln. Gegenüber Japan bestehen allerdings sichtbar größere Differenzen. Insgesamt weisen die Indikatoren aber nicht auf eine schlechtere Wettbewerbsfähigkeit der EU hin, die ihren Ursprung im FuE Bereich hat.

Die zweite Hypothese zur Legitimation der Politik betrifft die Information der Kommission über Schlüsseltechnologien. Es muß grundsätzlich bezweifelt werden, daß die Kommission Schlüsseltechnologien besser als die privaten Unternehmen identifizieren kann, zumal die Identifikation meist auf einer Einschätzung der Technologien beruht, in denen andere Länder einen Vorsprung haben. Es ist immerhin möglich, daß der jeweils andere Staat oder die dort tätigen Unternehmen auf die falschen Technologien gesetzt haben. Darüber hinaus steht die Frage im Raum, weshalb die europäischen Unternehmen eventuelle Defizite nicht erkannt haben und aus eigener Kraft beseitigen können.

Die dritte Hypothese im Bereich der Technologieförderung ist, daß sie als Reaktion auf die Maßnahmen von Konkurrenzländern notwendig ist. Eine Untersuchung im Rahmen der Strategischen Handelstheorie ergab eine Ablehnung dieser Hypothese. Forschungssubventionen sind der Theorie zufolge lediglich dann sinnvoll, wenn z.B. Markteintrittsbarrieren in den entsprechenden Sektoren vorliegen und technologiepolitische Vergeltungsmaßnahmen des Auslands unterbleiben. Empirische Befunde belegen, daß beide Voraussetzungen bei den von der EU geförderten Sektoren nicht ohne Einschränkung gegeben sind.

Forschungssubventionen werden von der Kommission auch damit begründet, daß die geförderten Technologien in allen Wirtschaftsbereichen eine besonders produktive Wirkung erzielen. Es wurde deshalb geprüft, inwiefern dies im Kontext der Neuen Wachstumstheorie sinnvoll ist. Die erwünschten positiven Effekte lassen sich jedoch lediglich in wenigen Technologiebereichen feststellen. Insbesondere die Errungenschaften der Informations- und Kommunikationstechnologie sind in anderen Bereichen nicht besser einzusetzen als die übrigen Technologien. Dies trifft eher auf den Bereich der Materialforschung, die Computerintegrierte Fertigung und die Biotechnologie zu. Subventionen im Bereich der Informations- und Kommunikationstechnologien sind auf diese Weise nicht zu rechtfertigen.

Eine weitere Hypothese der Kommission beruht darauf, daß im Bereich von Forschung und Technologie Formen von Marktversagen auftreten können, die einen staatlichen Eingriff begründen. Eine Überprüfung der Ursachen für das Marktversagen ergab, daß staatliche Eingriffe im Falle von Unteilbarkeiten, Forschungsrisiken und Informationsdefiziten zwar teilweise theoretisch zu rechtfertigen sind, ihre praktische Umsetzung aber wegen mangelnder Ressourcen und unvollständiger Informationen scheitert und deshalb unterbleiben sollten.

Eine besondere Form von Marktversagen betrifft den nicht-rivalisierenden Konsum von technologischem Wissen. Wenn ein Innovator andere Unternehmen vom Gebrauch seiner Innovation oder des dahinterstehenden Wissens ausschließen kann, der Gebrauch des Wissens aber nicht rivalisiert, treten gesamtwirtschaftlich Ineffizienzen auf. Dies legitimiert z.T. das staatliche Engagement in der Grundlagenforschung.

Die Untersuchung ergab weiter, daß insbesondere positive externe Effekte ein Marktversagen auslösen können. Sind sie hinreichend hoch, wird zuwenig in FuE investiert. Sind sie besonders gering, kann eine Überinvestition die Folge sein. Empirische Untersuchungen bestätigen, daß positive externe Effekte in der Wirtschaft eine Rolle spielen und sowohl branchenintern als auch -übergreifend auftreten.

Auch positive Netzwerkexternalitäten lösen Marktversagen aus und behindern möglicherweise die Einführung neuer und überlegener Technologien aufgrund mangelnder Standardisierungsbemühungen. Die Untersuchung zeigte diesbezüglich, daß genügend private Anreize bestehen, eine Standardisierung durchzuführen. Ein branchenumfassender, d.h. die Interessen aller Unternehmen berücksichtigender Standard ist allerdings unwahrscheinlich.

Im nächsten Teil der Untersuchung wurde der Frage nachgegangen, ob eine Subventionierung von FuE-Kooperationen zur Überwindung von Marktversagen sinnvoll ist. Auf der Grundlage eines einfachen Modells konnte abgeleitet werden, daß FuE-Kooperationen unter bestimmten Voraussetzungen zu einer im Vergleich zum Wettbewerb verbesserten Allokation der Ressourcen führen und sich daraus eine höheres Wohlfahrtsniveau für die Gesellschaft ergibt. FuE-Kooperationen sind insbesondere dazu geeignet, positive externe Effekte zu internalisieren. Dieser Vorteil von FuE-Kooperationen führt allerdings erst dann zu einem besseren Ergebnis als der Wettbewerb, wenn die Effekte relativ groß ausfallen. Bei geringen positiven externen Effekten wird im Wettbewerb eine höhere gesamtwirtschaftliche Wohlfahrt erreicht. Einschränkend ist zu sagen, daß FuE-Kooperationen stets eine bessere Alternative darstellen, wenn eine gemeinsame Bearbeitung von Forschungsvorhaben zu wesentlich geringeren Produktionskosten führt als eine getrennte Bearbeitung.

Umgekehrt kann ebenfalls der Wettbewerb stets die überlegene Alternative sein, wenn eine Zusammenarbeit der Unternehmen mit hohen Transaktionskosten verbunden ist. Zudem ist ein Zustandekommen von FuE-Kooperationen insgesamt fraglich, wenn die Kooperationsverträge nicht durch eine übergeordnete Instanz durchgesetzt werden. Die Analyse ergab, daß für die Unternehmen fast immer ein Anreiz besteht, vom vereinbarten Verhalten abzuweichen. Darüber hinaus bringen FuE-Kooperationen erhebliche Gefahren für wettbewerbsbeschränkendes Verhalten mit sich. Einerseits besteht die Gefahr, daß die Unternehmen den Forschungswettbewerb beschränken. Andererseits besteht die Möglichkeit, daß sie ihre Kooperation auf den Produktmarkt ausdehnen. Diesbezüglich hat die Analyse ergeben, daß damit erhebliche Wohlfahrtsverluste einhergehen können.

Es konnte gezeigt werden, daß der Staat unter der Voraussetzung vollständiger Information geeignete Subventionen an FuE-Kooperationen vergeben kann, um die gesamtwirtschaftliche second best-Wohlfahrt zu erreichen. Er muß dabei über Kenntnisse bezüglich des Ausmaßes der positiven externen Effekte, der Nachfragefunktion, der Gewinnfunktionen der Unternehmen, der Höhe der Transaktionskosten und des Ausmaßes der mit einer FuE-Kooperation verbundenen Vorteile verfügen. Zudem hat er für eine Durchsetzung der Kooperationsverträge zu sorgen und wettbewerbsbeschränkendes Verhalten zu verhindern.

Anschließend wurde untersucht, ob bei einer Institution wie der Europäischen Kommission die Voraussetzungen gegeben sind, die es ihr, unter den, verglichen mit dem Komplexitätsgrad der Realität, stark simplifizierten Bedingungen einer Modellökonomie, erlauben würden, optimale wohlfahrtssteigernde Maßnahmen zu ergreifen. Es stellte sich heraus, daß der Kommission alle notwendigen Informationen zur Berechnung der optimalen Subventionen fehlen. Dadurch besteht zunächst die Gefahr, daß sie nicht optimale Subventionen vergibt. Sie kann ebenfalls nicht feststellen, inwiefern eine Situation ineffizient ist und ob sich die Lage durch eine Subvention verbessern läßt. Es ist durchaus möglich, daß die Subvention eine Verschlechterung der Situation bewirkt. Aus dem gleichen Grund ist die Kommission nicht in der Lage, die Sinnhaftigkeit einer Durchsetzung der Kooperationsverträge zu beurteilen. Werden diese dennoch durchgesetzt, tritt möglicherweise eine Wohlfahrtsverringerung ein. Und schließlich fehlen der Kommission die Mittel, wettbewerbsbeschränkendes Verhalten in der FuE-Kooperation zu verhindern.

Die Sinnhaftigkeit der Subventionierung von FuE-Kooperationen ist demnach bereits unter den Bedingungen eines einfachen Modells zu bezweifeln. Vor diesem Hintergrund ist es fraglich, ob die Europäische Kommission unter realen Bedingungen, die durch ein weit höheres Maß an Komplexität gekennzeichnet sind, FuE-Kooperationen subventionieren sollte. Es ist nicht auszuschließen, daß erhebliche Wohlfahrtsverluste hingenommen werden müssen, wenn eine Institution auf der Grundlage unvollständiger Informationen Subventionen an FuE-Kooperationen vergibt, die zu einer verstärkten Fehlallokation der Forschungsressourcen führen, die Unternehmen ihre Kooperation auf die Gütermärkte ausdehnen oder kooperatives Verhalten lediglich vortäuschen, um in den Genuß der Subvention zu gelangen, obwohl der Wettbewerb hin-

die Förderinstrumente einzelner Mitgliedstaaten auf diesen Aspekt hin untersucht und entsprechend handelt.

Im Zusammenhang mit der Frage nach den von der Kommission beeinflußbaren Rahmenbedingungen für eine Zusammenarbeit der Unternehmen ist auf sprachliche und kulturelle Unterschiede in den Mitgliedstaaten hinzuweisen. Diesen Umständen kann die Kommission z.B. durch eine geeignete Koordination der Ausbildung begegnen oder einen Wettbewerb zwischen den in den Mitgliedstaaten existierenden Ausbildungsysteme ermöglichen, was durch die gegenseitige Anerkennung der Berufsausbildung bei gleichzeitiger Dienstleistungs- und Niederlassungsfreiheit auch geschehen ist.

Anhang[1]

1 Die Anhänge A.1.-A.22.10. beziehen sich ausschließlich auf Kapitel D.

A.1. Herleitung der Angebotsmengen im Wettbewerb

$$G_1 = (a - bQ)q_1 - (A - x_1 - \beta(x_2 + x_3))q_1 - \frac{\gamma x_1^2}{2}$$

(A.1.1) $$G_2 = (a - bQ)q_2 - (A - x_2 - \beta(x_1 + x_3))q_2 - \frac{\gamma x_2^2}{2}$$

$$G_3 = (a - bQ)q_3 - (A - x_3 - \beta(x_1 + x_2))q_3 - \frac{\gamma x_3^2}{2}$$

$$\frac{\partial G_1}{\partial q_1} = a - A + x_1 + \beta(x_2 + x_3) - b(q_1 + q_2 + q_3) - bq_1 = 0$$

(A.1.2) $$\frac{\partial G_2}{\partial q_2} = a - A + x_2 + \beta(x_1 + x_3) - b(q_1 + q_2 + q_3) - bq_2 = 0$$

$$\frac{\partial G_3}{\partial q_3} = a - A + x_3 + \beta(x_1 + x_2) - b(q_1 + q_2 + q_3) - bq_3 = 0$$

$$\Rightarrow$$

$$q_1 = \frac{(a - A) + x_1 + \beta(x_2 + x_3) - b(q_2 + q_3)}{2b}$$

(A.1.3) $$q_2 = \frac{(a - A) + x_2 + \beta(x_1 + x_3) - b(q_1 + q_3)}{2b}$$

$$q_3 = \frac{(a - A) + x_3 + \beta(x_1 + x_2) - b(q_1 + q_2)}{2b}$$

Zunächst wird die Bedingung für q_3 in die Bedingung für q_1 eingesetzt.

(A.1.4) $$q_1 = \frac{(a - A) + x_1 + \beta(x_2 + x_3) - b\left[q_2 + \frac{(a - A) + x_3 + \beta(x_1 + x_2) - b(q_1 + q_2)}{2b}\right]}{2b}$$

$$\Leftrightarrow$$

(A.1.5) $$q_1 = \frac{(a - A) + x_1 + \beta(x_2 + x_3) - bq_2}{2b} - \frac{\frac{(a - A) + x_3 + \beta(x_1 + x_2) - b(q_1 + q_2)}{2}}{2b}$$

$$\Leftrightarrow$$

(A.1.6) $$q_1 = \frac{2(a - A) + 2x_1 + 2\beta(x_2 + x_3) - 2bq_2}{4b} - \frac{(a - A) + x_3 + \beta(x_1 + x_2) - b(q_1 + q_2)}{4b}$$

$$\Leftrightarrow$$

(A.1.7) $$q_1 = \frac{(a - A) + (2 - \beta)x_1 + \beta x_2 + (2\beta - 1)x_3 - bq_2 + bq_1}{4b}$$

$$\Leftrightarrow$$

(A.1.8) $$q_1 - \frac{bq_1}{4b} = \frac{(a-A)+(2-\beta)x_1+\beta x_2+(2\beta-1)x_3-bq_2}{4b}$$

$$\Leftrightarrow$$

(A.1.9) $$q_1 = \frac{(a-A)+(2-\beta)x_1+\beta x_2+(2\beta-1)x_3-bq_2}{3b}$$

Analog wird jetzt q_2 ermittelt und in (A.1.9) eingesetzt.

(A.1.10) $$q_2 = \frac{(a-A)+(2-\beta)x_2+\beta x_1+(2\beta-1)x_3-bq_1}{3b}$$

$$\Leftrightarrow$$

(A.1.11) $$q_1 = \frac{(a-A)+(2-\beta)x_1+\beta x_2+(2\beta-1)x_3}{3b} - \frac{b\frac{(a-A)+(2-\beta)x_2+\beta x_1+(2\beta-1)x_3-bq_1}{3b}}{3b}$$

$$\Leftrightarrow$$

(A.1.12) $$q_1 = \frac{3(a-A)+3(2-\beta)x_1+3\beta x_2+3(2\beta-1)x_3}{9b} - \frac{(a-A)+(2-\beta)x_2+\beta x_1+(2\beta-1)x_3-bq_1}{9b}$$

$$\Leftrightarrow$$

(A.1.13) $$q_1 = \frac{2(a-A)+2(3-2\beta)x_1+2(2\beta-1)(x_2+x_3)+bq_1}{9b}$$

$$\Leftrightarrow$$

(A.1.14) $$q_1 - \frac{bq_1}{9b} = \frac{2(a-A)+2(3-2\beta)x_1+2(2\beta-1)(x_2+x_3)}{9b}$$

$$\Leftrightarrow$$

(A.1.15) $$q_1 = \frac{(a-A)+(3-2\beta)x_1+(2\beta-1)(x_2+x_3)}{4b}$$

Auf die gleiche Weise lassen sich die Angebotsmengen der Unternehmen 2 und 3 berechnen.

$$q_1 = \frac{(a-A)+(3-2\beta)x_1+(2\beta-1)(x_2+x_3)}{4b}$$

(A.1.16) $$q_2 = \frac{(a-A)+(3-2\beta)x_2+(2\beta-1)(x_1+x_3)}{4b}$$

$$q_3 = \frac{(a-A)+(3-2\beta)x_3+(2\beta-1)(x_1+x_2)}{4b}$$

Bildet man aus den drei Angebotsmengen die Summe, erhält man die gesamte Angebotsmenge der Unternehmen im Wettbewerb:[2]

$$\text{(A.1.17)}\quad Q^{WP} = \frac{3(a-A)+(1+2\beta)(x_1+x_2+x_3)}{4b}$$

A.2.1. Herleitung der optimalen Forschungseinheiten im Wettbewerb

Durch Einsetzen der optimalen Angebotsmenge von Unternehmen 1 aus (A.1.16) und der Gesamtangebotsmenge (A.1.17) in die Gewinnfunktion des Unternehmens 1 in (A.1.1.) erhält man den Gewinn des Unternehmens, gegeben die Bedingung für ein Cournot-Nash-Gleichgewicht auf dem Gütermarkt.

$$\text{(A.2.1)}\quad G_1^{WP} = \left\{ \begin{matrix} \left[a-A+x_1+\beta(x_2+x_3) - b\dfrac{3(a-A)+(1+2\beta)(x_1+x_2+x_3)}{4b} \right] \times \\ \dfrac{(a-A)+(3-2\beta)x_1+(2\beta-1)(x_2+x_3)}{4b} \end{matrix} \right\} - \frac{\gamma x_1^2}{2}$$

$$\Leftrightarrow$$

$$\text{(A.2.2)}\quad G_1^{WP} = \left\{ \begin{matrix} \left[\dfrac{4(a-A)+4x_1+4\beta(x_2+x_3)-3(a-A)-(1+2\beta)(x_1+x_2+x_3)}{4} \right] \times \\ \dfrac{(a-A)+(3-2\beta)x_1+(2\beta-1)(x_2+x_3)}{4b} \end{matrix} \right\} - \frac{\gamma x_1^2}{2}$$

$$\Leftrightarrow$$

$$\text{(A.2.3)}\quad G_1^{WP} = \left\{ \begin{matrix} \left[\dfrac{(a-A)+(3-2\beta)x_1+(2\beta-1)(x_2+x_3)}{4} \right] \times \\ \dfrac{(a-A)+(3-2\beta)x_1+(2\beta-1)(x_2+x_3)}{4b} \end{matrix} \right\} - \frac{\gamma x_1^2}{2}$$

$$\Leftrightarrow$$

$$\text{(A.2.4)}\quad G_1^{WP} = \frac{[(a-A)+(3-2\beta)x_1+(2\beta-1)(x_2+x_3)]^2}{16b} - \frac{\gamma x_1^2}{2}$$

2 Unter der Voraussetzung der Symmetrieannahme läßt sich (A.1.17) auch schreiben als

$$Q^{WP} = \frac{3[(a-A)+(1+2\beta)x]}{4b}.$$

(A.2.4) wird nun nach der Variablen abgeleitet, die für die Forschungseinheiten des Unternehmens 1 steht.

$$\text{(A.2.5)}\quad \frac{\partial G_1^W}{\partial x_1} = \frac{(3-2\beta)\left[(a-A)+(3-2\beta)x_1+(2\beta-1)(x_2+x_3)\right]}{8b} - x_1\gamma = 0$$

$$\Rightarrow$$

$$\text{(A.2.6)}\quad \frac{(3-2\beta)(a-A)+(3-2\beta)(2\beta-1)(x_2+x_3)}{8b} = x_1\gamma - \frac{(3-2\beta)^2 x_1}{8b}$$

$$\Leftrightarrow$$

$$\text{(A.2.7)}\quad (3-2\beta)(a-A)+(3-2\beta)(2\beta-1)(x_2+x_3) = x_1\left[8b\gamma-(3-2\beta)^2\right]$$

$$\Leftrightarrow$$

$$\text{(A.2.8)}^3\quad x_1 = \frac{(3-2\beta)\left[(a-A)+(2\beta-1)(x_2+x_3)\right]}{8b\gamma-9+12\beta-4\beta^2}$$

Unter Verwendung der Symmetrieannahme werden die Forschungseinheiten der Unternehmen 1, 2 und 3 durch x^W ersetzt.

$$\text{(A.2.9)}\quad x^W = \frac{(3-2\beta)\left[(a-A)+2(2\beta-1)x^W\right]}{8b\gamma-9+12\beta-4\beta^2}$$

$$\Leftrightarrow$$

$$\text{(A.2.10)}\quad x^W - \frac{2(3-2\beta)(2\beta-1)x^W}{8b\gamma-9+12\beta-4\beta^2} = \frac{(3-2\beta)(a-A)}{8b\gamma-9+12\beta-4\beta^2}$$

---

3 Es ist zu fragen, wie die Reaktion der Unternehmen auf Änderungen der Forschungseinheiten der anderen Unternehmen ausfällt. Im folgenden soll lediglich die Reaktion des Unternehmens 1 auf Änderungen der Forschungseinheiten des Unternehmens 2 stellvertretend für alle gezeigt werden. Die Forschungseinheiten des Unternehmens 1 in Abhängigkeit der Forschungseinheiten des Unternehmens 2 steigen, (bleiben unverändert) oder (fallen), falls $\frac{\partial x_1}{\partial x_2} = \frac{(3-2\beta)(2\beta-1)}{8b\gamma-(3-2\beta)^2} > 0, (=0), (<0)$. Es läßt sich leicht nachprüfen, daß der Nenner des Ausdrucks stets > 0 ist, falls $b\gamma \geq 9/8$. Der Zähler ist für ($\beta > 0{,}5$) > 0, für ($\beta = 0{,}5$) = 0 und für ($\beta < 0{,}5$) < 0. Ist der positive externe Effekt hinreichend groß ($\beta > 0{,}5$), führt eine Steigerung der Forschungseinheiten des Unternehmens 2 zu einer Steigerung der Forschungseinheiten des Unternehmens 1. Liegt der Parameterwert für den positiven externen Effekt genau bei 0,5, ändert Unternehmen 1 seine Forschungseinheiten unabhängig von einer Änderung bei Unternehmen 2 nicht. Ist der positive externe Effekt hinreichend gering ($\beta < 0{,}5$), führt eine Steigerung der Forschungseinheiten des Unternehmens 2 zu einer Senkung der Forschungseinheiten des Unternehmens 1.

Es ist darauf hinzuweisen, daß die Stabilität des Gleichgewichts den Ausschluß bestimmter Parameterwerte erfordert. Die Stabilität des Gleichgewicht ist gegeben, falls $|\partial x_i / \partial x_j| < 1$. Es läßt sich zeigen, daß diese Ungleichung nicht erfüllt ist, wenn die Parameter b und γ bestimmte Werte annehmen. Zur Stabilität in Oligopolmodellen vgl. z.B. SEADE, J. (1980); HENRIQUE, I. (1990); LEAHY, D.; NEARY, J. P. (1997).

$$\Leftrightarrow$$

(A.2.11) $$x^W\left[8b\gamma - 9 + 12\beta - 4\beta^2 - 2(3-2\beta)(2\beta-1)\right] = (3-2\beta)(a-A)$$

$$\Leftrightarrow$$

(A.2.12) $$x^W = \frac{(3-2\beta)(a-A)}{8b\gamma - 9 + 12\beta - 4\beta^2 - 12\beta + 6 + 8\beta^2 - 4\beta}$$

$$\Leftrightarrow$$

(A.2.13) $$x^W = \frac{(3-2\beta)(a-A)}{8b\gamma - 3 - 4\beta + 4\beta^2}$$

A.2.2. Herleitung der optimalen Forschungseinheiten im Monopol

Zunächst ist die Summe der Gewinne der drei Unternehmen zu bilden.

(A.2.2.1)
$$\begin{aligned} G_1 + G_2 + G_3 = {} & (a-bQ)q_1 - (A - x_1 - \beta(x_2 + x_3))q_1 \\ & + (a-bQ)q_2 - (A - x_2 - \beta(x_1 + x_3))q_2 \\ & + (a-bQ)q_3 - (A - x_3 - \beta(x_1 + x_2))q_3 \\ & - \frac{\gamma(x_1^2 + x_2^2 + x_3^2)}{2} \end{aligned}$$

Es wird davon ausgegangen, daß alle drei Unternehmen den gleichen Anteil an der Gesamtangebotsmenge produzieren. Die Menge, die das einzelne Unternehmen anbietet, läßt sich deshalb ohne Index schreiben.

(A.2.2.2)
$$\begin{aligned} G_1 + G_2 + G_3 = {} & (a-bQ)q - \left[A - x_1 - \beta(x_2 + x_3)\right]q \\ & + (a-bQ)q - \left[A - x_2 - \beta(x_1 + x_3)\right]q \\ & + (a-bQ)q - \left[A - x_3 - \beta(x_1 + x_2)\right]q \\ & - \frac{\gamma(x_1^2 + x_2^2 + x_3^2)}{2} \end{aligned}$$

$$\Leftrightarrow$$

(A.2.2.3)
$$\begin{aligned} G_1 + G_2 + G_3 = {} & 3(a - A - bQ)q + \left[x_1 + \beta(x_2 + x_3)\right]q \\ & \left[x_2 + \beta(x_1 + x_3)\right]q \\ & \left[x_3 + \beta(x_1 + x_2)\right]q \\ & - \frac{\gamma(x_1^2 + x_2^2 + x_3^2)}{2} \end{aligned}$$

$$\Leftrightarrow$$

(A.2.2.4)
$$\begin{aligned} & G_1 + G_2 + G_3 = 3(a - A - bQ)q \\ & + \left[x_1 + x_2 + x_3 + 2\beta(x_1 + x_2 + x_3)\right]q \\ & - \frac{\gamma(x_1^2 + x_2^2 + x_3^2)}{2} \end{aligned}$$

Jetzt wird die Summe der drei Angebotsmengen $3q = Q^{MP}$ gebildet und in (A.2.2.4) eingesetzt.

$$G_1^{MP} + G_2^{MP} + G_3^{MP} = (a - A - bQ^{MP})Q^{MP}$$

(A.2.2.5) $$+ \frac{(x_1 + x_2 + x_3 + 2\beta(x_1 + x_2 + x_3))}{3} Q^{MP} - \frac{\gamma(x_1^2 + x_2^2 + x_3^2)}{2}$$

$$\Leftrightarrow$$

(A.2.2.6) $$G = (a - A + \frac{(1+2\beta)(x_1 + x_2 + x_3)}{3} - bQ^{MP})Q^{MP} - \frac{\gamma(x_1^2 + x_2^2 + x_3^2)}{2}$$

Die Monopolangebotsmenge wurde bereits im Textteil (Abschnitt 2.3.2.1.) abgeleitet. Sie wird in die Monopolgewinnfunktion (A.2.2.6) eingesetzt.

(A.2.2.7) $$G = \left\{ \left[a - A + (1+2\beta)(\frac{x_1 + x_2 + x_3}{3}) - b \frac{(a-A) + (1+2\beta)(\frac{x_1 + x_2 + x_3}{3})}{2b} \right] \times \frac{(a-A) + (1+2\beta)(\frac{x_1 + x_2 + x_3}{3})}{2b} \right\} - \frac{\gamma(x_1^2 + x_2^2 + x_3^2)}{2}$$

$$\Leftrightarrow$$

(A.2.2.8) $$G = \left\{ \left[\frac{2(a-A) + 2(1+2\beta)(\frac{x_1 + x_2 + x_3}{3}) - (a-A) - (1+2\beta)(\frac{x_1 + x_2 + x_3}{3})}{2} \right] \times \frac{(a-A) + (1+2\beta)(\frac{x_1 + x_2 + x_3}{3})}{2b} \right\} - \frac{\gamma(x_1^2 + x_2^2 + x_3^2)}{2}$$

$$\Leftrightarrow$$

(A.2.2.9) $$G = \left\{ \left[\frac{3(a-A) + (1+2\beta)(x_1 + x_2 + x_3)}{6} \right] \times \frac{3(a-A) + (1+2\beta)(x_1 + x_2 + x_3)}{6b} \right\} - \frac{\gamma(x_1^2 + x_2^2 + x_3^2)}{2}$$

$$\Leftrightarrow$$

(A.2.2.10) $$G^M = \frac{[3(a-A)+(1+2\beta)(x_1+x_2+x_3)]^2}{36b} - \frac{\gamma(x_1^2+x_2^2+x_3^2)}{2}$$

Diese Funktion ist nun nach der Variablen abzuleiten, die für die Forschungseinheiten des Unternehmens 1 steht.

(A.2.2.11) $$\frac{\partial G^M}{\partial x_1} = \frac{(1+2\beta)[3(a-A)+(1+2\beta)(x_1+x_2+x_3)]}{18b} - \gamma x_1 = 0$$

$$\Rightarrow$$

(A.2.2.12) $$\frac{(1+2\beta)[3(a-A)+(x_2+x_3)]}{18b} = \gamma x_1 - \frac{(1+2\beta)^2 x_1}{18b}$$

$$\Leftrightarrow$$

(A.2.2.13) $$(1+2\beta)[3(a-A)+(1+2\beta)(x_2+x_3)] = x_1\left[18b\gamma-(1+2\beta)^2\right]$$

$$\Leftrightarrow$$

(A.2.2.14)[4] $$x_1 = \frac{3(a-A)(1+2\beta)+(1+2\beta)^2(x_2+x_3)}{18b\gamma-(1+2\beta)^2}$$

Unter Verwendung der Symmetrieannahme werden die Forschungseinheiten der Unternehmen 1, 2 und 3 durch x^M ersetzt.

(A.2.2.15) $$x^M = \frac{3(a-A)(1+2\beta)+2(1+2\beta)^2 x^M}{18b\gamma-(1+2\beta)^2}$$

$$\Leftrightarrow$$

(A.2.2.16) $$x^M - \frac{2(1+2\beta)^2 x^M}{18b\gamma-(1+2\beta)^2} = \frac{3(a-A)(1+2\beta)}{18b\gamma-(1+2\beta)^2}$$

$$\Leftrightarrow$$

(A.2.2.17) $$x^M\left[18b\gamma-(1+2\beta)^2-2(1+2\beta)^2\right] = 3(a-A)(1+2\beta)$$

$$\Leftrightarrow$$

(A.2.2.18) $$x^M = \frac{(a-A)(1+2\beta)}{6b\gamma-(1+2\beta)^2}$$

---

4 Es ist zu fragen, wie die Reaktion der Unternehmen auf Änderungen der Forschungseinheiten der anderen Unternehmen ausfällt. An dieser Stelle soll lediglich die Reaktion des Unternehmens 1 auf Änderungen der Forschungseinheiten des Unternehmens 2 stellvertretend für alle gezeigt werden. Dies läßt sich an der Änderung der Forschungseinheiten des Unternehmens 1 infolge einer Änderung der Forschungseinheiten des Unternehmens 2 erkennen, die gegeben ist durch: $\frac{\partial x_1}{\partial x_2} = \frac{(1+2\beta)^2}{18b\gamma-(1+2\beta)^2} > 0$, falls $b\gamma \geq 1/2$. Zur Stabilität siehe die Anmerkungen in Anhang A.2.1.

A.2.3. Herleitung der optimalen Forschungseinheiten in der FuE-Kooperation

Durch Einsetzen der optimalen Angebotsmengen von Unternehmen 1,2 und 3 aus (A.1.16) und der Gesamtangebotsmenge (A.1.17) in die Gewinnfunktionen in (A.1.1.) und durch Bildung der Summe der Gewinne erhält man den Gewinn der FuE-Kooperation, gegeben die Bedingung für ein Cournot-Nash-Gleichgewicht auf dem Gütermarkt. Das Einsetzen ist bereits in Anhang A.2.1. für Unternehmen 1 durchgeführt worden. Verfährt man für die Unternehmen 2 und 3 ebenso, erhält man:

$$\begin{aligned}
G^K &= G_1^{KP} + G_2^{KP} + G_3^{KP} \\
&= \frac{[a - A + (3-2\beta)x_1 + (2\beta-1)(x_2+x_3)]^2}{16b} - \frac{\gamma x_1^2}{2} \\
&+ \frac{[a - A + (3-2\beta)x_2 + (2\beta-1)(x_1+x_3)]^2}{16b} - \frac{\gamma x_2^2}{2} \\
&+ \frac{[a - A + (3-2\beta)x_3 + (2\beta-1)(x_1+x_2)]^2}{16b} - \frac{\gamma x_3^2}{2}
\end{aligned} \tag{A.2.3.1}$$

Durch Ableiten nach der Variablen, die für die Forschungseinheiten des Unternehmens 1 steht, erhält man:

$$\begin{aligned}
&\frac{\partial G_1^{KP}}{\partial x_1} + \frac{\partial G_2^{KP}}{\partial x_1} + \frac{\partial G_3^{KP}}{\partial x_1} \\
&= \frac{(3-2\beta)[(a-A) + (3-2\beta)x_1 + (2\beta-1)(x_2+x_3)]}{8b} - x_1\gamma \\
&+ \frac{(2\beta-1)[(a-A) + (3-2\beta)x_2 + (2\beta-1)(x_1+x_3)]}{8b} \\
&+ \frac{(2\beta-1)[(a-A) + (3-2\beta)x_3 + (2\beta-1)(x_1+x_2)]}{8b} = 0
\end{aligned} \tag{A.2.3.2}$$

$$\Rightarrow$$

$$\begin{aligned}
&\frac{(3-2\beta)[(a-A) + (2\beta-1)(x_2+x_3)]}{8b} \\
&+ \frac{(2\beta-1)[(a-A) + (3-2\beta)x_2 + (2\beta-1)x_3]}{8b} \\
&+ \frac{(2\beta-1)[(a-A) + (3-2\beta)x_3 + (2\beta-1)x_2]}{8b} \\
&= x_1\gamma - \frac{(3-2\beta)^2 x_1 + 2(2\beta-1)^2 x_1}{8b}
\end{aligned} \tag{A.2.3.3}$$

$$\Leftrightarrow$$

$$
\begin{aligned}
&(3-2\beta)[(a-A)+(2\beta-1)(x_2+x_3)] \\
\text{(A.2.3.4)}\quad &+(2\beta-1)[(a-A)+(3-2\beta)x_2+(2\beta-1)x_3] \\
&+(2\beta-1)[(a-A)+(3-2\beta)x_3+(2\beta-1)x_2] \\
&= x_1(8b\gamma-(3-2\beta)^2-2(2\beta-1)^2)
\end{aligned}
$$

$$\Leftrightarrow$$

$$
\text{(A.2.3.5)}\quad
\begin{aligned}
&(1+2\beta)(a-A)+2(3-2\beta)(2\beta-1)(x_2+x_3)+(2\beta-1)^2(x_2+x_3) \\
&\qquad = x_1(8b\gamma-(3-2\beta)^2-2(2\beta-1)^2)
\end{aligned}
$$

$$\Leftrightarrow$$

$$\text{(A.2.3.6)}\quad (1+2\beta)(a-A)+(12\beta-5-4\beta^2)(x_2+x_3)=x_1(8b\gamma-11+20\beta-12\beta^2)$$

$$\Leftrightarrow$$

(A.2.3.7)[5]
$$x_1=\frac{(1+2\beta)(a-A)+(12\beta-5-4\beta^2)(x_2+x_3)}{8b\gamma-11+20\beta-12\beta^2}$$

Unter Verwendung der Symmetrieannahme werden die Forschungseinheiten der Unternehmen 1, 2 und 3 durch x^K ersetzt.

$$\text{(A.2.3.8)}\quad x^K=\frac{(1+2\beta)(a-A)+2(12\beta-5-4\beta^2)x^K}{8b\gamma-11+20\beta-12\beta^2}$$

$$\Leftrightarrow$$

$$\text{(A.2.3.9)}\quad x^K-\frac{2(12\beta-5-4\beta^2)x^K}{8b\gamma-11+20\beta-12\beta^2}=\frac{(1+2\beta)(a-A)}{8b\gamma-11+20\beta-12\beta^2}$$

$$\Leftrightarrow$$

$$\text{(A.2.3.10)}\quad x^K(8b\gamma-11+20\beta-12\beta^2-2(12\beta-5-4\beta^2))=(1+2\beta)(a-A)$$

$$\Leftrightarrow$$

$$\text{(A.2.3.11)}\quad x^K=\frac{(1+2\beta)(a-A)}{8b\gamma-(1+2\beta)^2}$$

---

5 Es ist zu fragen, wie die Reaktion der Unternehmen auf Änderungen der Forschungseinheiten der anderen Unternehmen ausfällt. An dieser Stelle soll lediglich die Reaktion des Unternehmens 1 auf Änderungen der Forschungseinheiten des Unternehmens 2 stellvertretend für alle gezeigt werden. Die Forschungseinheiten des Unternehmens 1 in Abhängigkeit der Forschungseinheiten des Unternehmens 2 steigen, (bleiben unverändert) oder (fallen), falls $\frac{\partial x_1}{\partial x_2}=\frac{12\beta-5-4\beta^2}{8b\gamma-11+20\beta-12\beta^2}>0,(=0),(<0)$. Es läßt sich leicht nachprüfen, daß der Nenner des Ausdrucks > 0 ist, falls $b\gamma \geq 11/8$. Der Zähler ist für ($\beta > 0{,}5$) > 0, für ($\beta = 0{,}5$) = 0 und für ($\beta < 0{,}5$) < 0. Ist der positive externe Effekt hinreichend groß ($\beta > 0{,}5$), führt eine Steigerung der Forschungseinheiten des Unternehmens 2 zu einer Steigerung der Forschungseinheiten des Unternehmens 1. Liegt der Parameterwert für den positiven externen Effekt genau bei 0,5, ändert Unternehmen 1 seine Forschungseinheiten unabhängig von einer Änderung bei Unternehmen 2 nicht. Ist der positive externe Effekt hinreichend gering ($\beta < 0{,}5$), führt eine Steigerung der Forschungseinheiten des Unternehmens 2 zu einer Senkung der Forschungseinheiten des Unternehmens 1. Zur Stabilität siehe die Anmerkungen in Anhang A.2.1.

A.2.4. Herleitung der optimalen Forschungseinheiten im Gütermarktmonopol

Die Angebotsmenge des Unternehmens 1 beträgt in der Monopolsituation genau ein Drittel der gesamten Monopolangebotsmenge.

$$q_1^M = \frac{(a-A)+(1+2\beta)(\frac{x_1+x_2+x_3}{3})}{6b} \tag{A.2.4.1}$$

Diese Bedingung und die gesamte Monopolangebotsmenge wird in die Gewinnfunktion des Unternehmens 1 eingesetzt. Daraus ergibt sich:

$$G_1 = \left\{\left[a-A+x_1+\beta(x_2+x_3)-b\frac{(a-A)+(1+2\beta)(\frac{x_1+x_2+x_3}{3})}{2b}\right]\times \frac{(a-A)+(1+2\beta)(\frac{x_1+x_2+x_3}{3})}{6b}\right\} -\frac{\gamma x_1^2}{2} \tag{A.2.4.2}$$

$$\Leftrightarrow$$

$$G_1 = \left\{\left[\frac{2(a-A)+2x_1+2\beta(x_2+x_3)-(a-A)-(1+2\beta)(\frac{x_1+x_2+x_3}{3})}{2}\right]\times \frac{(a-A)+(1+2\beta)(\frac{x_1+x_2+x_3}{3})}{6b}\right\} -\frac{\gamma x_1^2}{2} \tag{A.2.4.3}$$

$$\Leftrightarrow$$

$$G_1 =$$

(A.2.4.4) $$\left\{ \left[\frac{6(a-A)+6x_1+6\beta(x_2+x_3)-3(a-A)-(1+2\beta)(x_1+x_2+x_3)}{6} \right] \times \frac{(a-A)+(1+2\beta)(\frac{x_1+x_2+x_3}{3})}{6b} \right\}$$

$$-\frac{\gamma x_1^2}{2}$$

$$\Leftrightarrow$$

(A.2.4.5) $$G_1^{GP} = \left\{ \frac{[3(a-A)+(5-2\beta)x_1+(4\beta-1)(x_2+x_3)]}{36b} \times \left[(a-A)+(1+2\beta)(\frac{x_1+x_2+x_3}{3}) \right] \right\} - \frac{\gamma x_1^2}{2}$$

Diese Gewinnfunktion wird nun nach der Variable abgeleitet, die für die Forschungseinheiten des Unternehmens 1 steht:

(A.2.4.6) $$\frac{\partial G_1^{GP}}{\partial x_1} = \frac{(1+2\beta)[3(a-A)+(5-2\beta)x_1+(4\beta-1)(x_2+x_3)]}{108b} + \frac{(5-2\beta)\left[(a-A)+(1+2\beta)(\frac{x_1+x_2+x_3}{3})\right]}{36b} - \gamma x_1 = 0$$

$$\Rightarrow$$

(A.2.4.7) $$\frac{3(1+2\beta)(a-A)+(1+2\beta)(5-2\beta)x_1+(1+2\beta)(4\beta-1)(x_2+x_3)}{108b} + \frac{3(5-2\beta)(a-A)+(5-2\beta)(1+2\beta)(x_1+x_2+x_3)}{108b} = \gamma x_1$$

$$\Leftrightarrow$$

(A.2.4.8) $$\frac{3(1+2\beta)(a-A)+(5+8\beta-4\beta^2)x_1+(2\beta-1+8\beta^2)(x_2+x_3)}{108b} + \frac{3(5-2\beta)(a-A)+(5+8\beta-4\beta^2)(x_1+x_2+x_3)}{108b} = \gamma x_1$$

$$\Leftrightarrow$$

(A.2.4.9) $$\frac{18(a-A)+2(5+8\beta-4\beta^2)x_1+2(5\beta+2+2\beta^2)(x_2+x_3)}{108b} = \gamma x_1$$

$$\Leftrightarrow$$

(A.2.4.10) $$\frac{9(a-A)+(5\beta+2+2\beta^2)(x_2+x_3)}{54b}=\gamma x_1-\frac{(5+8\beta-4\beta^2)x_1}{54b}$$

$$\Leftrightarrow$$

(A.2.4.11) $$9(a-A)+(5\beta+2+2\beta^2)(x_2+x_3)=x_1\left[54b\gamma-(5+8\beta-4\beta^2)\right]$$

$$\Leftrightarrow$$

(A.2.4.12)[6] $$x_1=\frac{9(a-A)+(5\beta+2+2\beta^2)(x_2+x_3)}{54b\gamma-5-8\beta+4\beta^2}$$

Unter Verwendung der Symmetrieannahme sind die Forschungseinheiten der Unternehmen identisch und werden durch x^G ersetzt.

(A.2.4.13) $$x^G=\frac{9(a-A)+2(5\beta+2+2\beta^2)x^G}{54b\gamma-5-8\beta+4\beta^2}$$

$$\Leftrightarrow$$

(A.2.4.14) $$x^G-\frac{2(5\beta+2+2\beta^2)x^G}{54b\gamma-5-8\beta+4\beta^2}=\frac{9(a-A)}{54b\gamma-5-8\beta+4\beta^2}$$

$$\Leftrightarrow$$

(A.2.4.15) $$x^G=\frac{9(a-A)}{54b\gamma-5-8\beta+4\beta^2-2(5\beta+2+2\beta^2)}$$

$$\Leftrightarrow$$

(A.2.4.16) $$x^G=\frac{9(a-A)}{54b\gamma-9-18\beta}$$

$$\Leftrightarrow$$

(A.2.4.17) $$x^G=\frac{(a-A)}{6b\gamma-1-2\beta}$$

---

6 Es ist zu fragen, wie die Reaktion der Unternehmen auf Änderungen der Forschungseinheiten der anderen Unternehmen ausfällt. An dieser Stelle soll lediglich die Reaktion des Unternehmens 1 auf Änderungen der Forschungseinheiten des Unternehmens 2 stellvertretend für alle gezeigt werden. Die Forschungseinheiten des Unternehmens 1 in Abhängigkeit der Forschungseinheiten des Unternehmens 2 steigen, falls $\frac{\partial x_1}{\partial x_2}=\frac{2+5\beta+2\beta^2}{54b\gamma-5-8\beta+4\beta^2}>0$. Es läßt sich leicht nachprüfen, daß der Nenner des Ausdrucks gemäß stets > 0 ist, falls $b\gamma \geq 9/54$. Also führt eine Steigerung der Forschungseinheiten von Unternehmen 2 zu einer Steigerung der Forschungseinheiten bei Unternehmen 1. Zur Stabilität siehe die Anmerkungen in Anhang A.2.1.

A.3.1. Herleitung der optimalen Gesamtangebotsmenge im Wettbewerb

(A.3.1) $$Q^W = \frac{3(a-A) + (1+2\beta)\left[\dfrac{3(3-2\beta)(a-A)}{8b\gamma - 3 - 4\beta + 4\beta^2}\right]}{4b}$$

$$\Leftrightarrow$$

(A.3.1.2) $$Q^W = \frac{3(a-A)8b\gamma + 3(a-A)(-3-4\beta+4\beta^2) + 3(3+4\beta-4\beta^2)(a-A)}{4b(8b\gamma - 3 - 4\beta + 4\beta^2)}$$

$$\Leftrightarrow$$

(A.3.1.3) $$Q^W = \frac{6(a-A)\gamma}{(8b\gamma - 3 - 4\beta + 4\beta^2)}$$

A.3.2. Herleitung der optimalen Gesamtangebotsmenge im Monopol

(A.3.2.1) $$Q^M = \frac{(a-A) + (1+2\beta)\left[\dfrac{(a-A)(1+2\beta)}{6b\gamma - (1+2\beta)^2}\right]}{2b}$$

$$\Leftrightarrow$$

(A.3.2.2) $$Q^M = \frac{(a-A)6b\gamma - (a-A)(1+2\beta)^2 + (a-A)(1+2\beta)^2}{2b(6b\gamma - (1+2\beta)^2)}$$

$$\Leftrightarrow$$

(A.3.2.3) $$Q^M = \frac{3(a-A)\gamma}{6b\gamma - (1+2\beta)^2}$$

A.3.3. Herleitung der optimalen Gesamtangebotsmenge in der FuE-Kooperation

(A.3.3.1) $$Q^K = \frac{3(a-A) + (1+2\beta)\left[3\dfrac{(2\beta+1)(a-A)}{8b\gamma - (1+2\beta)^2}\right]}{4b}$$

$$\Leftrightarrow$$

(A.3.3.2) $$Q^K = \frac{3(a-A)8b\gamma - 3(a-A)(1+2\beta)^2 + 3(1+2\beta)^2(a-A)}{4b(8b\gamma - (1+2\beta)^2)}$$

$$\Leftrightarrow$$

(A.3.3.3) $$Q^K = \frac{6(a-A)\gamma}{8b\gamma - (1+2\beta)^2}$$

A.3.4. Herleitung der optimalen Gesamtangebotsmenge im Gütermarktmonopol

$$\text{(A.3.4.1)}\quad Q^G = \frac{(a-A)+(1+2\beta)\left[\dfrac{(a-A)}{6b\gamma-1-2\beta}\right]}{2b}$$

$$\Leftrightarrow$$

$$\text{(A.3.4.2)}\quad Q^G = \frac{(a-A)6b\gamma-(a-A)-\beta(a-A)+(a-A)(1+2\beta)}{2b(6b\gamma-1-2\beta)}$$

$$\Leftrightarrow$$

$$\text{(A.3.4.3)}\quad Q^G = \frac{3(a-A)\gamma}{6b\gamma-1-2\beta}$$

A.4.1. Herleitung der first best-Forschungseinheiten

Die soziale Wohlfahrtsfunktion ist gegeben durch:

$$\text{(A.4.1.1)}\quad W(x,Q) = \int_0^Q a-b(Q)dQ-[A-(1+2\beta)x]Q-\frac{3\gamma x^2}{2}$$

$$\text{(A.4.1.2)}\quad \max W(x,Q) = [a-A+(1+2\beta)x]Q-\frac{1}{2}bQ^2-\frac{3\gamma x^2}{2}$$

$$\text{(A.4.1.3)}\quad \frac{\partial W(x,Q)}{\partial Q} = a-A+(1+2\beta)x-bQ=0$$

$$\Rightarrow$$

$$\text{(A.4.1.4)}\quad Q^{OP} = \frac{a-A+(1+2\beta)x}{b}$$

Die Bedingung (A.4.1.4) wird in die soziale Wohlfahrtsfunktion (A.4.1.2) eingesetzt.

$$\text{(A.4.1.5)}\quad \begin{aligned} W(x,Q^{OP}) &= [a-A+(1+2\beta)x]\frac{a-A+(1+2\beta)x}{b} \\ &-\frac{1}{2}b\left[\frac{a-A+(1+2\beta)x}{b}\right]^2-\frac{3\gamma x^2}{2} \end{aligned}$$

$$\Rightarrow$$

$$\text{(A.4.1.6)}\quad W(x,Q^{OP}) = \frac{[a-A+(1+2\beta)x]^2}{2b}-\frac{3\gamma x^2}{2}$$

Diese Funktion wird nun nach x abgeleitet.

$$\text{(A.4.1.7)}\quad \frac{\partial W(x,Q^{OP})}{\partial x} = \frac{(1+2\beta)[a-A+(1+2\beta)x]}{b}-3\gamma x=0$$

$$\Rightarrow$$

(A.4.1.8) $$(1+2\beta)\frac{a-A}{b}=3\gamma x-\frac{(1+2\beta)^2 x}{b}$$

$$\Leftrightarrow$$

(A.4.1.9) $$(1+2\beta)(a-A)=x\left[3b\gamma-(1+2\beta)^2\right]$$

$$\Leftrightarrow$$

(A.4.1.10) $$\frac{(1+2\beta)(a-A)}{3b\gamma-(1+2\beta)^2}=x^O$$

A.4.2. Herleitung der second best-Forschungseinheiten

Die soziale Wohlfahrtsfunktion ist gegeben durch:[7]

(A.4.2.1) $$W^S(x,Q^{WP})=\int_0^{Q^{WP}} a-b(Q^{WP})dQ^{WP}-[A-(1+2\beta)x]Q^{WP}-\frac{3\gamma x^2}{2}$$

(A.4.2.2) $$\max W^S(x,Q^{WP})=[a-A+(1+2\beta)x]Q^{WP}-\frac{1}{2}bQ^{WP2}-\frac{3\gamma x^2}{2}$$

Anstelle der first best-Angebotsmenge wird hier die Gesamtangebotsmenge eingesetzt, die sich ergibt, wenn die Unternehmen im Wettbewerb zueinander stehen. Die Bedingung (A.1.17) wird in die soziale Wohlfahrtsfunktion (A.4.2.2) eingesetzt. Dabei wird davon ausgegangen, daß die Forschungseinheiten der Unternehmen gleich hoch sind.

(A.4.2.3) $$\begin{aligned} W^S(x,Q^{WP}) &= [a-A+(1+2\beta)x]\frac{3(a-A)+3(1+2\beta)x}{4b} \\ &-\frac{1}{2}b\left[\frac{3(a-A+3(1+2\beta)x}{4b}\right]^2-\frac{3\gamma x^2}{2} \end{aligned}$$

(A.4.2.4) $$W^S(x,Q^{WP})=\frac{3[a-A+(1+2\beta)x]^2}{4b}-\frac{9[a-A+(1+2\beta)x]^2}{32b}-\frac{3\gamma x^2}{2}$$

$$\Rightarrow$$

(A.4.2.5) $$W^S(x,Q^{WP})=\frac{15[a-A+(1+2\beta)x]^2}{32b}-\frac{3\gamma x^2}{2}$$

Diese Funktion wird nun nach x abgeleitet.

(A.4.2.6) $$\frac{\partial W^S(x,Q^{WP})}{\partial x}=(1+2\beta)\frac{15[(a-A)+(1+2\beta)x]}{16b}-3\gamma x=0$$

---

7 Für Q^{WP} gilt $x_1=x_2=x_3=x$.

$$\Rightarrow$$

(A.4.2.7) $$\frac{15(1+2\beta)(a-A)}{16b} = 3\gamma x - \frac{15(1+2\beta)^2 x}{16b}$$

$$\Leftrightarrow$$

(A.4.2.8) $$15(1+2\beta)(a-A) = x\left[48b\gamma - 15(1+2\beta)^2\right]$$

$$\Leftrightarrow$$

(A.4.2.9) $$\frac{5(1+2\beta)(a-A)}{16b\gamma - 5(1+2\beta)^2} = x^{OS}$$

A.5.1. Herleitung der first best-Gesamtangebotsmenge

(A.5.1.1) $$Q^O = \frac{a - A + (1+2\beta)\left[\frac{(1+2\beta)(a-A)}{3b\gamma - (1+2\beta)^2}\right]}{b}$$

$$\Leftrightarrow$$

(A.5.1.2) $$Q^O = \frac{\frac{(a-A)3b\gamma - (a-A)(1+2\beta)^2 + (1+2\beta)^2(a-A)}{3b\gamma - (1+2\beta)^2}}{b}$$

$$\Leftrightarrow$$

(A.5.1.3) $$Q^O = \frac{3(a-A)\gamma}{3b\gamma - (1+2\beta)^2}$$

A.5.2. Herleitung der second best-Gesamtangebotsmenge

(A.5.2.1) $$Q^{OS} = \frac{3(a-A) + 3(1+2\beta)\left[\frac{5(1+2\beta)(a-A)}{16b\gamma - 5(1+2\beta)^2}\right]}{4b}$$

$$\Leftrightarrow$$

(A.5.2.2) $$Q^{OS} = \frac{\frac{48(a-A)b\gamma - 15(a-A)(1+2\beta)^2 + 15(1+2\beta)^2(a-A)}{16b\gamma - 5(1+2\beta)^2}}{4b}$$

$$\Leftrightarrow$$

(A.5.2.3) $$Q^{OS} = \frac{12(a-A)\gamma}{16b\gamma - 5(1+2\beta)^2}$$

A.6. Beweise der Behauptungen in Übersicht 8 in Abschnitt 4.3.[8]

A.6.1. Forschungseinheiten in den vier Situationen und first best-Situation

A.6.1.1. Behauptung: $x^{W} = \frac{(3-2\beta)(a-A)}{8b\gamma - 3 - 4\beta + 4\beta^2} < \frac{(1+2\beta)(a-A)}{3b\gamma - (1+2\beta)^2} = x^{O}$ für $\frac{1}{22} < \beta$

Beweis:

(A.6.1.1.1) $$(3-2\beta)3b\gamma - (3-2\beta)(1+2\beta)^2 < (1+2\beta)8b\gamma - (1+2\beta)\left[3+4\beta-4\beta^2\right]$$

$$\Leftrightarrow$$

(A.6.1.1.2) $$\frac{(3-2\beta)3b\gamma}{(1+2\beta)} - 8b\gamma < (3-2\beta)(1+2\beta) - \left[3+4\beta-4\beta^2\right]$$

$$\Leftrightarrow$$

(A.6.1.1.3) $$\frac{(3-2\beta)3b\gamma - (1+2\beta)8b\gamma}{(1+2\beta)} < 3+4\beta-4\beta^2 - \left[3+4\beta-4\beta^2\right]$$

$$\Leftrightarrow$$

(A.6.1.1.4) $$\frac{9b\gamma - 6b\gamma\beta - 8b\gamma - 16b\gamma\beta}{(1+2\beta)} < 0$$

$$\Leftrightarrow$$

(A.6.1.1.5) $$\frac{b\gamma}{(1+2\beta)} < \frac{22b\gamma\beta}{(1+2\beta)}$$

$$\Leftrightarrow$$

(A.6.1.1.6) $$\frac{1}{22} < \beta$$

Analog läßt sich zeigen, daß $x^{W} = x^{O}$ für $1/22 = \beta$ und $x^{W} > x^{O}$ für $1/22 > \beta$.

A.6.1.2. Behauptung: $x^{K} = \frac{(1+2\beta)(a-A)}{8b\gamma - (1+2\beta)^2} < \frac{(1+2\beta)(a-A)}{3b\gamma - (1+2\beta)^2} = x^{O}$

Beweis:

(A.6.1.2.1) $$3b\gamma - (1+2\beta)^2 < 8b\gamma - (1+2\beta)^2$$

$$\Leftrightarrow$$

(A.6.1.2.2) $$3 < 8$$

Dementsprechend gilt die obige Behauptung.

---

8 Für die Beweisführung wird stets die Gültigkeit der Annahmen in Abschnitt 3. vorausgesetzt.

A.6.1.3. Behauptung: $x^{M} = \frac{(a-A)(1+2\beta)}{6b\gamma-(1+2\beta)^{2}} < \frac{(1+2\beta)(a-A)}{3b\gamma-(1+2\beta)^{2}} = x^{O}$

Beweis:

(A.6.1.3.1) $3b\gamma-(1+2\beta)^{2} < 6b\gamma-(1+2\beta)^{2}$

$\Leftrightarrow$

(A.6.1.3.1) $3 < 6$

Dementsprechend gilt die obige Behauptung.

A.6.1.4. Behauptung: $x^{G} = \frac{(a-A)}{6b\gamma-1-2\beta} < \frac{(1+2\beta)(a-A)}{3b\gamma-(1+2\beta)^{2}} = x^{O}$ für $0<\beta<1$.

Beweis:

(A.6.1.4.1) $3b\gamma-(1+2\beta)^{2} < 6b\gamma(1+2\beta)-(1+2\beta)^{2}$

$\Leftrightarrow$

(A.6.1.4.2) $3b\gamma-6b\gamma(1+2\beta) < 0$

$\Leftrightarrow$

(A.6.1.4.3) $3b\gamma-6b\gamma-12b\gamma\beta < 0$

$\Leftrightarrow$

(A.6.1.4.4) $-1-4\beta < 0$

Dementsprechend gilt die obige Behauptung für $0<\beta<1$.

A.6.2. Forschungseinheiten in den vier Situationen und second-best-Situation

A.6.2.1. Behauptung: $x^{W} = \frac{(3-2\beta)(a-A)}{8b\gamma-3-4\beta+4\beta^{2}} < \frac{5(1+2\beta)(a-A)}{16b\gamma-5(1+2\beta)^{2}} = x^{OS}$ für $\frac{1}{14} < \beta$

Beweis:

(A.6.2.1.1) $$(3-2\beta)16b\gamma-5(3-2\beta)(1+2\beta)^{2} < 5(1+2\beta)8b\gamma-5(1+2\beta)\left[3+4\beta-4\beta^{2}\right]$$

$\Leftrightarrow$

(A.6.2.1.2) $$\frac{(3-2\beta)16b\gamma}{(1+2\beta)}-40b\gamma < 5(3-2\beta)(1+2\beta)-5\left[3+4\beta-4\beta^{2}\right]$$

$\Leftrightarrow$

(A.6.2.1.3) $$\frac{(3-2\beta)16b\gamma-(1+2\beta)40b\gamma}{(1+2\beta)} < 5\left[3+4\beta-4\beta^{2}\right]-5\left[3+4\beta-4\beta^{2}\right]$$

$\Leftrightarrow$

(A.6.2.1.4) $$\frac{48b\gamma-32b\gamma\beta-40b\gamma-80b\gamma\beta}{(1+2\beta)} < 0$$

$$\Leftrightarrow$$

(A.6.2.1.5) $\frac{8b\gamma}{(1+2\beta)} < \frac{112b\gamma\beta}{(1+2\beta)}$

$$\Leftrightarrow$$

(A.6.2.1.6) $\frac{1}{14} < \beta$

Analog läßt sich zeigen, daß $x^W = x^{OS}$ für $1/14 = \beta$ und $x^W > x^{OS}$ für $1/14 > \beta$.

A.6.2.2. Behauptung: $x^K = \frac{(2\beta+1)(a-A)}{8b\gamma-(1+2\beta)^2} < \frac{5(1+2\beta)(a-A)}{16b\gamma-5(1+2\beta)^2} = x^{OS}$

Beweis:

(A.6.2.2.1) $16b\gamma - 5(1+2\beta)^2 < 40b\gamma - 5(1+2\beta)^2$

$$\Leftrightarrow$$

(A.6.2.2.2) $16 < 40$

Dementsprechend gilt die obige Behauptung.

A.6.2.3. Behauptung: $x^M = \frac{(a-A)(1+2\beta)}{6b\gamma-(1+2\beta)^2} < \frac{5(1+2\beta)(a-A)}{16b\gamma-5(1+2\beta)^2} = x^{OS}$

Beweis:

(A.6.2.3.1) $16b\gamma - 5(1+2\beta)^2 < 30b\gamma - 5(1+2\beta)^2$

$$\Leftrightarrow$$

(A.6.2.3.1) $16 < 30$

Dementsprechend gilt die obige Behauptung.

A.6.2.4. Behauptung: $x^G = \frac{(a-A)}{6b\gamma-1-2\beta} < \frac{5(1+2\beta)(a-A)}{16b\gamma-5(1+2\beta)^2} = x^{OS}$ für $0<\beta<1$.

Beweis:

(A.6.2.4.1) $16b\gamma - 5(1+2\beta)^2 < 30b\gamma(1+2\beta) - 5(1+2\beta)^2$

$$\Leftrightarrow$$

(A.6.2.4.2) $\frac{16b\gamma}{(1+2\beta)} < 30b\gamma$

$$\Leftrightarrow$$

(A.6.2.4.3) $\frac{16-30(1+2\beta)}{(1+2\beta)} < 0$

$$\Leftrightarrow$$

(A.6.2.4.4) $-14 < 60\beta$

$$\Leftrightarrow$$

(A.6.2.4.5) $\frac{-14}{60} < \beta$

Dementsprechend gilt die obige Behauptung für $0 < \beta < 1$.

A.7. Beweis der Behauptungen in Übersicht 9 in Abschnitt 4.3. [9]

A.7.1. Gesamtangebotsmenge in den vier Situationen und first-best-Situation

A.7.1.1. Behauptung: $Q^W = \frac{6(a-A)\gamma}{8b\gamma - 3 - 4\beta + 4\beta^2} < \frac{3(a-A)\gamma}{3b\gamma - (1+2\beta)^2} = Q^O$ für $0 < \beta < 1$ und $b\gamma \geq \frac{1}{2}$

Beweis:

(A.7.1.1.1) $6b\gamma - 2(1+2\beta)^2 < 8b\gamma - \left[3 + 4\beta - 4\beta^2\right]$

$$\Leftrightarrow$$

(A.7.1.1.2) $6b\gamma - 8b\gamma < 2(1+2\beta)^2 - \left[3 + 4\beta - 4\beta^2\right]$

$$\Leftrightarrow$$

(A.7.1.1.3) $-2b\gamma < 2 + 8\beta + 8\beta^2 - \left[3 + 4\beta - 4\beta^2\right]$

$$\Leftrightarrow$$

(A.7.1.1.4) $-2b\gamma < 4\beta + 12\beta^2 - 1$

$$\Leftrightarrow$$

(A.7.1.1.5) $0 < 4\beta + 12\beta^2 - 1 + 2b\gamma$

Für $0 < \beta < 1$ und $b\gamma \geq \frac{1}{2}$ gilt $0 < 4\beta + 12\beta^2 - 1 + 2b\gamma$.

A.7.1.2. Behauptung: $Q^K = \frac{6(a-A)\gamma}{8b\gamma - (1+2\beta)^2} < \frac{3(a-A)\gamma}{3b\gamma - (1+2\beta)^2} = Q^O$ für $0 < \beta < 1$.

Beweis:

(A.7.1.2.1) $6b\gamma - 2(1+2\beta)^2 < 8b\gamma - (1+2\beta)^2$

$$\Leftrightarrow$$

(A.7.1.2.2) $6b\gamma - 8b\gamma < 2(1+2\beta)^2 - (1+2\beta)^2$

$$\Leftrightarrow$$

9 Für die Beweisführung wird stets die Gültigkeit der Annahmen in Abschnitt 2.3. vorausgesetzt.

(A.7.1.2.3) $-2b\gamma < (1+2\beta)^2$

$$\Leftrightarrow$$

(A.7.1.2.4) $0 < 4\beta^2 + 4\beta + 1 + 2b\gamma$

Dementsprechend gilt die obige Behauptung für $0 < \beta < 1$.

A.7.1.3. Behauptung: $Q^M = \dfrac{3(a-A)\gamma}{6b\gamma - (1+2\beta)^2} < \dfrac{3(a-A)\gamma}{3b\gamma - (1+2\beta)^2} = Q^O$

Beweis:

(A.7.1.3.1) $3b\gamma - (1+2\beta)^2 < 6b\gamma - (1+2\beta)^2$

$$\Leftrightarrow$$

(A.7.1.3.2) $3 < 6$

Dementsprechend gilt die obige Behauptung.

A.7.1.4. Behauptung: $Q^G = \dfrac{3(a-A)\gamma}{6b\gamma - (1+2\beta)} < \dfrac{3(a-A)\gamma}{3b\gamma - (1+2\beta)^2} = Q^O$ für $0 < \beta < 1$.

Beweis:

(A.7.1.4.1) $3b\gamma - (1+2\beta)^2 < 6b\gamma - (1+2\beta)$

$$\Leftrightarrow$$

(A.7.1.4.2) $0 < (1+2\beta)^2 - (1+2\beta) + 3b\gamma$

$$\Leftrightarrow$$

(A.7.1.4.2) $0 < 1 + 4\beta + 4\beta^2 - 1 - 2\beta + 3b\gamma$

(A.7.1.4.2) $0 < 4\beta^2 + 2\beta + 3b\gamma$

Dementsprechend gilt die obige Behauptung für $0 < \beta < 1$.

A.7.2. Gesamtangebotsmenge in den vier Situationen und second-best-Situation

A.7.2.1. Behauptung: $Q^W = \dfrac{6(a-A)\gamma}{8b\gamma - 3 - 4\beta + 4\beta^2} < \dfrac{12(a-A)\gamma}{16b\gamma - 5(1+2\beta)^2} = Q^{OS}$ für $0 < \beta < \dfrac{1}{14}$ und $\dfrac{1}{14} < \beta < 1$.

Beweis:

(A.7.2.1.1) $16b\gamma - 5(1+2\beta)^2 < 16b\gamma - 2[3 + 4\beta - 4\beta^2]$

$$\Leftrightarrow$$

(A.7.2.1.2) $0 < 5 + 20\beta + 20\beta^2 - 6 - 8\beta + 8\beta^2$

$$\Leftrightarrow$$

(A.7.2.1.3) $0<-1+12\beta+28\beta^2$

$$\Leftrightarrow$$

(A.7.2.1.4) $0<\beta^2+\frac{3}{7}\beta-\frac{1}{28}$

Diese Ungleichung ist für alle β erfüllt, für die gilt, $\frac{1}{14}<\beta<1$. Für $\beta=\frac{1}{14}$ gilt $0=\beta^2+\frac{3}{7}\beta-\frac{1}{28}$ und demnach $Q^W=Q^{OS}$. Für $0<\beta<\frac{1}{14}$ gilt $0>\beta^2+\frac{3}{7}\beta-\frac{1}{28}$ und demnach $Q^W>Q^{OS}$.

A.7.2.2. Behauptung: $Q^K=\frac{6(a-A)\gamma}{8b\gamma-(1+2\beta)^2}<\frac{12(a-A)\gamma}{16b\gamma-5(1+2\beta)^2}=Q^{OS}$ für $0<\beta<1$.

Beweis:

(A.7.2.2.1) $16b\gamma-5(1+2\beta)^2<16b\gamma-2(1+2\beta)^2$

$$\Leftrightarrow$$

(A.7.2.2.2) $-3(1+2\beta)^2<0$

$$\Leftrightarrow$$

(A.7.2.2.3) $-1-4\beta-4\beta^2<0$

Dementsprechend gilt die obige Behauptung für $0<\beta<1$.

A.7.2.3. Behauptung: $Q^M=\frac{3(a-A)\gamma}{6b\gamma-(1+2\beta)^2}<\frac{12(a-A)\gamma}{16b\gamma-5(1+2\beta)^2}=Q^{OS}$

Beweis:

(A.7.2.3.1) $16b\gamma-5(1+2\beta)^2<24b\gamma-4(1+2\beta)^2$

$$\Leftrightarrow$$

(A.7.2.3.2) $-8b\gamma-1-4\beta-4\beta^2<0$

Dementsprechend gilt die obige Behauptung für $0<\beta<1$.

A.7.2.4. Behauptung: $Q^G=\frac{3(a-A)\gamma}{6b\gamma-(1+2\beta)}<\frac{12(a-A)\gamma}{16b\gamma-5(1+2\beta)^2}=Q^{OS}$ für $0<\beta<1$.

Beweis:

(A.7.2.4.1) $16b\gamma-5(1+2\beta)^2<24b\gamma-4-8\beta$

$$\Leftrightarrow$$

(A.7.2.4.2) $-8b\gamma-1-12\beta-20\beta^2<0$

Dementsprechend gilt die obige Behauptung für $0<\beta<1$.

A.8. Beweis der Behauptungen in Übersicht 11 in Abschnitt 4.3. [10]

A.8.1. Forschungseinheiten im Wettbewerb und in der FuE-Kooperation

Behauptung: $x^W = \frac{(3-2\beta)(a-A)}{8b\gamma-3-4\beta+4\beta^2} < \frac{(1+2\beta)(a-A)}{8b\gamma-(1+2\beta)^2} = x^K$ für $\frac{1}{2}<\beta$

Beweis:

$$\text{(A.8.1.1)}\quad \begin{aligned}&(3-2\beta)8b\gamma-(3-2\beta)(1+2\beta)^2\\ &<(2\beta+1)8b\gamma-(2\beta+1)\left[3+4\beta-4\beta^2\right]\end{aligned}$$

$$\Leftrightarrow$$

$$\text{(A. 8.1.2)}\quad \frac{(3-2\beta)8b\gamma}{(1+2\beta)}-(3-2\beta)(1+2\beta)<8b\gamma-\left[3+4\beta-4\beta^2\right]$$

$$\Leftrightarrow$$

$$\text{(A. 8.1.3)}\quad \frac{(3-2\beta)8b\gamma-8b\gamma(1+2\beta)}{(1+2\beta)}<3+4\beta-4\beta^2-\left[3+4\beta-4\beta^2\right]$$

$$\Leftrightarrow$$

$$\text{(A. 8.1.4)}\quad \frac{24b\gamma-16b\gamma\beta-8b\gamma-16b\gamma\beta}{(1+2\beta)}<0$$

$$\Leftrightarrow$$

$$\text{(A. 8.1.5)}\quad \frac{1}{2}<\beta$$

Analog läßt sich zeigen, daß $x^W = x^K$ für $1/2=\beta$ und $x^W > x^K$ für $1/2>\beta$.

A.8.2. Forschungseinheiten im Wettbewerb und im Monopol

Behauptung: $x^W = \frac{(3-2\beta)(a-A)}{8b\gamma-3-4\beta+4\beta^2} < \frac{(a-A)(1+2\beta)}{6b\gamma-(1+2\beta)^2} = x^M$ für $\frac{10}{28}<\beta$

Beweis:

$$\text{(A.8.2.1)}\quad \begin{aligned}&(3-2\beta)6b\gamma-(3-2\beta)(1+2\beta)^2\\ &<(2\beta+1)8b\gamma-(2\beta+1)\left[3+4\beta-4\beta^2\right]\end{aligned}$$

$$\Leftrightarrow$$

10 Für die Beweisführung wird stets die Gültigkeit der Annahmen in Abschnitt 2.3. vorausgesetzt.

$$\text{(A.8.2.2)}\quad \begin{aligned}&(3-2\beta)6b\gamma-(2\beta+1)8b\gamma\\&<(3-2\beta)(1+2\beta)^2-(2\beta+1)\left[3+4\beta-4\beta^2\right]\end{aligned}$$

$$\Leftrightarrow$$

$$\text{(A.8.2.3)}\quad \begin{aligned}&\frac{(3-2\beta)6b\gamma-(2\beta+1)8b\gamma}{(1+2\beta)}\\&<(3-2\beta)(1+2\beta)-\left[3+4\beta-4\beta^2\right]\end{aligned}$$

$$\Leftrightarrow$$

$$\text{(A.8.2.4)}\quad \frac{18b\gamma-12\beta b\gamma-16\beta b\gamma-8b\gamma}{(1+2\beta)}<0$$

$$\Leftrightarrow$$

$$\text{(A.8.2.5)}\quad \frac{10b\gamma}{(1+2\beta)}<\frac{28\beta b\gamma}{(1+2\beta)}$$

$$\Leftrightarrow$$

$$\text{(A.8.2.6)}\quad \frac{10}{28}<\beta$$

Analog läßt sich zeigen, daß $x^W = x^M$ für $10/28=\beta$ und $x^W > x^M$ für $10/28>\beta$.

A.8.3. Forschungseinheiten im Wettbewerb und im Gütermarktmonopol

Behauptung: $x^W = \dfrac{(3-2\beta)(a-A)}{8b\gamma-3-4\beta+4\beta^2} < \dfrac{(a-A)}{6b\gamma-1-2\beta} = x^G$ für $\dfrac{10}{12}<\beta$

Beweis:

$$\text{(A.8.3.1)}\quad \begin{aligned}&(3-2\beta)6b\gamma-(3-2\beta)(1+2\beta)\\&<8b\gamma-\left[3+4\beta-4\beta^2\right]\end{aligned}$$

$$\Leftrightarrow$$

$$\text{(A.8.3.2)}\quad \begin{aligned}&(3-2\beta)6b\gamma-8b\gamma\\&<(3-2\beta)(1+2\beta)-\left[3+4\beta-4\beta^2\right]\end{aligned}$$

$$\Leftrightarrow$$

$$\text{(A.8.3.3)}\quad \begin{aligned}&(3-2\beta)6b\gamma-8b\gamma\\&<3+4\beta-4\beta^2-\left[3+4\beta-4\beta^2\right]\end{aligned}$$

$$\Leftrightarrow$$

$$\text{(A.8.3.4)}\quad 18b\gamma-12\beta b\gamma-8b\gamma<0$$

$$\Leftrightarrow$$

$$\text{(A.8.3.5)}\quad 10b\gamma<12\beta b\gamma$$

$$\Leftrightarrow$$

(A.8.3.6) $\frac{10}{12} < \beta$

Analog läßt sich zeigen, daß $x^W = x^G$ für $10/12 = \beta$ und $x^W > x^G$ für $10/12 > \beta$.

A.8.4. Forschungseinheiten in der FuE-Kooperation und im Monopol

Behauptung: $x^M = \frac{(a-A)(1+2\beta)}{6b\gamma - (1+2\beta)^2} < \frac{(1+2\beta)(a-A)}{8b\gamma - (1+2\beta)^2} = x^K$

Beweis:

(A.8.4.1) $6b\gamma - (1+2\beta)^2 < 8b\gamma - (1+2\beta)^2$

$\Leftrightarrow$

(A.8.4.2) $6b\gamma - (1+2\beta)^2 < 8b\gamma - (1+2\beta)^2$

$\Leftrightarrow$

(A.8.4.3) $6 < 8$

Dementsprechend gilt die obige Behauptung.

A.8.5. Forschungseinheiten in der FuE-Kooperation und im Gütermarktmonopol

Behauptung: $x^G = \frac{(a-A)}{6b\gamma - 1 - 2\beta} < \frac{(1+2\beta)(a-A)}{8b\gamma - (1+2\beta)^2} = x^K$ für $\frac{1}{6} < \beta$

Beweis:

(A.8.5.1) $8b\gamma - (1+2\beta)^2 < (1+2\beta)6b\gamma - (1+2\beta)^2$

$\Leftrightarrow$

(A.8.5.2) $8b\gamma - (1+2\beta)6b\gamma < 0$

$\Leftrightarrow$

(A.8.5.3) $8b\gamma - 6b\gamma - 12\beta b\gamma < 0$

$\Leftrightarrow$

(A.8.5.4) $2b\gamma < 12\beta b\gamma$

$\Leftrightarrow$

(A.8.5.5) $\frac{1}{6} < \beta$

Analog läßt sich zeigen, daß $x^K = x^G$ für $1/6 = \beta$ und $x^K > x^G$ für $1/6 > \beta$.

A.8.6. Forschungseinheiten im Monopol und im Gütermarktmonopol

Behauptung: $x^G = \frac{(a-A)}{6b\gamma - 1 - 2\beta} < \frac{(a-A)(1+2\beta)}{6b\gamma - (1+2\beta)^2} = x^M$ für $0 < \beta < 1$

Beweis:

(A.8.6.1) $6b\gamma-(1+2\beta)^2<(1+2\beta)6b\gamma-(1+2\beta)^2$

$\Leftrightarrow$

(A.8.6.2) $6b\gamma-(1+2\beta)6b\gamma<0$

$\Leftrightarrow$

(A.8.6.3) $-12\beta<0$

Dementsprechend gilt die obige Behauptung für $0<\beta<1$.

A.8.7. Gesamtangebotsmenge im Wettbewerb und in der FuE-Kooperation

Behauptung: $Q^W=\frac{6(a-A)\gamma}{8b\gamma-3-4\beta+4\beta^2}<\frac{6(a-A)\gamma}{8b\gamma-(1+2\beta)^2}=Q^K$ für $\frac{1}{2}<\beta<1$

Beweis:

(A.8.7.1) $8b\gamma-(1+2\beta)^2<8b\gamma-\left[3+4\beta-4\beta^2\right]$

$\Leftrightarrow$

(A.8.7.2) $0<(1+2\beta)^2-\left[3+4\beta-4\beta^2\right]$

$\Leftrightarrow$

(A.8.7.3) $0<1+4\beta+4\beta^2-\left[3+4\beta-4\beta^2\right]$

$\Leftrightarrow$

(A.8.7.4) $0<8\beta^2-2$

$\Leftrightarrow$

(A.8.7.4) $\frac{1}{2}<\beta$

Dementsprechend gilt die obige Behauptung. Analog läßt sich zeigen, daß $Q^W=Q^K$ für $1/2=\beta$ und $Q^W>Q^K$ für $1/2>\beta$.

A.8.8. Gesamtangebotsmenge im Wettbewerb und im Monopol

Behauptung: $Q^M=\frac{3(a-A)\gamma}{8b\gamma-(1+2\beta)^2}<\frac{6(a-A)\gamma}{8b\gamma-3-4\beta+4\beta^2}=Q^W$ für $0<\beta<1$ und $b\gamma\geq\frac{15}{8}$

Beweis:

(A.8.8.1) $8b\gamma-3-4\beta+4\beta^2<16b\gamma-2(1+2\beta)^2$

$\Leftrightarrow$

(A.8.8.2) $0<8b\gamma+1-4\beta-12\beta^2$

Für $0<\beta<1$ und $b\gamma \geq \frac{15}{8}$ gilt $0<8b\gamma+1-4\beta-12\beta^2$. Dementsprechend gilt die obige Behauptung.

A.8.9. Gesamtangebotsmenge im Wettbewerb und im Gütermarktmonopol

Behauptung: $Q^G = \frac{3(a-A)\gamma}{6b\gamma-(1+2\beta)} < \frac{6(a-A)\gamma}{8b\gamma-3-4\beta+4\beta^2} = Q^W$ für $0<\beta<1$ und $b\gamma \geq \frac{3}{4}$

Beweis:

(A.8.9.1) $8b\gamma-3-4\beta+4\beta^2 < 12b\gamma-2(1+2\beta)$

$$\Leftrightarrow$$

(A.8.9.2) $4\beta^2-1<4b\gamma$

$$\Leftrightarrow$$

(A.8.9.3) $0<4b\gamma+1-4\beta^2$

Für $0<\beta<1$ und $b\gamma \geq \frac{3}{4}$ gilt $0<4b\gamma+1-4\beta^2$. Dementsprechend gilt die obige Behauptung.

A.8.10. Gesamtangebotsmenge in der FuE-Kooperation und im Monopol

Behauptung: $Q^M = \frac{3(a-A)\gamma}{8b\gamma-(1+2\beta)^2} < \frac{6(a-A)\gamma}{8b\gamma-(1+2\beta)^2} = Q^K$ für $0<\beta<1$ und $b\gamma \geq \frac{9}{8}$

Beweis:

(A.8.10.1) $8b\gamma-(1+2\beta)^2 < 16b\gamma-2(1+2\beta)^2$

$$\Leftrightarrow$$

(A.8.10.2) $8b\gamma < 16b\gamma-(1+2\beta)^2$

$$\Leftrightarrow$$

(A.8.10.3) $0<8b\gamma-1-4\beta-4\beta^2$

Für $0<\beta<1$ und $b\gamma \geq \frac{9}{8}$ gilt $0<8b\gamma-1-4\beta-4\beta^2$. Dementsprechend gilt die obige Behauptung.

A.8.11. Gesamtangebotsmenge in der FuE-Kooperation und im Gütermarktmonopol

Behauptung: $Q^G = \frac{3(a-A)\gamma}{6b\gamma-(1+2\beta)} < \frac{6(a-A)\gamma}{8b\gamma-(1+2\beta)^2} = Q^K$ für $0<\beta<1$ und $b\gamma \geq \frac{1}{4}$

Beweis:

(A.8.11.1) $8b\gamma-(1+2\beta)^2<12b\gamma-2(1+2\beta)$

$\Leftrightarrow$

(A.8.11.2) $0<4b\gamma-2-4\beta+1+4\beta+4\beta^2$

$\Leftrightarrow$

(A.8.11.3) $0<4b\gamma-1+4\beta^2$

Für $0<\beta<1$ und $b\gamma\geq\frac{1}{4}$ gilt $0<4b\gamma-1+4\beta^2$. Dementsprechend gilt die obige Behauptung.

A.8.12. Gesamtangebotsmenge im Monopol und im Gütermarktmonopol

Behauptung: $Q^G=\frac{3(a-A)\gamma}{6b\gamma-(1+2\beta)}<\frac{3(a-A)\gamma}{6b\gamma-(1+2\beta)^2}=Q^M$ für $0<\beta<1$

Beweis:

(A.8.12.1) $6b\gamma-(1+2\beta)^2<6b\gamma-(1+2\beta)$

$\Leftrightarrow$

(A.8.12.2) $0<1+4\beta+4\beta^2-1-2\beta$

$\Leftrightarrow$

(A.8.12.2) $0<2\beta+4\beta^2$

Dementsprechend gilt die obige Behauptung für $0<\beta<1$.

A.9. Beweis der Behauptungen in Übersicht 10 in Abschnitt 4.3.[11]

A.9.1. Wohlfahrt in den vier Situationen und first best-Situation

A.9.1.1. Wohlfahrt im Wettbewerb und first best-Wohlfahrt

Dieser Beweis kann teilweise verbal geführt werden. Die first best-Forschungseinheiten stellen die Bedingung für eine maximale Wohlfahrt dar. Sofern die Forschungseinheiten im Wettbewerb geringer oder größer als die first best-Forschungseinheiten sind, ist die Wohlfahrt geringer. Gemäß (A.6.1.1) ist dies der Fall, wenn $1/22<\beta$ oder $1/22>\beta$. Zu klären ist nun der Fall, daß die Forschungseinheiten im Wettbewerb gleich den first best-Forschungseinheiten sind. Dies ist der Fall, wenn $1/22=\beta$.

---

11 Für die Beweisführung wird stets die Gültigkeit der Annahmen in Abschnitt 3. vorausgesetzt

Behauptung: [12]

$$W^O - W^W = \frac{[a - A + (1 + (2/22))x]^2}{2b} - \frac{3\gamma x^2}{2}$$

$$-\frac{15[a - A + (1 + (2/22))x]^2}{32b} + \frac{3\gamma x^2}{2} > 0$$

(A.9.1.1.1) $$\frac{16[a - A + (1 + (2/22))x]^2}{32b} - \frac{15[a - A + (1 + (2/22))x]^2}{32b} > 0$$

$$\Leftrightarrow$$

(A.9.1.1.2) $$\frac{[a - A + (1 + (2/22))x]^2}{32b} > 0$$

Dementsprechend gilt die obige Behauptung.

A.9.1.2. Wohlfahrt im Monopol, im Gütermarktmonopol und in der Kooperation und first best-Wohlfahrt

Dieser Beweis kann verbal geführt werden. Die Forschungseinheiten sind in den drei genannten Situationen stets geringer als die first best-Forschungseinheiten. Dies ist das Ergebnis der Beweise A.6.1.2 - A.6.1.4. Da aber die first best-Forschungseinheiten die Wohlfahrt maximal werden lassen, muß die Wohlfahrt in den anderen Fällen geringer sein.

A.9.2. Wohlfahrt in den vier Situationen und second best-Situation

A.9.2.1. Wohlfahrt im Wettbewerb und second best-Wohlfahrt

Dieser Beweis kann teilweise verbal geführt werden. Die second best-Forschungseinheiten stellen die Bedingung für eine maximale Wohlfahrt dar. Sofern die Forschungseinheiten im Wettbewerb geringer oder größer als die second best-Forschungseinheiten sind, ist die Wohlfahrt im Wettbewerb geringer. Dies ist der Fall, wenn $1/14 < \beta$ oder $1/14 > \beta$ (Siehe A.6.2.1.). Zu klären ist nun der Fall, daß die Forschungseinheiten im Wettbewerb gleich den second best-Forschungseinheiten sind. Dies ist der Fall, wenn $1/14 = \beta$.

---

12 1. W^O ergibt sich durch Einsetzen von x^O in (A.4.1.6).
2. W^W ergibt sich
a) durch Einsetzen von (3.1.3 oder A.1.17) in (A.4.1.2). Dann erhält man (A.4.2.5) $= W^S(x, Q^{WP})$.
b) durch Einsetzen von x^W in (A.4.2.5).
3. Da gilt $x^W = x^O$ für $\beta = 1/22$, läßt sich schreiben $x^W = x^O = x$.

Behauptung:[13]

$$W^{OS} - W^{W} = \frac{15[a - A + (1 + (2/14))x]^2}{32b} - \frac{3\gamma x^2}{2}$$

$$- \frac{15[a - A + (1 + (2/14))x]^2}{32b} + \frac{3\gamma x^2}{2} = 0$$

(A.9.1.1.1) $$\frac{15[a - A + (1 + (2/14))x]^2}{32b} - \frac{15[a - A + (1 + (2/14))x]^2}{32b} = 0$$

Gemäß (A.6.2.1.) gilt $x^W = x^{OS}$ für $1/14 = \beta$. Dementsprechend gilt die obige Behauptung.

A.9.2.2. Wohlfahrt im Monopol, im Gütermarktmonopol und in der FuE-Kooperation und second best-Wohlfahrt

Dieser Beweis kann verbal geführt werden. Die Forschungseinheiten sind in den drei genannten Situationen stets geringer als die second best-Forschungseinheiten. Dies ist das Ergebnis der Beweise A.6.2.2 - A.6.2.4. Da aber die second best-Forschungseinheiten die Wohlfahrt maximal werden lassen, muß die Wohlfahrt in den anderen Fällen geringer sein.

A.9.3. Wohlfahrt im Wettbewerb und in der FuE-Kooperation

A.9.3.1. Behauptung: $W^K > W^W$ für $1/2 < \beta$.

Beweis:

Gemäß (A.4.2.) gilt $\partial W^S / \partial x > 0$, falls $x < x^{OS}$. Gemäß (A.6.2.1.) und (A.6.2.2.) gelten $x^W < x^{OS}$ und $x^K < x^{OS}$ für $1/2 < \beta$. Für $1/2 < \beta$ gilt $x^W < x^K$ gemäß (A.8.1.). Also folgt $W^K > W^W$ für $1/2 < \beta$.

A.9.3.2. Behauptung: $W^K = W^W$ für $1/2 = \beta$.

13 1. W^{OS} ergibt sich durch Einsetzen von x^{OS} in (A.4.2.5).

2. W^W ergibt sich

a) durch Einsetzen von (3.1.3 oder A.1.17) in (A.4.1.2). Dann erhält man (A.4.2.5) $= W^S(x, Q^{WP})$.

b) durch Einsetzen von x^W in (A.4.2.5).

3. Da gilt $x^W = x^{OS}$ für $\beta = 1/14$, läßt sich schreiben $x^W = x^{OS} = x$.

Beweis[14]:

$$W^W - W^K =$$

$$\text{(A.9.3.2.1)}\quad \frac{15[a - A + (1+(2/2))x^K]^2}{32b} - \frac{15[a - A + (1+(2/2))x^W]^2}{32b} = 0$$

Gemäß (A.8.1) gilt $x^W = x^K$, falls $1/2 = \beta$. Also folgt $W^K = W^W$.

A.9.3.3. Behauptung: $W^K < W^W$ für $1/2 > \beta > 1/14$.

Beweis:

Gemäß (A.4.2.) gilt $\partial W^S / \partial x > 0$, falls $x < x^{OS}$. Gemäß (A.6.2.1.) und (A.6.2.2.) gelten $x^W < x^{OS}$ und $x^K < x^{OS}$ für $1/2 > \beta > 1/14$. Für $1/2 > \beta > 1/14$ gilt $x^W > x^K$ gemäß (A.8.1.). Also folgt $W^K < W^W$ für $1/2 > \beta > 1/14$.

A.9.3.4. $W^K < W^W$ für $\beta = 1/14$.

Beweis:

Gemäß (A.4.2.) gilt $\partial W^S / \partial x > 0$, falls $x < x^{OS}$. Gemäß (A.6.2.2.) gilt $x^K < x^{OS}$ für $\beta = 1/14$. Also gilt $W^K < W^{OS}$. Gemäß (A.9.2.1) gilt $W^W = W^{OS}$ für $\beta = 1/14$. Also folgt $W^K < W^W$ für $\beta = 1/14$.

A.9.3.5. Behauptung: $W^W > W^K$ für $x^K < x^{OS} < x^W$, $0 < \beta < 1/14$ und $0{,}4602464 \leq b\gamma$.

Beweis:

Für die second best-Forschungseinheiten gilt, daß der gesellschaftliche Grenzertrag der Forschung gleich den gesellschaftlichen Grenzkosten der Forschung ist. Der gesellschaftliche Grenzertrag und die gesellschaftlichen Grenzkosten sind in folgender Bedingung enthalten (A.4.2.6):

---

14 1. W^W ergibt sich

a) durch Einsetzen von (3.1.3 oder A.1.17) in (A.4.1.2). Dann erhält man (A.4.2.5) $= W^S(x, Q^{WP})$.

b) durch Einsetzen von x^W in (A.4.2.5).

2. W^K ergibt sich

a) durch Einsetzen von (3.1.3 oder A.1.17) in (A.4.1.2). Dann erhält man (A.4.2.5) $= W^S(x, Q^{WP})$. (Sofern die Forschungseinheiten unbestimmt sind, ergibt sich in der FuE-Kooperation ebenfalls (3.1.3 oder A.1.17))

b) durch Einsetzen von x^K in (A.4.2.5).

(A.9.3.5.1) $$\frac{\partial W^S(x,Q^{WP})}{\partial x} = \frac{15(1+2\beta)[a-A+(1+2\beta)x]}{16b} - 3\gamma x = 0$$

Der erste Term entspricht dem Grenzertrag, der zweite den Grenzkosten. Sowohl der Grenzertrag als auch die Grenzkosten verändern sich linear im Verhältnis zu x. An der Stelle x^{OS} gilt Grenzertrag (Ge) = Grenzkosten (Gk). Bei einem externen Effekt in Höhe von $\beta < 1/14$ gilt $x^W > x^{OS}$ (gemäß A.6.2.1.) und $x^K < x^{OS}$ (gemäß A.6.2.2.). Also gilt bei $x^W > x^{OS}$, daß Grenzkosten der Forschung > Grenzertrag der Forschung und bei $x^K < x^{OS}$ Grenzertrag der Forschung > Grenzkosten der Forschung (Dies läßt sich in den Abbildungen 5 u. 7 in Abschnitt 4.3. leicht erkennen. Formal läßt sich dies zeigen, indem x^W und x^K in A.9.3.5.1 eingesetzt werden). Je geringer die Differenz zwischen Grenzertrag und Grenzkosten ausfällt, um so höher fällt die Wohlfahrt aus. Dann folgt $W^W > W^K$ für $x^K < x^{OS} < x^W$ und $0 < \beta < 1/14$, falls:

Ge (x^K) - Gk (x^K) > Gk (x^W) - Ge (x^W)

Also:

(A.9.3.5.2) $$\frac{15(1+2\beta)[a-A+(1+2\beta)x^K]}{16b} - 3\gamma x^K > 3\gamma x^W - \frac{15(1+2\beta)[a-A+(1+2\beta)x^W]}{16b}$$

(A.9.3.5.3) $$\frac{15(1+2\beta)a-A}{16b} + \frac{15(1+2\beta)^2 x^K}{16b} - 3\gamma x^K > 3\gamma x^W - \frac{15(1+2\beta)a-A}{16b} - \frac{15(1+2\beta)x^W}{16b}$$

(A.9.3.5.4) $$\frac{30(1+2\beta)a-A}{16b} + \frac{15(1+2\beta)^2(x^K+x^W)}{16b} - 3\gamma(x^K+x^W) > 0$$

(A.9.3.5.5) $$30(1+2\beta)(a-A)+15(1+2\beta)^2(x^K+x^W)-48b\gamma(x^K+x^W) > 0$$

(A.9.3.5.6) $$30(1+2\beta)(a-A) > 48b\gamma(x^K+x^W)-15(1+2\beta)^2(x^K+x^W)$$

(A.9.3.5.7) $$30(1+2\beta)(a-A) > [48b\gamma-15(1+2\beta)^2](x^K+x^W)$$

(A.9.3.5.8) $$\frac{30(1+2\beta)(a-A)}{[48b\gamma-15(1+2\beta)^2]} > (x^K+x^W)$$

(A.9.3.5.9) $$2\frac{5(1+2\beta)(a-A)}{[16b\gamma-5(1+2\beta)^2]} > (x^K+x^W)$$

(A.9.3.5.10) $$2\frac{5(1+2\beta)(a-A)}{[16b\gamma-5(1+2\beta)^2]} >$$

$$x^K+x^W = \frac{(3-2\beta)(a-A)}{8b\gamma-3-4\beta+4\beta^2} + \frac{(1+2\beta)(a-A)}{8b\gamma-(1+2\beta)^2}$$

$$2\frac{5(1+2\beta)}{\left[16b\gamma-5(1+2\beta)^2\right]}>$$

(A.9.3.5.11)
$$\frac{(3-2\beta)\left[8b\gamma-(1+2\beta)^2\right]+(1+2\beta)\left[8b\gamma-3-4\beta+4\beta^2\right]}{\left[8b\gamma-3-4\beta+4\beta^2\right]\left[8b\gamma-(1+2\beta)^2\right]}$$

$$2\frac{5(1+2\beta)}{\left[16b\gamma-5(1+2\beta)^2\right]}>$$

(A.9.3.5.12)
$$\frac{32b\gamma-(3-2\beta)\left[1+4\beta+4\beta^2\right]+(1+2\beta)\left[-3-4\beta+4\beta^2\right]}{\left[8b\gamma-3-4\beta+4\beta^2\right]\left[8b\gamma-(1+2\beta)^2\right]}$$

$$2\frac{5(1+2\beta)}{\left[16b\gamma-5(1+2\beta)^2\right]}>$$

(A.9.3.5.13)
$$\frac{32b\gamma-(3+12\beta+12\beta^2-2\beta-8\beta^2-8\beta^3)}{\left[8b\gamma-3-4\beta+4\beta^2\right]\left[8b\gamma-(1+2\beta)^2\right]}+\frac{(-6\beta-8\beta^2+8\beta^3-3-4\beta+4\beta^2)}{\left[8b\gamma-3-4\beta+4\beta^2\right]\left[8b\gamma-(1+2\beta)^2\right]}$$

$$2\frac{5(1+2\beta)}{\left[16b\gamma-5(1+2\beta)^2\right]}>$$

(A.9.3.5.14)
$$\frac{32b\gamma-(3+10\beta+4\beta^2-8\beta^3)+(-10\beta-4\beta^2+8\beta^3-3)}{\left[8b\gamma-3-4\beta+4\beta^2\right]\left[8b\gamma-(1+2\beta)^2\right]}$$

(A.9.3.5.15)
$$2\frac{5(1+2\beta)}{\left[16b\gamma-5(1+2\beta)^2\right]}>\frac{32b\gamma-6-20\beta-8\beta^2+16\beta^3}{\left[8b\gamma-3-4\beta+4\beta^2\right]\left[8b\gamma-(1+2\beta)^2\right]}$$

(A.9.3.5.16)
$$2\frac{5(1+2\beta)}{16b\gamma-5(1+2\beta)^2}>\frac{2\left[16b\gamma-3-10\beta-4\beta^2+8\beta^3\right]}{\left[8b\gamma-3-4\beta+4\beta^2\right]\left[8b\gamma-(1+2\beta)^2\right]}$$

(A.9.3.5.17)
$$10(1+2\beta)\left[8b\gamma-3-4\beta+4\beta^2\right]\left[8b\gamma-(1+2\beta)^2\right]>$$
$$2\left[16b\gamma-3-10\beta-4\beta^2+8\beta^3\right]\left[16b\gamma-5(1+2\beta)^2\right]$$

(A.9.3.5.18)
$$5(1+2\beta)\left[8b\gamma-3-4\beta+4\beta^2\right]\left[8b\gamma-(1+2\beta)^2\right]>$$
$$\left[16b\gamma-3-10\beta-4\beta^2+8\beta^3\right]\left[16b\gamma-5(1+2\beta)^2\right]$$

(A.9.3.5.19)
$$\left[8b\gamma+16b\gamma\beta-3-10\beta-4\beta^2+8\beta^3\right]\left[40b\gamma-5(1+2\beta)^2\right]>$$
$$\left[16b\gamma-3-10\beta-4\beta^2+8\beta^3\right]\left[16b\gamma-5(1+2\beta)^2\right]$$

(A.9.3.5.20)
$$\left[8b\gamma+16b\gamma\beta-3-10\beta-4\beta^2+8\beta^3\right]40b\gamma$$
$$-(8b\gamma+16b\gamma\beta)\left[5(1+2\beta)^2\right]>\left[16b\gamma-3-10\beta-4\beta^2+8\beta^3\right]16b\gamma$$
$$-16b\gamma\left[5(1+2\beta)^2\right]$$

$$\text{(A.9.3.5.21)}\quad \begin{aligned}&\left[8b\gamma+16b\gamma\beta-3-10\beta-4\beta^2+8\beta^3\right]40b\gamma\\&+(8b\gamma-16b\gamma\beta)\left[5(1+2\beta)^2\right]>\\&\left[16b\gamma-3-10\beta-4\beta^2+8\beta^3\right]16b\gamma\end{aligned}$$

$$\text{(A.9.3.5.22)}\quad \begin{aligned}&\left[8b\gamma+16b\gamma\beta-3-10\beta-4\beta^2+8\beta^3\right]5+(1-2\beta)\left[5(1+2\beta)^2\right]>\\&\left[16b\gamma-3-10\beta-4\beta^2+8\beta^3\right]2\end{aligned}$$

$$\text{(A.9.3.5.23)}\quad \begin{aligned}&\left[40b\gamma+80b\gamma\beta-15-50\beta-20\beta^2+40\beta^3\right]+(1-2\beta)\left[5(1+2\beta)^2\right]>\\&\left[32b\gamma-6-10\beta-8\beta^2+16\beta^3\right]\end{aligned}$$

$$\text{(A.9.3.5.24)}\quad \left[8b\gamma+80b\gamma\beta-9-40\beta-12\beta^2+24\beta^3\right]+(1-2\beta)\left[5(1+2\beta)^2\right]>0$$

$$\text{(A.9.3.5.25)}\quad \begin{aligned}&\left[8b\gamma+80b\gamma\beta-9-40\beta-12\beta^2+24\beta^3\right]\\&+(1-2\beta)\left[5+20\beta+20\beta^2\right]>0\end{aligned}$$

$$\text{(A.9.3.5.26)}\quad \begin{aligned}&\left[8b\gamma+80b\gamma\beta-9-40\beta-12\beta^2+24\beta^3\right]\\&+\left[5+10\beta-20\beta^2-40\beta^3\right]>0\end{aligned}$$

$$\text{(A.9.3.5.27)}\quad 8b\gamma+80b\gamma\beta-4-30\beta-32\beta^2-16\beta^3>0$$

$$\text{(A.9.3.5.28)}\quad 4b\gamma+40b\gamma\beta-2-15\beta-16\beta^2-8\beta^3>0$$

$$\text{(A.9.3.5.29)}\quad 4b\gamma(1+10\beta)-2-\beta(15+16\beta+8\beta^2)>0$$

Diese Ungleichung ist stets erfüllt für $b\gamma \geq 0{,}4602464$ und $0<\beta<1/14$.

A.10. Beweis der Behauptungen in Übersicht 13. in Abschnitt 4.4.[15]

Gewinn im Wettbewerb und in der FuE-Kooperation

Behauptung: $G_i^W < G_i^K,\ 0<\beta<1/2,\ 1/2<\beta<1,$
$G_i^W = G_i^K, \beta = 1/2\ \ (i=1,2,3)$

Beweis:

Gemäß (3.1.4) in Abschnitt 3.1. und unter Verwendung der Symmetrieannahme ist der Gewinn eines Unternehmens im Wettbewerb gegeben durch

$$\text{(A.10.1.1)}\quad G_i^W = \frac{\left[a-A+(1+2\beta)x^W\right]^2}{16b}-\frac{\gamma x^{W2}}{2}$$

15 Für die Beweisführung wird stets die Gültigkeit der Annahmen in Abschnitt 3. vorausgesetzt.

Gemäß (3.2.2.1) in Abschnitt 3.2.2. und unter Verwendung der Symmetrieannahme ist der Gewinn eines Unternehmens in der FuE-Kooperation gegeben durch

$$\text{(A.10.1.2)}\quad G_i^K = \frac{\left[a - A + (1+2\beta)x^K\right]^2}{16b} - \frac{\gamma x^{K2}}{2}$$

1. (A.10.1.1) und (A.10.1.2) unterscheiden sich lediglich durch die Höhe von x^W und x^K. Da gemäß A.8.1 gilt $x^W = x^K$ für $\beta = 1/2$, folgt $G_i^W = G_i^K$ für $\beta = 1/2$.

2. Durch zweimaliges Differenzieren der Gewinnfunktion $G = \frac{\left[a - A + (1+2\beta)x\right]^2}{16b} - \frac{\gamma x^2}{2}$ nach x ist festzustellen, daß an der Stelle $x = \frac{(1+2\beta)(a-A)}{8b\gamma - (1+2\beta)^2}$ ein Maximum vorliegt. Gemäß (3.2.2.5) sind die optimalen Forschungseinheiten in der FuE-Kooperation gegeben durch $x^K = \frac{(1+2\beta)(a-A)}{8b\gamma - (1+2\beta)^2}$. Demnach werden in der FuE-Kooperation gerade soviel Forschungseinheiten erstellt, daß der Gewinn des Unternehmens maximal wird.

3. Gemäß A.8.1 gilt $x^W \neq x^K$ für $0 < \beta < 1/2$ und $1/2 < \beta < 1$.

4. Aus 2. und 3. folgt $G_i^W < G_i^K$ für $0 < \beta < 1/2$ und $1/2 < \beta < 1$.

A.11.1. Herleitung der optimalen Forschungseinheiten und Gesamtangebotsmenge im Wettbewerb unter Berücksichtigung einer Subvention

A.11.1.1. Herleitung der optimalen Forschungseinheiten

$$\text{(A.11.1.1.1)}\quad G_1^{WSP} = \frac{\left[(a-A) + (3-2\beta)x_1 + (2\beta-1)(x_2+x_3)\right]^2}{16b} - \frac{\gamma x_1^2}{2} + sx_1 - T$$

$$\text{(A.11.1.1.2)}\quad \frac{\partial G_1^{WSP}}{\partial x_1} = (3-2\beta)\frac{\left[(a-A) + (3-2\beta)x_1 + (2\beta-1)(x_2+x_3)\right]}{8b} - \gamma x_1 + s = 0$$

$$\Rightarrow$$

(A.11.1.1.3) $$(3-2\beta)\frac{[(a-A)+(2\beta-1)(x_2+x_3)]}{8b}+s=\gamma x_1-\frac{(3-2\beta)^2 x_1}{8b}$$

$$\Leftrightarrow$$

(A.11.1.1.4) $$(3-2\beta)\frac{[(a-A)+(2\beta-1)(x_2+x_3)]}{8b}+s=\gamma x_1-\frac{(3-2\beta)^2 x_1}{8b}$$

$$\Leftrightarrow$$

(A.11.1.1.5) $$\begin{aligned}&(3-2\beta)(a-A)+(3-2\beta)(2\beta-1)(x_2+x_3)\\&+8bs=8b\gamma x_1-(3-2\beta)^2 x_1\end{aligned}$$

$$\Leftrightarrow$$

(A.11.1.1.6) $$\frac{(3-2\beta)(a-A)+(3-2\beta)(2\beta-1)(x_2+x_3)+8bs}{8b\gamma-(3-2\beta)^2}=x_1$$

Für x_1, x_2, x_3 wird infolge der Symmetrieannahme x^{ws} eingesetzt.

(A.11.1.1.7) $$\frac{(3-2\beta)(a-A)+8bs}{8b\gamma-(3-2\beta)^2}=x^{ws}-\frac{2(3-2\beta)(2\beta-1)x^{ws}}{8b\gamma-(3-2\beta)^2}$$

$$\Leftrightarrow$$

(A.11.1.1.8) $$(3-2\beta)(a-A)+8bs=\left[8b\gamma-(3-2\beta)^2\right]x^{ws}-2(3-2\beta)(2\beta-1)x^{ws}$$

$$\Leftrightarrow$$

(A.11.1.1.9) $$(3-2\beta)(a-A)+8bs=\left[8b\gamma-9+12\beta-4\beta^2\right]x^{ws}-\left[16\beta-6-8\beta^2\right]x^{ws}$$

$$\Leftrightarrow$$

(A.11.1.1.10) $$(3-2\beta)(a-A)+8bs=\left[8b\gamma-3-4\beta+4\beta^2\right]x^{ws}$$

$$\Leftrightarrow$$

(A.11.1.1.11) $$\frac{(3-2\beta)(a-A)+8bs}{8b\gamma-3-4\beta+4\beta^2}=x^{ws}$$

A.11.1.2. Herleitung der optimalen Gesamtangebotsmenge

(A.11.1.2.1) $$Q^{ws}=\frac{3(a-A)+3(1+2\beta)\left[\frac{(3-2\beta)(a-A)+8bs}{8b\gamma-3-4\beta+4\beta^2}\right]}{4b}$$

$$\Leftrightarrow$$

(A.11.1.2.2) $$Q^{ws}=\frac{\frac{3(a-A)\left[8b\gamma-3-4\beta+4\beta^2\right]}{8b\gamma-3-4\beta+4\beta^2}}{4b}+\frac{\frac{3(1+2\beta)(3-2\beta)(a-A)+3(1+2\beta)8bs}{8b\gamma-3-4\beta+4\beta^2}}{4b}$$

$$\Leftrightarrow$$

(A.11.1.2.3)
$$Q^{WS} = \frac{24(a-A)b\gamma - (9+12\beta-12\beta^2)(a-A)}{\left[8b\gamma - 3 - 4\beta + 4\beta^2\right]4b} + \frac{(3+6\beta)(3-2\beta)(a-A)+3(1+2\beta)8bs}{\left[8b\gamma - 3 - 4\beta + 4\beta^2\right]4b}$$

$$\Leftrightarrow$$

(A.11.1.2.4)
$$Q^{WS} = \frac{24(a-A)b\gamma - (9+12\beta-12\beta^2)(a-A)}{\left[8b\gamma - 3 - 4\beta + 4\beta^2\right]4b} + \frac{(9+12\beta-12\beta^2)(a-A)+3(1+2\beta)8bs}{\left[8b\gamma - 3 - 4\beta + 4\beta^2\right]4b}$$

$$\Leftrightarrow$$

(A.11.1.2.5)
$$Q^{WS} = \frac{6\left[(a-A)\gamma + (1+2\beta)s\right]}{8b\gamma - 3 - 4\beta + 4\beta^2}$$

A.11.2. Herleitung der optimalen Forschungseinheiten und Gesamtangebotsmenge in der FuE-Kooperation unter Berücksichtigung einer Subvention

A.11.2.1. Herleitung der optimalen Forschungseinheiten

(A.11.2.1.1)
$$\begin{aligned} G^{KS} &= G_1^{KSP} + G_2^{KSP} + G_3^{KSP} \\ &= \frac{\left[(a-A)+(3-2\beta)x_1+(2\beta-1)(x_2+x_3)\right]^2}{16b} - \frac{\gamma x_1^2}{2} + sx_1 - T \\ &+ \frac{\left[(a-A)+(3-2\beta)x_2+(2\beta-1)(x_1+x_3)\right]^2}{16b} - \frac{\gamma x_2^2}{2} + sx_2 - T \\ &+ \frac{\left[(a-A)+(3-2\beta)x_3+(2\beta-1)(x_1+x_2)\right]^2}{16b} - \frac{\gamma x_3^2}{2} + sx_3 - T \end{aligned}$$

(A.11.2.1.2)
$$\begin{aligned} &\frac{\partial G_1^{KSP}}{\partial x_1} + \frac{\partial G_2^{KSP}}{\partial x_1} + \frac{\partial G_3^{KSP}}{\partial x_1} \\ &= \frac{(3-2\beta)\left[(a-A)+(3-2\beta)x_1+(2\beta-1)(x_2+x_3)\right]}{8b} - x_1\gamma + s \\ &+ \frac{(2\beta-1)\left[(a-A)+(3-2\beta)x_2+(2\beta-1)(x_1+x_3)\right]}{8b} \\ &+ \frac{(2\beta-1)\left[(a-A+(3-2\beta)x_3+(2\beta-1)(x_1+x_2)\right]}{8b} = 0 \end{aligned}$$

$$\Rightarrow$$

$$\text{(A.11.2.1.3)}\quad \begin{aligned}&\frac{(3-2\beta)[(a-A)+(2\beta-1)(x_2+x_3)]}{8b}+s\\&+\frac{(2\beta-1)[(a-A)+(3-2\beta)x_2+(2\beta-1)x_3]}{8b}\\&+\frac{(2\beta-1)[(a-A)+(3-2\beta)x_3+(2\beta-1)x_2]}{8b}\\&=x_1\gamma-\frac{(3-2\beta)^2x_1+2(2\beta-1)^2x_1}{8b}\end{aligned}$$

$$\Leftrightarrow$$

$$\text{(A.11.2.1.4)}\quad \begin{aligned}&(3-2\beta)[(a-A)+(2\beta-1)(x_2+x_3)]+8bs\\&+(2\beta-1)[(a-A)+(3-2\beta)x_2+(2\beta-1)x_3]\\&+(2\beta-1)[(a-A)+(3-2\beta)x_3+(2\beta-1)x_2]\\&=x_1\left[8b\gamma-(3-2\beta)^2-2(2\beta-1)^2\right]\end{aligned}$$

$$\Leftrightarrow$$

$$\text{(A.11.2.1.5)}\quad \begin{aligned}&(1+2\beta)(a-A)+2(3-2\beta)(2\beta-1)(x_2+x_3)\\&+(2\beta-1)^2(x_2+x_3)+8bs=x_1\left[8b\gamma-(3-2\beta)^2-2(2\beta-1)^2\right]\end{aligned}$$

$$\Leftrightarrow$$

$$\text{(A.11.2.1.6)}\quad \begin{aligned}&(1+2\beta)(a-A)+8bs+(12\beta-5-4\beta^2)(x_2+x_3)\\&=x_1\left[8b\gamma-11+20\beta-12\beta^2\right]\end{aligned}$$

$$\Leftrightarrow$$

$$\text{(A.11.2.1.7)}\quad x_1=\frac{(1+2\beta)(a-A)+8bs+(12\beta-5-4\beta^2)(x_2+x_3)}{8b\gamma-11+20\beta-12\beta^2}$$

Unter Verwendung der Symmetrieannahme werden die Forschungseinheiten der Unternehmen 1, 2 und 3 durch x^{KS} ersetzt.

$$\text{(A.11.2.1.8)}\quad x^{KS}=\frac{(1+2\beta)(a-A)+8bs+2(12\beta-5-4\beta^2)x^{KS}}{8b\gamma-11+20\beta-12\beta^2}$$

$$\Leftrightarrow$$

$$\text{(A.11.2.1.9)}\quad x^{KS}-\frac{2(12\beta-5-4\beta^2)x^{KS}}{8b\gamma-11+20\beta-12\beta^2}=\frac{(1+2\beta)(a-A)+8bs}{8b\gamma-11+20\beta-12\beta^2}$$

$$\Leftrightarrow$$

$$\text{(A.11.2.1.10)}\quad \begin{aligned}&x^{KS}\left[8b\gamma-11+20\beta-12\beta^2-2(12\beta-5-4\beta^2)\right]\\&=(1+2\beta)(a-A)+8bs\end{aligned}$$

$$\Leftrightarrow$$

$$\text{(A.11.2.1.11)}\quad x^{KS}=\frac{(1+2\beta)(a-A)+8bs}{8b\gamma-(1+2\beta)^2}$$

A.11.2.2. Herleitung der optimalen Gesamtangebotsmenge

(A.11.2.2.1) $$Q^{KS} = \frac{3(a-A)+3(1+2\beta)\left[\frac{(1+2\beta)(a-A)+8bs}{8b\gamma-(1+2\beta)^2}\right]}{4b}$$

$$\Leftrightarrow$$

(A.11.2.2.2) $$Q^{KS} = \frac{\frac{3(a-A)\left[8b\gamma-(1+2\beta)^2\right]+3(1+2\beta)^2(a-A)+3(1+2\beta)8bs}{8b\gamma-(1+2\beta)^2}}{4b}$$

$$\Leftrightarrow$$

(A.11.2.2.3) $$Q^{KS} = \frac{24(a-A)b\gamma-3(a-A)(1+2\beta)^2+3(1+2\beta)^2(a-A)+3(1+2\beta)8bs}{\left[8b\gamma-(1+2\beta)^2\right]4b}$$

$$\Leftrightarrow$$

(A.11.2.2.4) $$Q^{KS} = \frac{6\left[(a-A)\gamma+(1+2\beta)s\right]}{8b\gamma-(1+2\beta)^2}$$

A.12. Herleitung der first best-Subventionssätze

A.12.1. Subventionssatz im Wettbewerb

Der Subventionssatz ist so zu bestimmen, daß die Unternehmen im Wettbewerb die first best-Forschungseinheiten tätigen.

(A.12.1.1) $$x^{WS} = \frac{(3-2\beta)(a-A)+8bs}{8b\gamma-3-4\beta+4\beta^2} = \frac{(1+2\beta)(a-A)}{3b\gamma-(1+2\beta)^2} = x^O$$

$$\Leftrightarrow$$

(A.12.1.2) $$\begin{gathered}\left[3b\gamma-(1+2\beta)^2\right]\left[(3-2\beta)(a-A)+8bs\right]= \\ \left[8b\gamma-3-4\beta+4\beta^2\right](1+2\beta)(a-A)\end{gathered}$$

$$\Leftrightarrow$$

(A.12.1.3) $$\begin{gathered}3b\gamma(3-2\beta)(a-A)-(3-2\beta)(a-A)(1+2\beta)^2 \\ +3b\gamma 8bs-8bs(1+2\beta)^2 = 8b\gamma(1+2\beta)(a-A) \\ -3(1+2\beta)(a-A)-4\beta(1+2\beta)(a-A)+4\beta^2(1+2\beta)(a-A)\end{gathered}$$

$$\Leftrightarrow$$

(A.12.1.4) $$\begin{gathered}3b\gamma(3-2\beta)(a-A)+(8\beta^3-3-10\beta-4\beta^2)(a-A) \\ +3b\gamma 8bs-8bs(1+\beta)^2 = 8b\gamma(1+2\beta)(a-A) \\ +(8\beta^3-3-10\beta-4\beta^2)(a-A)\end{gathered}$$

$$\Leftrightarrow$$

(A.12.1.5) $$(9b\gamma - 6b\gamma\beta)(a - A) + 3b\gamma 8bs - 8bs(1+\beta)^2 = (8b\gamma + 16b\gamma\beta)(a - A)$$

$$\Leftrightarrow$$

(A.12.1.6) $$3b\gamma 8bs - 8bs(1+\beta)^2 = (22b\gamma\beta - b\gamma)(a - A)$$

$$\Leftrightarrow$$

(A.12.1.7) $$24\gamma bs - 8s(1+\beta)^2 = (22\beta - 1)(a - A)\gamma$$

$$\Leftrightarrow$$

(A.12.1.8) $$s\left[24b\gamma - 8(1+\beta)^2\right] = (22\beta - 1)(a - A)\gamma$$

$$\Leftrightarrow$$

(A.12.1.9) $$s^{WFB} = \frac{(22\beta - 1)(a - A)\gamma}{8(3b\gamma - (1+\beta)^2)}$$

A.12.2. Subventionssatz in der FuE-Kooperation

(A.12.2.1) $$x^{KS} = \frac{(1+2\beta)(a-A)+8bs}{8b\gamma - (1+2\beta)^2} = \frac{(1+2\beta)(a-A)}{3b\gamma - (1+2\beta)^2} = x^{O}$$

$$\Leftrightarrow$$

(A.12.2.2) $$(1+2\beta)(a-A)\left[3b\gamma - (1+2\beta)^2\right] + 8bs\left[3b\gamma - (1+2\beta)^2\right] = \left[8b\gamma - (1+2\beta)^2\right](1+2\beta)(a-A)$$

$$\Leftrightarrow$$

(A.12.2.3) $$(1+2\beta)(a-A)3b\gamma - (1+2\beta)(a-A)(1+2\beta)^2 + 8bs3b\gamma - 8bs(1+2\beta)^2 = 8b\gamma(1+2\beta)(a-A) - (1+2\beta)^2(1+2\beta)(a-A)$$

$$\Leftrightarrow$$

(A.12.2.4) $$(6b\gamma\beta + 3b\gamma)(a-A) + 8bs3b\gamma - 8bs(1+2\beta)^2 = (8b\gamma + 16b\gamma\beta)(a-A)$$

$$\Leftrightarrow$$

(A.12.2.5) $$8bs3b\gamma - 8bs(1+2\beta)^2 = (5b\gamma + 10b\gamma\beta)(a-A)$$

$$\Leftrightarrow$$

(A.12.2.6) $$s\left[24b\gamma - 8(1+2\beta)^2\right] = 5(1+2\beta)(a-A)\gamma$$

$$\Leftrightarrow$$

(A.12.2.7) $$s^{KFB} = \frac{5(1+2\beta)(a-A)\gamma}{8\left[3b\gamma - (1+2\beta)^2\right]}$$

A.13. Herleitung der second best-Subventionssätze

A.13.1. Subventionssatz im Wettbewerb

(A.13.1.1) $$x^{WS} = \frac{(3-2\beta)(a-A)+8bs}{8b\gamma - 3 - 4\beta + 4\beta^2} = \frac{5(1+2\beta)(a-A)}{16b\gamma - 5(1+2\beta)^2} = x^{OS}$$

$$\Leftrightarrow$$

$$\text{(A.13.1.2)}\quad \begin{aligned}&[(3-2\beta)(a-A)+8bs][16b\gamma-5(1+2\beta)^2]\\&=(8b\gamma-3-4\beta+4\beta^2)5(1+2\beta)(a-A)\end{aligned}$$

$$\Leftrightarrow$$

$$\text{(A.13.1.3)}\quad \begin{aligned}&(3-2\beta)(a-A)16b\gamma+8bs16b\gamma-(3-2\beta)(a-A)5(1+2\beta)^2\\&-8bs5(1+2\beta)^2=(8b\gamma-3-4\beta+4\beta^2)5(1+2\beta)(a-A)\end{aligned}$$

$$\Leftrightarrow$$

$$\text{(A.13.1.4)}\quad \begin{aligned}&(48b\gamma-32b\gamma\beta)(a-A)+128bsb\gamma\\&-(3-2\beta)(a-A)(5+20\beta+20\beta^2)-40bs(1+2\beta)^2\\&=(40b\gamma+80b\gamma\beta)(a-A)-(15+20\beta-20\beta^2)(1+2\beta)(a-A)\end{aligned}$$

$$\Leftrightarrow$$

$$\text{(A.13.1.5)}\quad \begin{aligned}&128bsb\gamma-(a-A)(15+50\beta+20\beta^2-40\beta^3)-40bs(1+2\beta)^2\\&=(112b\gamma\beta-8b\gamma)(a-A)-(a-A)(15+50\beta+20\beta^2-40\beta^3)\end{aligned}$$

$$\Leftrightarrow$$

$$\text{(A.13.1.6)}\quad 128bsb\gamma-40bs(1+2\beta)^2=112b\gamma\beta(a-A)-8b\gamma(a-A)$$

$$\Leftrightarrow$$

$$\text{(A.13.1.7)}\quad 16bs-\frac{5s(1+2\beta)^2}{\gamma}=14\beta(a-A)-(a-A)$$

$$\Leftrightarrow$$

$$\text{(A.13.1.8)}\quad s[16b\gamma-5(1+2\beta)^2]=(14\beta-1)(a-A)\gamma$$

$$\Leftrightarrow$$

$$\text{(A.13.1.9)}\quad \frac{(14\beta-1)(a-A)\gamma}{16b\gamma-5(1+2\beta)^2}=s^{WSB}$$

A.13.2. Subventionssatz in der FuE-Kooperation

$$\text{(A.13.2.1)}\quad x^{KS}=\frac{(1+2\beta)(a-A)+8bs}{8b\gamma-(1+2\beta)^2}=\frac{5(1+2\beta)(a-A)}{16b\gamma-5(1+2\beta)^2}=x^{OS}$$

$$\Leftrightarrow$$

$$\text{(A.13.2.2)}\quad \begin{aligned}&[(1+2\beta)(a-A)+8bs][16b\gamma-5(1+2\beta)^2]\\&=[5(1+2\beta)(a-A)][8b\gamma-(1+2\beta)^2]\end{aligned}$$

$$\Leftrightarrow$$

$$\text{(A.13.2.3)}\quad \begin{aligned}&(1+2\beta)(a-A)16b\gamma+128bsb\gamma\\&-(1+2\beta)(a-A)5(1+2\beta)^2-40bs(1+2\beta)^2\\&=40(1+2\beta)(a-A)b\gamma-5(1+2\beta)(a-A)(1+2\beta)^2\end{aligned}$$

$$\Leftrightarrow$$

$$\text{(A.13.2.4)}\quad 128bsb\gamma-40bs(1+2\beta)^2=24(1+2\beta)(a-A)b\gamma$$

$$\Leftrightarrow$$

(A.13.2.5) $16bs - \frac{5s(1+2\beta)^2}{\gamma} = 3(1+2\beta)(a-A)$

$\Leftrightarrow$

(A.13.2.6) $s\left[16b\gamma - 5(1+2\beta)^2\right] = 3(1+2\beta)(a-A)\gamma$

$\Leftrightarrow$

(A.13.2.7) $s^{KSB} = \frac{3(1+2\beta)(a-A)\gamma}{16b\gamma - 5(1+2\beta)^2}$

A.14. Beweise der Behauptungen in Übersicht 14 in Abschnitt 5.2.[16]

A.14.1. Behauptung: $s^{WFB} > 0,\ 1 > \beta > \frac{1}{22},\ b\gamma \geq 3$

Beweis:

(A.14.1.1) $s^{WFB} = \frac{(22\beta - 1)(a-A)\gamma}{24b\gamma - 8(1+2\beta)^2} > 0$

1. Für $\beta > \frac{1}{22}$ gilt $(22\beta - 1)(a-A)\gamma > 0$

2. Für $0 < \beta < 1$ und $b\gamma \geq 3$ gilt $3b\gamma - 1 - 4\beta - 4\beta^2 > 0$

Aus 1. und 2. folgt dann $s^{WFB} > 0,\ \beta > \frac{1}{22}$.

A.14.2. Behauptung: $s^{WFB} = 0,\ \beta = \frac{1}{22}$

Beweis:

(A.14.2.1) $s^{WFB} = \frac{(22\beta - 1)(a-A)\gamma}{24b\gamma - 8(1+2\beta)^2} = 0$

$\Leftrightarrow$

(A.14.2.2) $(22\frac{1}{22} - 1)(a-A)\gamma = 0$

A.14.3. Behauptung: $s^{WFB} < 0,\ 0 < \beta < \frac{1}{22},\ b\gamma \geq 3$

Beweis:

(A.14.3.1) $s^{WFB} = \frac{(22\beta - 1)(a-A)\gamma}{24b\gamma - 8(1+2\beta)^2} < 0$

1. Für $\beta < \frac{1}{22}$ gilt $(22\beta - 1)(a-A)\gamma < 0$

---

16 Für die Beweisführung wird stets die Gültigkeit der Annahmen in Abschnitt 3. vorausgesetzt.

2. Für $0<\beta<1$ und $b\gamma \geq 3$ gilt $3b\gamma - 1 - 4\beta - 4\beta^2 > 0$
Aus 1. und 2. folgt dann $s^{WFB} < 0$.

A.14.4. Behauptung: $s^{KFB} > 0,\ 0<\beta<1,\ b\gamma \geq 3$

Beweis:

(A.14.4.1) $s^{KFB} = \dfrac{5(1+2\beta)(a-A)\gamma}{24b\gamma - 8(1+2\beta)^2} > 0$

1. Für $0<\beta<1$ gilt $5(1+2\beta)(a-A)\gamma > 0$
2. Für $0<\beta<1$ und $b\gamma \geq 3$ gilt $3b\gamma - 1 - 4\beta - 4\beta^2 > 0$

Aus 1. und 2. folgt dann $s^{KFB} > 0$.

A.14.5. Behauptung: $s^{KFB} > s^{WFB},\ 0<\beta<\frac{1}{2}$

Beweis:

(A.14.5.1) $s^{WFB} = \dfrac{(22\beta - 1)(a-A)\gamma}{24b\gamma - 8(1+2\beta)^2} < \dfrac{5(1+2\beta)(a-A)\gamma}{24b\gamma - 8(1+2\beta)^2} = s^{KFB}$

$\Leftrightarrow$

(A.14.5.2) $22\beta - 1 < 5 + 10\beta$

$\Leftrightarrow$

(A.14.5.3) $\beta < \frac{1}{2}$

Dementsprechend gilt die obige Behauptung. Analog läßt sich zeigen, daß $s^{KFB} = s^{WFB}$ für $\beta = \frac{1}{2}$ und $s^{KFB} < s^{WFB}$ für $1 > \beta > \frac{1}{2}$.

A.14.6. Behauptung: $s^{WSB} > 0,\ 1 > \beta > \frac{1}{14},\ b\gamma \geq 2{,}8125$

Beweis:

(A.14.6.1) $s^{WSB} = \dfrac{(14\beta - 1)(a-A)\gamma}{16b\gamma - 5(1+2\beta)^2} > 0$

1. Für $\beta > \frac{1}{14}$ gilt $(14\beta - 1)(a-A)\gamma > 0$
2. Für $\frac{1}{14} < \beta < 1$ und $b\gamma \geq 2{,}8125$ gilt $16b\gamma - 5 - 20\beta - 20\beta^2 > 0$

Aus 1. und 2. folgt dann $s^{WSB} > 0$.

A.14.7. Behauptung: $s^{WSB} = 0,\ \beta = \frac{1}{14}$

Beweis:

(A.14.7.1) $s^{WSB} = \frac{(14\beta - 1)(a - A)\gamma}{16b\gamma - 5(1+2\beta)^2} = 0$

$\Leftrightarrow$

(A.14.7.2) $(14\frac{1}{14} - 1)(a - A)\gamma = 0$

A.14.8. Behauptung: $s^{WSB} < 0,\ 0 < \beta < \frac{1}{14},\ b\gamma \geq 2{,}8125$

Beweis:

(A.14.8.1) $s^{WSB} = \frac{(14\beta - 1)(a - A)\gamma}{16b\gamma - 5(1+2\beta)^2} < 0$

1. Für $\beta < \frac{1}{14}$ gilt $(14\beta - 1)(a - A)\gamma < 0$

2. Für $0 < \beta < \frac{1}{14}$ und $b\gamma \geq 2{,}8125$ gilt $16b\gamma - 5 - 20\beta - 20\beta^2 > 0$

Aus 1. und 2. folgt dann $s^{WSB} < 0$.

A.14.9. Behauptung: $s^{KSB} > 0,\ 0 < \beta < 1,\ b\gamma \geq 2{,}8125$

Beweis:

(A.14.9.1) $s^{KFB} = \frac{3(1+2\beta)(a - A)\gamma}{16b\gamma - 5(1+2\beta)^2} > 0$

1. Für $0 < \beta < 1$ gilt $3(1+2\beta)(a - A)\gamma > 0$
2. Für $0 < \beta < 1$ und $b\gamma \geq 2{,}8125$ gilt $16b\gamma - 5 - 20\beta - 20\beta^2 > 0$

Aus 1. und 2. folgt dann $s^{KSB} > 0$.

A.14.10. Behauptung: $s^{KSB} > s^{WSB},\ 0 < \beta < \frac{1}{2}$

Beweis:

(A.14.10.1) $s^{WSB} = \frac{(14\beta - 1)(a - A)\gamma}{16b\gamma - 5(1+2\beta)^2} < \frac{3(1+2\beta)(a - A)\gamma}{16b\gamma - 5(1+2\beta)^2} = s^{KSB}$

$\Leftrightarrow$

(A.14.10.2) $14\beta - 1 < 3 + 6\beta$

$\Leftrightarrow$

(A.14.10.3) $\beta < \frac{1}{2}$

Dementsprechend gilt die obige Behauptung. Analog läßt sich zeigen, daß $s^{KSB} = s^{WSB}$ für $\beta = \frac{1}{2}$ und $s^{KSB} < s^{WSB}$ für $1 > \beta > \frac{1}{2}$.

A.14.11. Behauptung: $s^{WFB} > s^{WSB}$, $0 < \beta < 1$

Beweis:

(A.14.11.1) $$s^{WFB} = \frac{(22\beta - 1)(a - A)\gamma}{24b\gamma - 8(1+2\beta)^2} > \frac{(14\beta - 1)(a - A)\gamma}{16b\gamma - 5(1+2\beta)^2} = s^{WSB}$$

$$\Leftrightarrow$$

(A.14.11.2) $$\begin{gathered}(22\beta - 1)(a - A)\gamma\left[16b\gamma - 5(1+2\beta)^2\right] \\ > (14\beta - 1)(a - A)\gamma\left[24b\gamma - 8(1+2\beta)^2\right]\end{gathered}$$

$$\Leftrightarrow$$

(A.14.11.3) $$\begin{gathered}(22\beta - 1)16b\gamma^2 - (22\beta - 1)\gamma 5(1+2\beta)^2 \\ > (14\beta - 1)24b\gamma^2 - (14\beta - 1)\gamma 8(1+2\beta)^2\end{gathered}$$

$$\Leftrightarrow$$

(A.14.11.4) $$(16\beta + 16)b\gamma + (2\beta + 3)(1+2\beta)^2 > 0$$

Dementsprechend gilt die obige Behauptung für $0 < \beta < 1$.

A.14.12. Behauptung: $s^{KFB} > s^{KSB}$, $0 < \beta < 1$, $b\gamma \geq 9/8$

Beweis:

(A.14.12.1) $$s^{KFB} = \frac{5(1+2\beta)(a - A)\gamma}{24b\gamma - 8(1+2\beta)^2} > \frac{3(1+2\beta)(a - A)\gamma}{16b\gamma - 5(1+2\beta)^2} = s^{KSB}$$

$$\Leftrightarrow$$

(A.14.12.2) $$\begin{gathered}5(1+2\beta)(a - A)\gamma\left[16b\gamma - 5(1+2\beta)^2\right] \\ > 3(1+2\beta)(a - A)\gamma\left[24b\gamma - 8(1+2\beta)^2\right]\end{gathered}$$

$$\Leftrightarrow$$

(A.14.12.3) $$\begin{gathered}80(1+2\beta)b\gamma^2 - 25(1+2\beta)\gamma(1+2\beta)^2 \\ > 72(1+2\beta)b\gamma^2 - 24(1+2\beta)\gamma(1+2\beta)^2\end{gathered}$$

$$\Leftrightarrow$$

(A.14.12.4) $$8b\gamma - (1+2\beta)^2 > 0$$

$$\Leftrightarrow$$

(A.14.12.5) $$8b\gamma - 1 - 4\beta - 4\beta^2 > 0$$

Für $0 < \beta < 1$ und $b\gamma \geq \frac{9}{8}$ gilt $8b\gamma - 1 - 4\beta - 4\beta^2 > 0$. Dementsprechend gilt die obige Behauptung.

A.15. Beweise der Behauptungen in Übersicht 15 in Abschnitt 5.2[17]

A.15.1. Behauptung: $Q^{WFB} = Q^{KFB}$, $0 < \beta < 1$

Beweis:

Zur Erläuterung der Schreibweise wird folgendes definiert: 1. Die optimale Gesamtangebotsmenge der Unternehmen im Wettbewerb nach Vergabe der first best-Subvention wird mit Q^{WFB} bezeichnet. 2. Die optimale Gesamtangebotsmenge der Unternehmen in der FuE-Kooperation nach Vergabe der first best-Subvention wird mit Q^{KFB} bezeichnet.

(A.15.1.1)
$$Q^{WFB} = \frac{6\left[(a-A)\gamma + (1+2\beta)s^{WFB}\right]}{8b\gamma - 3 - 4\beta + 4\beta^2} = \frac{6\left[(a-A)\gamma + (1+2\beta)s^{KFB}\right]}{8b\gamma - (1+2\beta)^2} = Q^{KFB}$$

$$\Leftrightarrow$$

(A.15.1.2)
$$\frac{6\left[(a-A)\gamma + (1+2\beta)\frac{(22\beta-1)(a-A)\gamma}{8(3b\gamma-(1+2\beta)^2)}\right]}{8b\gamma - 3 - 4\beta + 4\beta^2} = \frac{6\left[(a-A)\gamma + (1+2\beta)\frac{5(1+2\beta)(a-A)\gamma}{8(3b\gamma-(1+2\beta)^2)}\right]}{8b\gamma - (1+2\beta)^2}$$

$$\Leftrightarrow$$

(A.15.1.3)
$$\frac{8(a-A)\gamma\left[3b\gamma-(1+2\beta)^2\right] + (1+2\beta)(22\beta-1)(a-A)\gamma}{8\left[3b\gamma-(1+2\beta)^2\right]\left[8b\gamma-3-4\beta+4\beta^2\right]} = \frac{8(a-A)\gamma\left[3b\gamma-(1+2\beta)^2\right] + 5(1+2\beta)^2(a-A)\gamma}{8\left[3b\gamma-(1+2\beta)^2\right]\left[8b\gamma-(1+2\beta)^2\right]}$$

$$\Leftrightarrow$$

(A.15.1.4)
$$\frac{8\left[3b\gamma-(1+2\beta)^2\right] + (1+2\beta)(22\beta-1)}{\left[8b\gamma-3-4\beta+4\beta^2\right]} = \frac{8\left[3b\gamma-(1+2\beta)^2\right] + 5(1+2\beta)^2}{\left[8b\gamma-(1+2\beta)^2\right]}$$

$$\Leftrightarrow$$

17 Für die Beweisführung wird stets die Gültigkeit der Annahmen in Abschnitt 3. vorausgesetzt.

(A.15.1.5) $$\left[24b\gamma-9-12\beta+12\beta^2\right]\left[8b\gamma-1-4\beta-4\beta^2\right]= \left[24b\gamma-3-12\beta-12\beta^2\right]\left[8b\gamma-3-4\beta+4\beta^2\right]$$

$$\Leftrightarrow$$

(A.15.1.6) $$\begin{aligned}&\left[192b\gamma b\gamma-72b\gamma-96\beta b\gamma+96\beta^2 b\gamma\right]\\&+\left[-24b\gamma+9+12\beta-12\beta^2\right]\\&+\left[-96\beta b\gamma+36\beta+48\beta^2-48\beta^3\right]\\&+\left[-96\beta^2 b\gamma+36\beta^2+48\beta^3-48\beta^4\right]\\&=\left[192b\gamma b\gamma-24b\gamma-96\beta b\gamma-96\beta^2 b\gamma\right]\\&+\left[-72b\gamma+9+36\beta+36\beta^2\right]\\&+\left[-96\beta b\gamma+12\beta+48\beta^2+48\beta^3\right]\\&+\left[96\beta^2 b\gamma-12\beta^2-48\beta^3-48\beta^4\right]\end{aligned}$$

$$\Leftrightarrow$$

(A.15.1.7) $$\begin{aligned}&192b\gamma b\gamma-96b\gamma-192\beta b\gamma+9+48\beta+72\beta^2-48\beta^4\\&=192b\gamma b\gamma-96b\gamma-192\beta b\gamma+9+48\beta+72\beta^2-48\beta^4\end{aligned}$$

A.15.2. Behauptung: $Q^{WFB}=Q^{KFB}<Q^{O}$, $0<\beta<1$, $b\gamma\geq 9/8$

Beweis:

Da gemäß A.15.1. gilt $Q^{WFB}=Q^{KFB}$ $0<\beta<1$, ist es ausreichend, diesen Beweis für Q^{KFB} durchzuführen.

(A.15.2.1) $$Q^{KFB}=\frac{6\left[(a-A)\gamma+(1+2\beta)s\right]}{8b\gamma-(1-2\beta)^2}<\frac{3(a-A)\gamma}{3b\gamma-(1+2\beta)^2}=Q^{O}$$

$$\Leftrightarrow$$

(A.15.2.2) $$\frac{6\left[(a-A)\gamma+(1+2\beta)\dfrac{5(1+2\beta)(a-A)\gamma}{8\left[3b\gamma-(1+2\beta)^2\right]}\right]}{8b\gamma-(1-2\beta)^2}<\frac{3(a-A)\gamma}{3b\gamma-(1+2\beta)^2}$$

$$\Leftrightarrow$$

(A.15.2.3) $$\frac{16\left[3b\gamma-(1+2\beta)^2\right]+10(1+2\beta)^2}{8\left[3b\gamma-(1+2\beta)^2\right]\left[8b\gamma-(1+2\beta)^2\right]}<\frac{1}{3b\gamma-(1+2\beta)^2}$$

$$\Leftrightarrow$$

(A.15.2.4) $$\begin{aligned}&\left\{16\left[3b\gamma-(1+2\beta)^2\right]+10(1+2\beta)^2\right\}\\&<8\left[8b\gamma-(1+2\beta)^2\right]\end{aligned}$$

$$\Leftrightarrow$$

(A.15.2.5) $$48b\gamma - 16(1+2\beta)^2) + 10(1+2\beta)^2 < 64b\gamma - 8(1+2\beta)^2$$

$$\Leftrightarrow$$

(A.15.2.6) $$2(1+2\beta)^2 < 16b\gamma$$

$$\Leftrightarrow$$

(A.15.2.7) $$2 + 8\beta + 8\beta^2 < 16b\gamma$$

$$\Leftrightarrow$$

(A.15.2.7) $$\frac{2}{8} + \beta + \beta^2 < 2b\gamma$$

Für $0 < \beta < 1$ und $b\gamma \geq \frac{9}{8}$ gilt $\frac{2}{8} + \beta + \beta^2 < 2b\gamma$.

A.15.3. Behauptung: $Q^{WSB} = Q^{KSB}$, $0 < \beta < 1$

Beweis:

Zur Erläuterung der Schreibweise wird folgendes definiert: 1. Die optimale Gesamtangebotsmenge der Unternehmen im Wettbewerb nach Vergabe der second best-Subvention wird mit Q^{WSB} bezeichnet. 2. Die optimale Gesamtangebotsmenge der Unternehmen in der FuE-Kooperation nach Vergabe der second best-Subvention wird mit Q^{KSB} bezeichnet.

(A.15.3.1) $$Q^{WSB} = \frac{6\left[(a-A)\gamma + (1+2\beta)s^{WSB}\right]}{8b\gamma - 3 - 4\beta + 4\beta^2} = \frac{6\left[(a-A)\gamma + (1+2\beta)s^{KSB}\right]}{8b\gamma - (1+2\beta)^2} = Q^{KSB}$$

$$\Leftrightarrow$$

(A.15.3.2) $$\frac{6\left[(a-A)\gamma + (1+2\beta)\dfrac{(14\beta-1)(a-A)\gamma}{16b\gamma - 5(1+2\beta)^2}\right]}{8b\gamma - 3 - 4\beta + 4\beta^2} = \frac{6\left[(a-A)\gamma + (1+2\beta)\dfrac{3(1+2\beta)(a-A)\gamma}{16b\gamma - 5(1+2\beta)^2}\right]}{8b\gamma - (1+2\beta)^2}$$

$$\Leftrightarrow$$

(A.15.3.3) $$\frac{\left[16b\gamma - 5(1+2\beta)^2\right] + (1+2\beta)(14\beta-1)}{\left[8b\gamma - 3 - 4\beta + 4\beta^2\right]} = \frac{\left[16b\gamma - 5(1+2\beta)^2\right] + 3(1+2\beta)^2}{\left[8b\gamma - (1+2\beta)^2\right]}$$

$$\Leftrightarrow$$

$$\text{(A.15.3.4)}\quad \frac{\left[16b\gamma-6-8\beta+8\beta^2\right]}{\left[8b\gamma-3-4\beta+4\beta^2\right]}=\frac{\left[16b\gamma-2-8\beta-8\beta^2\right]}{\left[8b\gamma-(1+2\beta)^2\right]}$$

$$\Leftrightarrow$$

$$\text{(A.15.3.5)}\quad \begin{aligned}&\left[16b\gamma-6-8\beta+8\beta^2\right]\left[8b\gamma-1-4\beta-4\beta^2\right]\\&=\left[16b\gamma-2-8\beta-8\beta^2\right]\left[8b\gamma-3-4\beta+4\beta^2\right]\end{aligned}$$

$$\Leftrightarrow$$

$$\text{(A.15.3.6)}\quad \begin{aligned}&\left[128b\gamma b\gamma-48b\gamma-64\beta b\gamma+64\beta^2 b\gamma\right]+\left[-16b\gamma+6+8\beta-8\beta^2\right]\\&+\left[-64\beta b\gamma+24\beta+32\beta^2-32\beta^3\right]+\left[-64\beta^2 b\gamma+24\beta^2+32\beta^3-32\beta^4\right]\\&=\left[128b\gamma b\gamma-16b\gamma-64\beta b\gamma-64\beta^2 b\gamma\right]+\left[-48b\gamma+6+24\beta+24\beta^2\right]\\&+\left[-64\beta b\gamma+8\beta+32\beta^2+32\beta^3\right]+\left[64\beta^2 b\gamma-8\beta^2-32\beta^3-32\beta^4\right]\end{aligned}$$

$$\Leftrightarrow$$

$$\text{(A.15.3.7)}\quad \begin{aligned}&\left[128b\gamma b\gamma-64b\gamma-128\beta b\gamma+6+32\beta+48\beta^2-32\beta^4\right]\\&=\left[128b\gamma b\gamma-64b\gamma-128\beta b\gamma+6+32\beta+48\beta^2-32\beta^4\right]\end{aligned}$$

A.15.4. Behauptung: $Q^{WSB}=Q^{KSB}=Q^{OS}\quad 0<\beta<1$

Beweis:

Da gilt $Q^{WSB}=Q^{KSB}\quad 0<\beta<1$, reicht es aus, diesen Beweis für Q^{WSB} durchzuführen.

$$\text{(A.15.4.1)}\quad Q^{WSB}=\frac{6\left[(a-A)\gamma+(1+2\beta)s^{WSB}\right]}{8b\gamma-3-4\beta+4\beta^2}=\frac{12(a-A)\gamma}{16b\gamma-5(1+2\beta)^2}=Q^{OS}$$

$$\Leftrightarrow$$

$$\text{(A.15.4.2)}\quad \frac{6\left[(a-A)\gamma+(1+2\beta)\dfrac{(14\beta-1)(a-A)\gamma}{16b\gamma-5(1+2\beta)^2}\right]}{8b\gamma-3-4\beta+4\beta^2}=\frac{12(a-A)\gamma}{16b\gamma-5(1+2\beta)^2}$$

$$\Leftrightarrow$$

$$\text{(A.15.4.3)}\quad \frac{16b\gamma-5(1+2\beta)^2+(1+2\beta)(14\beta-1)}{\left[8b\gamma-3-4\beta+4\beta^2\right]}=2$$

$$\Leftrightarrow$$

$$\text{(A.15.4.4)}\quad 16b\gamma-5(1+2\beta)^2+(1+2\beta)(14\beta-1)=2\left[8b\gamma-3-4\beta+4\beta^2\right]$$

$$\Leftrightarrow$$

$$\text{(A.15.4.5)}\quad 16b\gamma-6-8\beta+8\beta^2=16b\gamma-6-8\beta+8\beta^2$$

A.16. Beweise der Behauptungen in Übersicht 16 in Abschnitt 5.2.[18]

A.16.1. Behauptung $W^{WFB} = W^{KFB}$ für $0 < \beta < 1$

Beweis:

Zur Erläuterung der Schreibweise wird folgendes definiert: 1. Die optimalen Forschungseinheiten der Unternehmen im Wettbewerb nach Vergabe der first best-Subvention werden mit x^{WFB} bezeichnet. 2. Die optimalen Forschungseinheiten der Unternehmen in der FuE-Kooperation nach Vergabe der first best-Subvention werden mit x^{KFB} bezeichnet. Entsprechend ergibt sich im Wettbewerb die Wohlfahrt W^{WFB} und in der FuE-Kooperation W^{KFB}.

(A.16.1.1)
$$W^{WFB} = \frac{15\left[a - A + (1+2\beta)x^{WFB}\right]^2}{32b} - \frac{3\gamma x^{WFB2}}{2}$$
$$= \frac{15\left[a - A + (1+2\beta)x^{KFB}\right]^2}{32b} - \frac{3\gamma x^{KFB2}}{2} = W^{KFB}$$

Die Subvention ist jeweils so bemessen, daß sowohl im Wettbewerb als auch in der Kooperation die first best-Forschungseinheiten erstellt werden; sie sind demnach gleichermaßen hoch (Siehe A.12.1. u. A.12.2.). Aus (A.16.1.1) folgt dann, daß die sich ergebende Wohlfahrt ebenfalls gleich ist.

A.16.2. Behauptung $W^{WSB} = W^{KSB}$ für $0 < \beta < 1$

Zur Erläuterung der Schreibweise wird folgendes definiert: 1. Die optimalen Forschungseinheiten der Unternehmen im Wettbewerb nach Vergabe der second best-Subvention werden mit x^{WSB} bezeichnet. 2. Die optimalen Forschungseinheiten der Unternehmen in der FuE-Kooperation nach Vergabe der second best-Subvention werden mit x^{KSB} bezeichnet. Entsprechend ergibt sich im Wettbewerb die Wohlfahrt W^{WSB} und in der FuE-Kooperation W^{KSB}.

Zum Beweis der obigen Aussage läßt sich die gleiche Argumentation wie in dem voranstehenden Beweis anführen. Der second best-Subventionssatz ist jeweils so bemessen, daß die Unternehmen im Wettbewerb und in der FuE-Kooperation die second best-Forschungseinheiten erstellen (Siehe A.13.1. u. A.13.2.). Die sich ergebenden Forschungseinheiten sind in beiden Fällen gleich hoch. Daraus folgt, daß auch die Wohlfahrt in beiden Fällen gleich ausfällt.

---

18 Für die Beweisführung wird stets die Gültigkeit der Annahmen in Abschnitt 3. vorausgesetzt.

A.16.3. Behauptung $W^{WSB} = W^{KSB} = W^{OS}$ für $0 < \beta < 1$

Beweis:

Da die Wohlfahrt im Wettbewerb und in der FuE-Kooperation gleichermaßen hoch ausfällt, reicht es aus, den Beweis für einen der beiden Fälle durchzuführen.

$$(A.16.3.1)\quad \begin{aligned} W^{WSB} &= \frac{15\left[a - A + (1+2\beta)x^{WSB}\right]^2}{32b} - \frac{3\gamma x^{WSB^2}}{2} \\ &= \frac{15\left[a - A + (1+2\beta)x^{OS}\right]^2}{32b} - \frac{3\gamma x^{OS^2}}{2} = W^{OS} \end{aligned}$$

Nach Vergabe der second best-Subvention entsprechen die Forschungseinheiten im Wettbewerb den second best-Forschungseinheiten (Siehe A.13.1). Aus (A.16.3.1) folgt dann, daß auch die Wohlfahrt gleich ausfällt.

A.16.4. Behauptung $W^{WFB} = W^{KFB} < W^{WSB} = W^{KSB} = W^{OS}$ für $0 < \beta < 1$

Beweis:

Für den Beweis ist es ausreichend, die Wohlfahrt im Wettbewerb nach Vergabe der first best-Subvention und die second-best Wohlfahrt zu vergleichen. Dies folgt aus A.16.1 - A.16.3.

$$(A.16.4.1)\quad \begin{aligned} W^{WFB} &= \frac{15\left[a - A + (1+2\beta)x^{WFB}\right]^2}{32b} - \frac{3\gamma x^{WFB^2}}{2} \\ &< \frac{15\left[a - A + (1+2\beta)x^{OS}\right]^2}{32b} - \frac{3\gamma x^{OS^2}}{2} = W^{OS} \end{aligned}$$

Die Bedingung für die second best-Forschungseinheiten muß gelten, damit W^{OS} maximal wird. Dies folgt aus A.4.2. Falls gilt, $x^{WFB} \neq x^{OS}$, dann folgt aus A.16.4.1. $W^{WFB} < W^{OS}$. Aus A.12.1 folgt $x^{WFB} = x^{O}$. Es ist demnach zu zeigen, daß gilt $x^{O} \neq x^{OS}$.

$$(A.16.4.2)\quad x^{O} = \frac{(1+2\beta)(a-A)}{3b\gamma - (1+2\beta)^2} \neq \frac{5(1+2\beta)(a-A)}{16b\gamma - 5(1+2\beta)^2} = x^{OS}$$

$$\Leftrightarrow$$

$$(A.16.4.3)\quad \begin{aligned} &\left[(1+2\beta)(a-A)\right]\left[16b\gamma - 5(1+2\beta)^2\right] \\ &\neq \left[5(1+2\beta)(a-A)\right]\left[3b\gamma - (1+2\beta)^2\right] \end{aligned}$$

$$\Leftrightarrow$$

(A.16.4.4) $\left[16b\gamma - 5(1+2\beta)^2\right] \neq 5\left[3b\gamma - (1+2\beta)^2\right]$

$$\Leftrightarrow$$

(A.16.4.5) $16 > 15$

Demnach gilt die obige Behauptung.

A.17.1. Herleitung der optimalen Forschungseinheiten in der FuE-Kooperation unter Berücksichtigung von Transaktionskosten

Die Transaktionskosten sind derart in das Modell integriert, daß sie die optimalen Reaktionen der Unternehmen auf dem Gütermarkt nicht verändern. Die Bedingungen (3.1.2) in Abschnitt 3.1. für ein Gleichgewicht auf dem Gütermarkt wurden dadurch ebenfalls nicht verändert. Die Festlegung der optimalen Forschungseinheiten findet deshalb bei gegebenem Cournot-Nash-Gleichgewicht auf dem Gütermarkt statt.

(A.17.1.1)
$$\begin{aligned} G^{KTK} &= G_1^{KTKP} + G_2^{KTKP} + G_3^{KTKP} \\ &= \frac{[(a-A)+(3-2\beta)x_1+(2\beta-1)(x_2+x_3)]^2}{16b} - \frac{\gamma x_1^2}{2} - kx_1 \\ &+ \frac{[(a-A)+(3-2\beta)x_2+(2\beta-1)(x_1+x_3)]^2}{16b} - \frac{\gamma x_2^2}{2} - kx_2 \\ &+ \frac{[(a-A)+(3-2\beta)x_3+(2\beta-1)(x_1+x_2)]^2}{16b} - \frac{\gamma x_3^2}{2} - kx_3 - c \end{aligned}$$

Die Bestimmung der optimalen Forschungseinheiten wird nun für Unternehmen 1 durchgeführt. (A.17.1.1) ist deshalb nach x_1 abzuleiten.

(A.17.1.2)
$$\begin{aligned} &\frac{\partial G_1^{KTKP}}{\partial x_1} + \frac{\partial G_2^{KTKP}}{\partial x_1} + \frac{\partial G_3^{KTKP}}{\partial x_1} \\ &= \frac{(3-2\beta)[(a-A)+(3-2\beta)x_1+(2\beta-1)(x_2+x_3)]}{8b} - x_1\gamma - k \\ &+ \frac{(2\beta-1)[(a-A)+(3-2\beta)x_2+(2\beta-1)(x_1+x_3)]}{8b} \\ &+ \frac{(2\beta-1)[(a-A)+(3-2\beta)x_3+(2\beta-1)(x_1+x_2)]}{8b} = 0 \end{aligned}$$

$$\Rightarrow$$

$$(A.17.1.3)\quad \frac{(3-2\beta)[(a-A)+(2\beta-1)(x_2+x_3)]}{8b} + \frac{(2\beta-1)[(a-A)+(3-2\beta)x_2+(2\beta-1)x_3]}{8b} + \frac{(2\beta-1)[(a-A)+(3-2\beta)x_3+(2\beta-1)x_2]}{8b} - k = x_1\gamma - \frac{(3-2\beta)^2 x_1 + 2(2\beta-1)^2 x_1}{8b}$$

$$\Leftrightarrow$$

$$(A.17.1.4)\quad (3-2\beta)[(a-A)+(2\beta-1)(x_2+x_3)] + (2\beta-1)[(a-A)+(3-2\beta)x_2+(2\beta-1)x_3] + (2\beta-1)[(a-A)+(3-2\beta)x_3+(2\beta-1)x_2] - 8bk = x_1\left[8b\gamma-(3-2\beta)^2-2(2\beta-1)^2\right]$$

$$\Leftrightarrow$$

$$(A.17.1.5)\quad (1+2\beta)(a-A)+2(3-2\beta)(2\beta-1)(x_2+x_3) + (2\beta-1)^2(x_2+x_3)-8bk = x_1\left[8b\gamma-(3-2\beta)^2-2(2\beta-1)^2\right]$$

$$\Leftrightarrow$$

$$(A.17.1.6)\quad (1+2\beta)(a-A)+(12\beta-5-4\beta^2)(x_2+x_3)-8bk = x_1(8b\gamma-11+20\beta-12\beta^2)$$

$$\Leftrightarrow$$

$$(A.17.1.7)\quad x_1 = \frac{(1+2\beta)(a-A)+(12\beta-5-4\beta^2)(x_2+x_3)-8bk}{\left[8b\gamma-11+20\beta-12\beta^2\right]}$$

Unter Verwendung der Symmetrieannahme werden die Forschungseinheiten der Unternehmen 1, 2 und 3 durch x^{KTK} ersetzt.

$$(A.17.1.8)\quad x^{KTK} = \frac{(1+2\beta)(a-A)+2(12\beta-5-4\beta^2)x^{KTK}-8bk}{8b\gamma-11+20\beta-12\beta^2}$$

$$\Leftrightarrow$$

$$(A.17.1.9)\quad x^{KTK} - \frac{2(12\beta-5-4\beta^2)x^{KTK}}{8b\gamma-11+20\beta-12\beta^2} = \frac{(1+2\beta)(a-A)-8bk}{8b\gamma-11+20\beta-12\beta^2}$$

$$\Leftrightarrow$$

$$(A.17.1.10)\quad x^{KTK}\left[8b\gamma-11+20\beta-12\beta^2-2(12\beta-5-4\beta^2)\right] = (1+2\beta)(a-A)-8bk$$

$$\Leftrightarrow$$

$$(A.17.1.11)\quad x^{KTK} = \frac{(1+2\beta)(a-A)-8bk}{8b\gamma-(1+2\beta)^2}$$

A.17.2. Herleitung der optimalen Gesamtangebotsmenge in der FuE-Kooperation unter Berücksichtigung von Transaktionskosten

(A.17.2.1) $$Q^{KTK} = \frac{3(a-A)+3(1+2\beta)x^{KTK}}{4b}$$

$$\Leftrightarrow$$

(A.17.2.2) $$Q^{KTK} = \frac{3(a-A)+3(1+2\beta)\left[\dfrac{(1+2\beta)(a-A)-8bk}{8b\gamma-(1+2\beta)^2}\right]}{4b}$$

$$\Leftrightarrow$$

(A.17.2.3) $$Q^{KTK} = \frac{24b\gamma(a-A)-24bk(1+2\beta)}{4b\left[8b\gamma-(1+2\beta)^2\right]}$$

$$\Leftrightarrow$$

(A.17.2.4) $$Q^{KTK} = \frac{6\left[(a-A)\gamma-k(1+2\beta)\right]}{8b\gamma-(1+2\beta)^2}$$

A.17.3. Herleitung der Bedingung für k in Fußnote 252 in Abschnitt 6.

Die optimalen Forschungseinheiten dürfen den Annahmen gemäß nicht negativ werden. Demzufolge muß gelten:

(A.17.3.1) $$x^{KTK} = \frac{(1+2\beta)(a-A)-8bk}{8b\gamma-(1+2\beta)^2} \geq 0$$

$$\Leftrightarrow$$

(A.17.3.2) $$(1+2\beta)(a-A) \geq 8bk$$

$$\Leftrightarrow$$

(A.17.3.3) $$\frac{(1+2\beta)(a-A)}{8b} \geq k$$

A.17.4. Herleitung der second best-Forschungseinheiten unter Berücksichtigung von Transaktionskosten in Abschnitt 6.2.1.

(A.17.4.1) $$\max W^{STK}(x,Q^{WP}) = \int_0^{Q^{WP}} a - bQ^{WP} dQ^{WP} - \left[A-(1+2\beta)x\right]Q^{WP} - 3kx - c - \frac{3\gamma x^2}{2}$$

$$\Leftrightarrow$$

(A.17.4.2) $$\max W^{STK}(x,Q^{WP}) = aQ^{WP} - \frac{1}{2}bQ^{WP2} - \left[A-(1+2\beta)x\right]Q^{WP} - 3kx - c - \frac{3\gamma x^2}{2}$$

In (A.17.4.2) wird nun die Bedingung (3.1.3) für Q^{WP} aus Abschnitt (3.1.) eingesetzt. Unter Verwendung der Symmetrieannahme erhält man:

(A.17.4.3) $$\max W^{STK}(x,Q^{WP}) = \frac{15[(a-A)-(1+2\beta)x]^2}{32b} - 3kx - c - \frac{3\gamma x^2}{2}$$

(A.17.4.3) wird nun nach x differenziert:

(A.17.4.4) $$\frac{\partial W^{STK}(x,Q^{WP})}{\partial x} = \frac{15(1+2\beta)[a-A-(1+2\beta)x]}{16b} - 3k - 3\gamma x = 0$$

$$\Rightarrow$$

(A.17.4.5) $$\frac{15(1+2\beta)(a-A)-48bk}{16b} = 3\gamma x - \frac{15(1+2\beta)^2 x}{16b}$$

$$\Leftrightarrow$$

(A.17.4.6) $$\frac{15(1+2\beta)(a-A)-48bk}{16b} = 3\gamma x - \frac{15(1+2\beta)^2 x}{16b}$$

$$\Leftrightarrow$$

(A.17.4.7) $$\frac{5(1+2\beta)(a-A)-16bk}{16b\gamma-5(1+2\beta)^2} = x^{OSTK}$$

A.17.5. Herleitung der second best-Gesamtangebotsmenge unter Berücksichtigung von Transktionskosten in Abschnitt 6.2.1.

(A.17.5.1) $$Q^{OSTK} = \frac{3(a-A)+3(1+2\beta)x^{OSTK}}{4b}$$

$$\Leftrightarrow$$

(A.17.5.2) $$Q^{OSTK} = \frac{12[\gamma(a-A)-k(1+2\beta)]}{16b\gamma-5(1+2\beta)^2}$$

A.18. Beweis der Behauptungen in Übersicht 17 in Abschnitt 6.2.3.[19]

A.18.1. Behauptung: $x^{KTK} < x^{OS}$, $k > 0$, $0 < \beta < 1$, $b\gamma \geq 45/16$

Beweis

(A.18.1.1) $$x^{KTK} = \frac{(1+2\beta)(a-A)-8bk}{8b\gamma-(1+2\beta)^2} < \frac{5(1+2\beta)(a-A)}{16b\gamma-5(1+2\beta)^2} = x^{OS}$$

$$\Leftrightarrow$$

(A.18.1.2) $$16b\gamma(1+2\beta)(a-A) - 128b^2k\gamma + 40bk(1+2\beta)^2$$
$$< 40b\gamma(1+2\beta)(a-A)$$

---

19 Für die Beweisführung wird stets die Gültigkeit der Annahmen in 3. vorausgesetzt.

$$\Leftrightarrow$$

(A.18.1.3) $-k\left[16b\gamma-5(1+2\beta)^2\right]<3\gamma(1+2\beta)(a-A)$

$$\Leftrightarrow$$

(A.18.1.4) $-k<\dfrac{3\gamma(1+2\beta)(a-A)}{16b\gamma-5(1+2\beta)^2}$

1. Den Annahmen gemäß gilt $-k<0$ für $k>0$.
2. Unter Berücksichtigung dieser Bedingung, ist (A.18.1.4) erfüllt, wenn

(A.18.1.5) $-k<0\leq\dfrac{3\gamma(1+2\beta)(a-A)}{16b\gamma-5(1+2\beta)^2}$

3. Es gilt $3\gamma(1+2\beta)(a-A)>0$ für $0<\beta<1$.
4. Es gilt $16b\gamma-5-20\beta-20\beta^2>0$ für $0<\beta<1$ und $b\gamma\geq 45/16$.

Aus 1.,2.,3. und 4. folgt, daß $-k<0\leq\dfrac{3\gamma(1+2\beta)(a-A)}{16b\gamma-5(1+2\beta)^2}$. Dementsprechend gilt die obige Behauptung.

A.18.2. Behauptung: $Q^{KTK}<Q^{OS}$, $k>0$, $0<\beta<1$, $b\gamma\geq 45/16$

Beweis

(A.18.2.1) $Q^{KTK}=\dfrac{6\left[(a-A)\gamma-k(1+2\beta)\right]}{8b\gamma-(1+2\beta)^2}<\dfrac{12(a-A)\gamma}{16b\gamma-5(1+2\beta)^2}=Q^{OS}$

$$\Leftrightarrow$$

(A.18.2.2) $\left[(a-A)\gamma-k(1+2\beta)\right]\left[16b\gamma-5(1+2\beta)^2\right]$
$<2(a-A)\gamma\left[8b\gamma-(1+2\beta)^2\right]$

$$\Leftrightarrow$$

(A.18.2.3) $16b\gamma^2(a-A)-16b\gamma k(1+2\beta)$
$-5\gamma(a-A)(1+2\beta)^2+5k(1+2\beta)(1+2\beta)^2$
$<16b\gamma^2(a-A)-2(1+2\beta)^2(a-A)\gamma$

$$\Leftrightarrow$$

(A.18.2.4) $-k\left[16b\gamma-5(1+2\beta)^2\right]<3(1+2\beta)(a-A)\gamma$

$$\Leftrightarrow$$

(A.18.2.5) $-k<\dfrac{3\gamma(1+2\beta)(a-A)}{16b\gamma-5(1+2\beta)^2}$

Diese Ungleichung ist entsprechend dem Beweis in A.18.1. erfüllt. Dementsprechend gilt die obige Behauptung.

A.18.3. Behauptung: $W^{KTK} < W^{OS}$, $k > 0$, $0 < \beta < 1$, $b\gamma \geq 45/16, c > 0$

Beweis

1. Gemäß (A.4.2.) weist die Funktion $W^S = \frac{15[a - A + (1 + (2\beta))x]^2}{32b} - \frac{3\gamma x^2}{2}$ an der Stelle x^{OS} ein Maximum auf.
2. Gemäß (A.4.2.) gilt $\partial W^S / \partial x > 0$, falls $x < x^{OS}$.
3. Gemäß (A.18.1.) gilt $x^{KTK} < x^{OS}$ für $0 < \beta < 1$ und $k > 0$ und $b\gamma \geq 45/16$.

Aus 1., 2., 3. folgt dann $W^{KTK} < W^{OS}$. Da die Funktion W^S keine forschungsunabhängigen Transaktionskosten enthält, diese aber in der FuE-Kooperation zu berücksichtigen sind, folgt $W^{KTK} < W^{OS}$ für $0 < c$.

A.18.4. Behauptung: $x^{OSTK} < x^{OS}$, $k > 0$, $0 < \beta < 1$

Beweis

(A.18.4.1) $$x^{OSTK} = \frac{5(1+2\beta)(a-A) - 16bk}{16b\gamma - 5(1+2\beta)^2} < \frac{5(1+2\beta)(a-A)}{16b\gamma - 5(1+2\beta)^2} = x^{OS}$$

$$\Leftrightarrow$$

(A.18.4.2) $-16bk < 0$

Diese Ungleichung ist den Annahmen gemäß erfüllt, wenn gilt: $0 < \beta < 1$, $k > 0$. Somit gilt die obige Behauptung.

A.18.5. Behauptung: $Q^{OSTK} < Q^{OS}$, $k > 0$, $0 < \beta < 1$

Beweis

(A.18.5.1) $$Q^{OSTK} = \frac{12[(a-A)\gamma - k(1+2\beta)]}{16b\gamma - 5(1+2\beta)^2} < \frac{12(a-A)\gamma}{16b\gamma - 5(1+2\beta)^2} = Q^{OS}$$

$$\Leftrightarrow$$

(A.18.5.1) $-k(1+2\beta) < 0$

Diese Ungleichung ist den Annahmen gemäß erfüllt, wenn gilt: $0 < \beta < 1$ und $k > 0$. Somit gilt die obige Behauptung.

A.18.6. Behauptung: $W^{OSTK} < W^{OS}$, $k > 0$, $0 < \beta < 1, 0 < c$

Beweis

(A.18.6.1)
$$W^{OSTK} = \frac{15\left[(a-A)-(1+2\beta)x^{OSTK}\right]^2}{32b} - 3kx^{OSTK} - c - \frac{3\gamma x^{OSTK\,2}}{2} < \frac{15\left[(a-A)-(1+2\beta)x^{OS}\right]^2}{32b} - \frac{3\gamma x^{OS\,2}}{2} = W^{OS}$$

1. Gemäß (A.4.2.) weist die Funktion $W^S = \frac{15[a-A+(1+(2\beta))x]^2}{32b} - \frac{3\gamma x^2}{2}$ an der Stelle x^{OS} ein Maximum auf.
2. Gemäß (A.4.2.) gilt $\partial W^S / \partial x > 0$, falls $x < x^{OS}$.
3. Gemäß (A.18.4.) gilt $x^{OSTK} < x^{OS}$ für $0 < \beta < 1$ und $k > 0$.
4. Aus 1., 2. u. 3. folgt

(A.18.6.2)
$$\frac{15\left[(a-A)-(1+2\beta)x^{OSTK}\right]^2}{32b} - \frac{3\gamma x^{OSTK\,2}}{2} < \frac{15\left[(a-A)-(1+2\beta)x^{OS}\right]^2}{32b} - \frac{3\gamma x^{OS\,2}}{2}$$

Aus 4. folgt dann $W^{OSTK} < W^{OS}$. Da die Funktion W^S keine forschungsunabhängigen Transaktionskosten enthält, diese aber in der FuE-Kooperation zu berücksichtigen sind, folgt $W^{OSTK} < W^{OS}$ für $0 < c$.

A.18.7. Behauptung: $x^{KTK} < x^{OSTK}$, $k > 0$, $0 < \beta < 1$

Beweis

(A.18.7.1) $$x^{KTK} = \frac{(1+2\beta)(a-A)-8bk}{8b\gamma-(1+2\beta)^2} < \frac{5(1+2\beta)(a-A)-16bk}{16b\gamma-5(1+2\beta)^2} = x^{OSTK}$$

$$\Leftrightarrow$$

(A.18.7.2) $$0 < k(1+2\beta)^2 + (1+2\beta)(a-A)\gamma$$

Diese Ungleichung ist den Annahmen gemäß erfüllt, wenn gilt: $0 < \beta < 1$ und $k > 0$. Somit gilt die obige Behauptung.

A.18.8. Behauptung: $Q^{KTK} < Q^{OSTK}$, $k < \frac{(a-A)\gamma}{(1+2\beta)}$

Beweis

(A.18.8.1) $$Q^{KTK} = \frac{6[(a-A)\gamma - k(1+2\beta)]}{8b\gamma - (1+2\beta)^2} < \frac{12[(a-A)\gamma - k(1+2\beta)]}{16b\gamma - 5(1+2\beta)^2} = Q^{OSTK}$$

$$\Leftrightarrow$$

(A.18.8.2) $$\begin{aligned} &16b\gamma(a-A)\gamma - 16b\gamma k(1+2\beta) \\ &-5(1+2\beta)^2(a-A)\gamma + 5k(1+2\beta)^3 \\ &< 16b\gamma(a-A)\gamma - 16b\gamma k(1+2\beta) \\ &-2(1+2\beta)^2(a-A)\gamma + 2k(1+2\beta)^3 \end{aligned}$$

$$\Leftrightarrow$$

(A.18.8.3) $$k < \frac{(a-A)\gamma}{(1+2\beta)}$$

Dementsprechend gilt die obige Behauptung.

A.18.9. Behauptung: $W^{KTK} < W^{OSTK}$, $k > 0$, $0 < \beta < 1$

Beweis

1. Gemäß (A.17.4.) weist die Funktion $W^{STK} = \frac{15[(a-A)-(1+2\beta)x]^2}{32b} - 3kx - c - \frac{3\gamma x^2}{2}$ an der Stelle x^{OSTK} ein Maximum auf.
2. Gemäß (A.17.4.) gilt $\partial W^{STK}/\partial x > 0$, falls $x < x^{OSTK}$.
3. Gemäß (A.18.7.) gilt $x^{KTK} < x^{OSTK}$ für $0 < \beta < 1$.

Aus 1., 2. u. 3 folgt dann $W^{KTK} < W^{OSTK}$.

A.18.10. Behauptung: $x^{KTK} < x^{K}$, $k > 0$

Beweis

(A.18.10.1) $$x^{KTK} = \frac{(1+2\beta)(a-A) - 8bk}{8b\gamma - (1+2\beta)^2} < \frac{(1+2\beta)(a-A)}{8b\gamma - (1+2\beta)^2} = x^{K}$$

$$\Leftrightarrow$$

(A.18.10.2) $-8bk < 0$

Diese Ungleichung ist für $k > 0$ erfüllt. Dementsprechend gilt die obige Behauptung.

A.18.11. Behauptung: $Q^{KTK} < Q^{K}$, $0<\beta<1$, $k>0$

Beweis

$$\text{(A.18.11.1)}\quad Q^{KTK} = \frac{6[(a-A)\gamma - k(1+2\beta)]}{8b\gamma-(1+2\beta)^2} < \frac{6(a-A)\gamma}{8b\gamma-(1+2\beta)^2} = Q^{K}$$

$$\Leftrightarrow$$

$$\text{(A.18.11.2)}\quad -6k(1+2\beta) < 0$$

Diese Ungleichung ist erfüllt, wenn gilt: $0<\beta<1$ und $k>0$. Somit gilt die obige Behauptung.

A.18.12. Behauptung: $W^{KTK} < W^{K}$, $k>0$, $0<\beta<1$, $c>0$

Beweis

1. Gemäß (A.4.2.) weist die Funktion $W^{S} = \frac{15[a-A+(1+(2\beta))x]^2}{32b} - \frac{3\gamma x^2}{2}$ an der Stelle x^{OS} ein Maximum auf.
2. Gemäß (A.4.2.) gilt $\partial W^{S}/\partial x > 0$, falls $x < x^{OS}$.
3. Gemäß (A.6.1.2.) gilt $x^{K} < x^{OS}$ für $0<\beta<1$.
4. Gemäß (A.18.1.) gilt $x^{KTK} < x^{K}$.
5. Aus 3. und 4. folgt $x^{KTK} < x^{OS}$ für $0<\beta<1$.

Aus 1., 2., 3., 4. und 5. folgt dann $W^{KTK} < W^{K}$. Da die Funktion W^{S} keine forschungsunabhängigen Transaktionskosten enthält, diese aber in W^{KTK} zu berücksichtigen sind, folgt $W^{KTK} < W^{K}$ für $0<c$.

A.19.1. Herleitung der optimalen Forschungseinheiten unter Berücksichtigung von Transaktionskosten und einer Subvention

$$G^{KTKS} = G_1^{KTKSP} + G_2^{KTKSP} + G_3^{KTKSP}$$

$$(A.19.1.1)\quad \begin{aligned} &= \frac{[(a-A)+(3-2\beta)x_1+(2\beta-1)(x_2+x_3)]^2}{16b} \\ &-\frac{\gamma x_1^2}{2} - kx_1 + sx_1 \\ &+\frac{[(a-A)+(3-2\beta)x_2+(2\beta-1)(x_1+x_3)]^2}{16b} \\ &-\frac{\gamma x_2^2}{2} - kx_2 + sx_2 \\ &+\frac{[(a-A)+(3-2\beta)x_3+(2\beta-1)(x_1+x_2)]^2}{16b} \\ &-\frac{\gamma x_3^2}{2} - kx_3 + sx_3 - 3T \end{aligned}$$

Die Bestimmung der optimalen Forschungseinheiten wird nun für Unternehmen 1 durchgeführt. (A.19.1.1) ist deshalb nach x_1 abzuleiten.

$$(A.19.1.2)\quad \begin{aligned} &\frac{\partial G_1^{KTKSP}}{\partial x_1} + \frac{\partial G_2^{KTKSP}}{\partial x_1} + \frac{\partial G_3^{KTKSP}}{\partial x_1} \\ &= \frac{(3-2\beta)[(a-A)+(3-2\beta)x_1+(2\beta-1)(x_2+x_3)]}{8b} \\ &\quad - x_1\gamma - k + s \\ &+\frac{(2\beta-1)[(a-A)+(3-2\beta)x_2+(2\beta-1)(x_1+x_3)]}{8b} \\ &+\frac{(2\beta-1)[(a-A)+(3-2\beta)x_3+(2\beta-1)(x_1+x_2)]}{8b} = 0 \end{aligned}$$

$$\Rightarrow$$

$$(A.19.1.3)\quad \begin{aligned} &\frac{(3-2\beta)[(a-A)+(2\beta-1)(x_2+x_3)]}{8b} \\ &+\frac{(2\beta-1)[(a-A)+(3-2\beta)x_2+(2\beta-1)x_3]}{8b} \\ &+\frac{(2\beta-1)[(a-A)+(3-2\beta)x_3+(2\beta-1)x_2]}{8b} - k + s \\ &= x_1\gamma - \frac{(3-2\beta)^2 x_1 + 2(2\beta-1)^2 x_1}{8b} \end{aligned}$$

$$\Leftrightarrow$$

$$\text{(A.19.1.4)}\quad \begin{aligned}&(3-2\beta)\left[(a-A)+(2\beta-1)(x_2+x_3)\right]\\&+(2\beta-1)\left[(a-A)+(3-2\beta)x_2+(2\beta-1)x_3\right]\\&+(2\beta-1)\left[(a-A)+(3-2\beta)x_3+(2\beta-1)x_2\right]\\&-8bk+8bs=x_1\left[8b\gamma-(3-2\beta)^2-2(2\beta-1)^2\right]\end{aligned}$$

$$\Leftrightarrow$$

$$\text{(A.19.1.5)}\quad \begin{aligned}&(1+2\beta)(a-A)+2(3-2\beta)(2\beta-1)(x_2+x_3)+(2\beta-1)^2(x_2+x_3)\\&-8bk+8bs=x_1\left[8b\gamma-(3-2\beta)^2-2(2\beta-1)^2\right]\end{aligned}$$

$$\Leftrightarrow$$

$$\text{(A.19.1.6)}\quad \begin{aligned}&(1+2\beta)(a-A)+(12\beta-5-4\beta^2)(x_2+x_3)-8bk+8bs\\&=x_1(8b\gamma-11+20\beta-12\beta^2)\end{aligned}$$

$$\Leftrightarrow$$

$$\text{(A.19.1.7)}\quad x_1=\frac{(1+2\beta)(a-A)+(12\beta-5-4\beta^2)(x_2+x_3)-8bk+8bs}{\left[8b\gamma-11+20\beta-12\beta^2\right]}$$

Unter Verwendung der Symmetrieannahme werden die Forschungseinheiten der Unternehmen 1, 2 und 3 durch x^{KTKS} ersetzt.

$$\text{(A.19.1.8)}\quad x^{KTKS}=\frac{(1+2\beta)(a-A)+2(12\beta-5-4\beta^2)x^{KTKS}-8bk+8bs}{8b\gamma-11+20\beta-12\beta^2}$$

$$\Leftrightarrow$$

$$\text{(A.19.1.9)}\quad x^{KTKS}-\frac{2(12\beta-5-4\beta^2)x^{KTKS}}{8b\gamma-11+20\beta-12\beta^2}=\frac{(1+2\beta)(a-A)-8bk+8bs}{8b\gamma-11+20\beta-12\beta^2}$$

$$\Leftrightarrow$$

$$\text{(A.19.1.10)}\quad \begin{aligned}&x^{KTKS}\left[8b\gamma-11+20\beta-12\beta^2-2(12\beta-5-4\beta^2)\right]\\&=(1+2\beta)(a-A)-8bk+8bs\end{aligned}$$

$$\Leftrightarrow$$

$$\text{(A.19.1.11)}\quad x^{KTKS}=\frac{(1+2\beta)(a-A)-8bk+8bs}{8b\gamma-(1+2\beta)^2}$$

A.19.2. Herleitung der optimalen Gesamtangebotsmenge in der FuE-Kooperation unter Berücksichtigung von Transaktionskosten und einer Subvention

$$\text{(A.19.2.1)}\quad Q^{KTKS}=\frac{3(a-A)+3(1+2\beta)x^{KTKS}}{4b}$$

$$\Leftrightarrow$$

$$\text{(A.19.2.2)}\quad Q^{KTKS}=\frac{3(a-A)+3(1+2\beta)\left(\frac{(1+2\beta)(a-A)-8bk+8bs}{8b\gamma-(1+2\beta)^2}\right)}{4b}$$

$$\Leftrightarrow$$

$$\text{(A.19.2.3)}\quad Q^{KTKS}=\frac{24b\gamma(a-A)-24bk(1+2\beta)+24bs(1+2\beta)}{4b\left[8b\gamma-(1+2\beta)^2\right]}$$

$$\Leftrightarrow$$

$$\text{(A.19.2.4)}\quad Q^{KTKS}=\frac{6\left[(a-A)\gamma-k(1+2\beta)+s(1+2\beta)\right]}{8b\gamma-(1+2\beta)^2}$$

A.19.3. Herleitung des optimalen Subventionssatzes unter Berücksichtigung von Transaktionskosten

Der Subventionssatz ist so zu bestimmen, daß gilt $x^{KTKS}=x^{OSTK}$.

$$\text{(A.19.3.1)}\quad \begin{aligned} x^{KTKS}&=\frac{(1+2\beta)(a-A)-8bk+8bs}{8b\gamma-(1+2\beta)^2}\\ &=\frac{5(1+2\beta)(a-A)-16bk}{16b\gamma-5(1+2\beta)^2}=x^{OSTK}\end{aligned}$$

$$\Leftrightarrow$$

$$\text{(A.19.3.2)}\quad \begin{aligned} &16b\gamma(1+2\beta)(a-A)-128b^2\gamma k+128b^2\gamma s\\ &-5(1+2\beta)^3(a-A)+40(1+2\beta)^2bk-40(1+2\beta)^2bs\\ &=40b\gamma(1+2\beta)(a-A)-128b^2\gamma k\\ &-5(1+2\beta)^3(1+2\beta)(a-A)+16(1+2\beta)^2bk\end{aligned}$$

$$\Leftrightarrow$$

$$\text{(A.19.3.3)}\quad \begin{aligned} &16b\gamma s+3(1+2\beta)^2k-5(1+2\beta)^2s\\ &=3\gamma(1+2\beta)(a-A)\end{aligned}$$

$$\Leftrightarrow$$

$$\text{(A.19.3.4)}\quad \begin{aligned} &s\left[16b\gamma-5(1+2\beta)^2\right]\\ &=3\gamma(1+2\beta)(a-A)-3(1+2\beta)^2k\end{aligned}$$

$$\Leftrightarrow$$

$$\text{(A.19.3.5)}\quad s^{KTK}=\frac{3(1+2\beta)\left[\gamma(a-A)-(1+2\beta)k\right]}{\left[16b\gamma-5(1+2\beta)^2\right]}$$

A.20.1. Herleitung der optimalen Forschungseinheiten in der FuE-Kooperation unter Berücksichtigung von Kooperationsvorteilen

Die Unternehmen legen zunächst ihre Produktionsmengen unabhängig voneinander fest. Sie haben dabei zu berücksichtigen, daß in der FuE-Kooperation Kooperationsvorteile auftreten.

$$\begin{aligned} G_1 &= (a-bQ)q_1 - (A - vx_1 - v\beta(x_2+x_3))q_1 - \frac{\gamma x_1^2}{2} \\ G_2 &= (a-bQ)q_2 - (A - vx_2 - v\beta(x_1+x_3))q_2 - \frac{\gamma x_2^2}{2} \\ G_3 &= (a-bQ)q_3 - (A - vx_3 - v\beta(x_1+x_2))q_3 - \frac{\gamma x_3^2}{2} \end{aligned} \tag{A.20.1.1}$$

$$\begin{aligned} \frac{\partial G_1}{\partial q_1} &= a - A + vx_1 + v\beta(x_2+x_3) - b(q_1+q_2+q_3) - bq_1 = 0 \\ \frac{\partial G_2}{\partial q_2} &= a - A + vx_2 + v\beta(x_1+x_3) - b(q_1+q_2+q_3) - bq_2 = 0 \\ \frac{\partial G_3}{\partial q_3} &= a - A + vx_3 + v\beta(x_1+x_2) - b(q_1+q_2+q_3) - bq_3 = 0 \end{aligned} \tag{A.20.1.2}$$

$$\Rightarrow$$

$$\begin{aligned} q_1 &= \frac{(a-A) + vx_1 + v\beta(x_2+x_3) - b(q_2+q_3)}{2b} \\ q_2 &= \frac{(a-A) + vx_2 + v\beta(x_1+x_3) - b(q_1+q_3)}{2b} \\ q_3 &= \frac{(a-A) + vx_3 + v\beta(x_1+x_2) - b(q_1+q_2)}{2b} \end{aligned} \tag{A.20.1.3}$$

Zunächst wird die Bedingung für q_3 in die Bedingung für q_1 eingesetzt.

$$q_1 = \frac{(a-A) + vx_1 + v\beta(x_2+x_3)}{2b} \frac{-b\left(q_2 + \frac{(a-A) + vx_3 + v\beta(x_1+x_2) - b(q_1+q_2)}{2b}\right)}{2b} \tag{A.20.1.4}$$

$$\Leftrightarrow$$

$$q_1 = \frac{(a-A) + vx_1 + v\beta(x_2+x_3)}{2b} \frac{-bq_2 - \frac{(a-A) + vx_3 + v\beta(x_1+x_2) - b(q_1+q_2)}{2}}{2b} \tag{A.20.1.5}$$

$$\Leftrightarrow$$

$$q_1 = \frac{2(a-A)+2vx_1+2v\beta(x_2+x_3)-2bq_2}{4b} - \frac{(a-A)-vx_3-v\beta(x_1+x_2)+b(q_1+q_2)}{4b} \qquad \text{A.20.1.6)}$$

$$\Leftrightarrow$$

$$\text{(A.20.1.7)}\quad q_1 = \frac{(a-A)+v(2-\beta)x_1+v\beta x_2+v(2\beta-1)x_3-bq_2+bq_1}{4b}$$

$$\Leftrightarrow$$

$$\text{(A.20.1.8)}\quad q_1 - \frac{bq_1}{4b} = \frac{(a-A)+v(2-\beta)x_1+v\beta x_2+v(2\beta-1)x_3-bq_2}{4b}$$

$$\Leftrightarrow$$

$$\text{(A.20.1.9)}\quad q_1 = \frac{(a-A)+v(2-\beta)x_1+v\beta x_2+v(2\beta-1)x_3-bq_2}{3b}$$

Analog wird jetzt q_2 ermittelt und in (A.1.9) eingesetzt.

$$\text{(A.20.1.10)}\quad q_2 = \frac{(a-A)+v(2-\beta)x_2+v\beta x_1+v(2\beta-1)x_3-bq_1}{3b}$$

$$\Leftrightarrow$$

$$\text{(A.20.1.11)}\quad q_1 = \frac{(a-A)+v(2-\beta)x_1+v\beta x_2+v(2\beta-1)x_3}{3b} - \frac{b\dfrac{(a-A)+v(2-\beta)x_2+v\beta x_1+v(2\beta-1)x_3-bq_1}{3b}}{3b}$$

$$\Leftrightarrow$$

$$\text{(A.20.1.12)}\quad q_1 = \frac{3(a-A)+3v(2-\beta)x_1+3v\beta x_2+3v(2\beta-1)x_3}{9b} - \frac{(a-A)+v(2-\beta)x_2+v\beta x_1+v(2\beta-1)x_3-bq_1}{9b}$$

$$\Leftrightarrow$$

$$\text{(A.20.1.13)}\quad q_1 = \frac{2(a-A)+2v(3-2\beta)x_1+2v(2\beta-1)(x_2+x_3)+bq_1}{9b}$$

$$\Leftrightarrow$$

$$\text{(A.20.1.14)}\quad q_1 - \frac{bq_1}{9b} = \frac{2(a-A)+2v(3-2\beta)x_1+2v(2\beta-1)(x_2+x_3)}{9b}$$

$$\Leftrightarrow$$

$$\text{(A.20.1.15)}\quad q_1 = \frac{(a-A)+v(3-2\beta)x_1+v(2\beta-1)(x_2+x_3)}{4b}$$

Auf die gleiche Weise lassen sich die Angebotsmengen der Unternehmen 2 und 3 berechnen.

$$\text{(A.20.1.16)}\quad \begin{aligned} q_1 &= \frac{(a-A)+v(3-2\beta)x_1+v(2\beta-1)(x_2+x_3)}{4b} \\ q_2 &= \frac{(a-A)+v(3-2\beta)x_2+v(2\beta-1)(x_1+x_3)}{4b} \\ q_3 &= \frac{(a-A)+v(3-2\beta)x_3+v(2\beta-1)(x_1+x_2)}{4b} \end{aligned}$$

Bildet man die Summe der Angebotsmengen der Unternehmen, erhält man die gesamte Angebotsmenge:

$$\text{(A.20.1.17)}\quad Q^{KVP} = \frac{3(a-A)+v(1+2\beta)(x_1+x_2+x_3)}{4b}$$

Die Festlegung der optimalen Forschungseinheiten findet bei gegebenem Cournot-Nash-Gleichgewicht auf dem Gütermarkt statt. Die Bedingungen (A.20.1.16) und (A.20.1.17) werden in die Gewinnfunktionen der Unternehmen eingesetzt.

$$\text{(A.20.1.18)}\quad G_1^{KVP} = \left\{ \begin{bmatrix} a-A+vx_1+v\beta(x_2+x_3) \\ -b\dfrac{3(a-A)+v(1+2\beta)(x_1+x_2+x_3)}{4b} \end{bmatrix} \times \\ \frac{(a-A)+v(3-2\beta)x_1+v(2\beta-1)(x_2+x_3)}{4b} \right\} - \frac{\gamma x_1^2}{2}$$

$$\Leftrightarrow$$

$$\text{(A.20.1.19)}\quad G_1^{KVP} = \left\{ \begin{bmatrix} \dfrac{4(a-A)+4vx_1+4\beta(x_2+x_3)}{4} \\ \dfrac{-3(a-A)-v(1+2\beta)(x_1+x_2+x_3)}{4} \end{bmatrix} \times \\ \frac{(a-A)+v(3-2\beta)x_1+v(2\beta-1)(x_2+x_3)}{4b} \right\} - \frac{\gamma x_1^2}{2}$$

$$\Leftrightarrow$$

$$\text{(A.20.1.20)}\quad G_1^{KVP} = \left\{ \left[\frac{(a-A)+v(3-2\beta)x_1+v(2\beta-1)(x_2+x_3)}{4} \right] \times \\ \frac{(a-A)+v(3-2\beta)x_1+v(2\beta-1)(x_2+x_3)}{4b} \right\} - \frac{\gamma x_1^2}{2}$$

$$\Leftrightarrow$$

$$\text{(A.20.1.21)}\quad G_1^{KVP} = \frac{\left[(a-A)+v(3-2\beta)x_1+v(2\beta-1)(x_2+x_3)\right]^2}{16b} - \frac{\gamma x_1^2}{2}$$

Verfährt man für die Unternehmen 2 und 3 auf die gleiche Weise und bildet die Summe der Gewinne erhält man den Gewinn der FuE-Kooperation.

$$G^{KV} = G_1^{KVP} + G_2^{KVP} + G_3^{KVP} =$$

(A.20.1.22)
$$\frac{\left[(a-A)+v(3-2\beta)x_1+v(2\beta-1)(x_2+x_3)\right]^2}{16b}-\frac{\gamma x_1^2}{2}$$
$$\frac{\left[(a-A)+v(3-2\beta)x_2+v(2\beta-1)(x_1+x_3)\right]^2}{16b}-\frac{\gamma x_2^2}{2}$$
$$\frac{\left[(a-A)+v(3-2\beta)x_3+v(2\beta-1)(x_1+x_2)\right]^2}{16b}-\frac{\gamma x_3^2}{2}$$

Die Bedingung 1. Ordnung für ein Maximum lautet:

(A.20.1.23)
$$\frac{\partial G^{KV}}{\partial x_1} =$$
$$\frac{v(3-2\beta)\left[(a-A)+v(3-2\beta)x_1+v(2\beta-1)(x_2+x_3)\right]}{8b}-\gamma x_1$$
$$+\frac{v(2\beta-1)\left[(a-A)+v(3-2\beta)x_2+v(2\beta-1)(x_1+x_3)\right]}{8b}$$
$$+\frac{v(2\beta-1)\left[(a-A)+v(3-2\beta)x_3+v(2\beta-1)(x_1+x_2)\right]}{8b}=0$$

$$\Rightarrow$$

(A.20.1.24)
$$\frac{v(3-2\beta)\left[(a-A)+v(2\beta-1)(x_2+x_3)\right]}{8b}$$
$$+\frac{v(2\beta-1)\left[(a-A)+v(3-2\beta)x_2+v(2\beta-1)x_3\right]}{8b}$$
$$+\frac{v(2\beta-1)\left[(a-A)+v(3-2\beta)x_3+v(2\beta-1)x_2\right]}{8b}$$
$$= x_1\gamma-\frac{v^2(3-2\beta)^2x_1+2v^2(2\beta-1)^2x_1}{8b}$$

$$\Leftrightarrow$$

(A.20.1.25)
$$v(3-2\beta)\left[(a-A)+v(2\beta-1)(x_2+x_3)\right]$$
$$+v(2\beta-1)\left[(a-A)+v(3-2\beta)x_2+v(2\beta-1)x_3\right]$$
$$+v(2\beta-1)\left[(a-A)+v(3-2\beta)x_3+v(2\beta-1)x_2\right]$$
$$= x_1\left[8b\gamma-v^2(3-2\beta)^2-2v^2(2\beta-1)^2\right]$$

$$\Leftrightarrow$$

$$\text{(A.20.1.26)}\quad \begin{aligned}&v(2\beta+1)(a-A)+2v^2(3-2\beta)(2\beta-1)(x_2+x_3)\\&+v^2(2\beta-1)^2(x_2+x_3)\\&=x_1(8b\gamma-v^2(3-2\beta)^2-2v^2(2\beta-1)^2)\end{aligned}$$

$$\Leftrightarrow$$

$$\text{(A.20.1.27)}\quad \begin{aligned}&v(2\beta+1)(a-A)+v^2(12\beta-5-4\beta^2)(x_2+x_3)\\&=x_1(8b\gamma-v^2(11-20\beta+12\beta^2)\end{aligned}$$

$$\Leftrightarrow$$

$$\text{(A.20.1.28)}\quad x_1=\frac{v(2\beta+1)(a-A)+v^2(12\beta-5-4\beta^2)(x_2+x_3)}{\left[8b\gamma-v^2(11-20\beta+12\beta^2)\right]}$$

Unter Verwendung der Symmetrieannahme werden die Forschungseinheiten der Unternehmen 1, 2 und 3 durch x^{KV} ersetzt.

$$\text{(A.20.1.29)}\quad x^{KV}=\frac{v(2\beta+1)(a-A)+2v^2(12\beta-5-4\beta^2)x^{KV}}{8b\gamma-v^2(11-20\beta+12\beta^2)}$$

$$\Leftrightarrow$$

$$\text{(A.20.1.30)}\quad \begin{aligned}&x^{KV}-\frac{2v^2(12\beta-5-4\beta^2)x^{KV}}{8b\gamma-v^2(11-20\beta+12\beta^2)}\\&=\frac{v(2\beta+1)(a-A)}{8b\gamma-v^2(11-20\beta+12\beta^2)}\end{aligned}$$

$$\Leftrightarrow$$

$$\text{(A.20.1.31)}\quad \begin{aligned}&x^{KV}\left[8b\gamma-v^2(11-20\beta+12\beta^2)-2v^2(12\beta-5-4\beta^2)\right]\\&=v(2\beta+1)(a-A)\end{aligned}$$

$$\Leftrightarrow$$

$$\text{(A.20.1.32)}\quad x^{KV}=\frac{v(2\beta+1)(a-A)}{8b\gamma-v^2(1+2\beta)^2}$$

A.20.2. Herleitung der optimalen Gesamtangebotsmenge in der FuE-Kooperation unter Berücksichtigung von Kooperationsvorteilen

$$\text{(A.20.2.1)}\quad Q^{KV}=\frac{3(a-A)+3v(1+2\beta)x^{KV}}{4b}$$

$$\Leftrightarrow$$

$$\text{(A.20.2.2)}\quad Q^{KV}=\frac{3(a-A)+3v(1+2\beta)\left[\dfrac{v(2\beta+1)(a-A)}{8b\gamma-v^2(1+2\beta)^2}\right]}{4b}$$

$$\Leftrightarrow$$

$$\text{(A.20.2.3)}\quad Q^{KV}=\frac{24b\gamma(a-A)}{4b\left[8b\gamma-v^2(1+2\beta)^2\right]}$$

$$\Leftrightarrow$$

(A.20.2.4) $$Q^{KV} = \frac{6(a-A)\gamma}{8b\gamma - v^2(1+2\beta)^2}$$

A.20.3. Herleitung der second best-Forschungseinheiten unter Berücksichtigung von Kooperationsvorteilen

Die soziale Wohlfahrtsfunktion ist gegeben durch:[20]

(A.20.3.1) $$W^{SKV}(x, Q^{KVP}) = \int_0^{Q^{KVP}} a - b(Q^{KVP})dQ^{KVP} - [A - v(1+2\beta)x]Q^{KVP} - \frac{3\gamma x^2}{2}$$

(A.20.3.2) $$\max W^{SKV}(x, Q^{KVP}) = [a - A + (1+2\beta)x]Q^{KVP} - \frac{1}{2}bQ^{KVP2} - \frac{3\gamma x^2}{2}$$

Die Bedingung (A.20.2.1) wird in die soziale Wohlfahrtsfunktion (A.20.3.2) eingesetzt. Dabei wird davon ausgegangen, daß die Forschungseinheiten der Unternehmen gleich hoch sind.

(A.4.2.3) $$W^{SKV}(x, Q^{KVP}) = [a - A + v(1+2\beta)x]\frac{3(a-A) + 3v(1+2\beta)x}{4b} - \frac{1}{2}b\left[\frac{3(a - A + 3v(1+2\beta)x}{4b}\right]^2 - \frac{3\gamma x^2}{2}$$

$$\Leftrightarrow$$

(A.4.2.4) $$W^{SKV}(x, Q^{KVP}) = \frac{3[a - A + v(1+2\beta)x]^2}{4b} - \frac{9[a - A + v(1+2\beta)x]^2}{32b} - \frac{3\gamma x^2}{2}$$

$$\Rightarrow$$

(A.4.2.5) $$W^{SKV}(x, Q^{KVP}) = \frac{15[a - A + v(1+2\beta)x]^2}{32b} - \frac{3\gamma x^2}{2}$$

Diese Funktion wird nun nach x abgeleitet.

(A.4.2.6) $$\frac{\partial W^{SKV}(x, Q^{KVP})}{\partial x} = v(1+2\beta)\frac{15[(a-A) + v(1+2\beta)x]}{16b} - 3\gamma x = 0$$

$$\Rightarrow$$

---

20 Für Q^{KVP} wird angenommen, daß $x_1 = x_2 = x_3 = x$. Daher wird Q^{KVP} zu $Q^{KVP} = \frac{3[(a-A) + v(1+2\beta)x]}{4b}$.

(A.4.2.7) $$\frac{15v(1+2\beta)(a-A)}{16b} = 3\gamma x - \frac{15v^2(1+2\beta)^2 x}{16b}$$

$$\Leftrightarrow$$

(A.4.2.8) $$15v(1+2\beta)(a-A) = x\left[48b\gamma - 15v^2(1+2\beta)^2\right]$$

$$\Leftrightarrow$$

(A.4.2.9) $$\frac{5v(1+2\beta)(a-A)}{16b\gamma - 5v^2(1+2\beta)^2} = x^{OSKV}$$

A.20.4. Herleitung der second best-Gesamtangebotsmenge unter Berücksichtigung von Kooperationsvorteilen

(A.20.4.1) $$Q^{OSKV} = \frac{3(a-A)+3v(1+2\beta)x^{OSKV}}{4b}$$

$$\Leftrightarrow$$

(A.20.4.2) $$Q^{OSKV} = \frac{3(a-A)+3v(1+2\beta)\left[\frac{5v(1+2\beta)(a-A)}{16b\gamma - 5v^2(1+2\beta)^2}\right]}{4b}$$

$$\Leftrightarrow$$

(A.20.4.3) $$Q^{OSKV} = \frac{12\gamma(a-A)}{16b\gamma - 5v^2(1+2\beta)^2}$$

A.20.5. Beweis der Aussage auf Seite 119

Behauptung: $W^{KV} < W^{OSKV}$

1. Die Funktion $W^{SKV}(x)$ weist an der Stelle x^{OSKV} ein Maximum auf. Deshalb gilt: $\frac{\partial W^{SKV}(x)}{\partial x} > 0$ für $x < x^{OSKV}$.
2. Es ist zu prüfen, ob $x^{KV} < x^{OSKV}$ gilt.

(A.20.5.1) $$x^{KV} = \frac{v(2\beta+1)(a-A)}{8b\gamma - v^2(1+2\beta)^2} < \frac{5v(1+2\beta)(a-A)}{16b\gamma - 5v^2(1+2\beta)^2} = x^{OSKV}$$

$$\Leftrightarrow$$

(A.20.5.2) $$16b\gamma - 5v^2(1+2\beta)^2 < 40b\gamma - 5v^2(1+2\beta)^2$$

$$\Leftrightarrow$$

(A.20.5.3) $$16 < 40$$

Aus 1. und 2. folgt $W^{KV} < W^{OSKV}$.

A.21.1. Herleitung der optimalen Forschungseinheiten in der FuE-Kooperation unter Berücksichtigung von Kooperationsvorteilen und einer Subvention

Die Festlegung der optimalen Forschungseinheiten findet bei gegebenem Cournot-Nash-Gleichgewicht auf dem Gütermarkt statt.

$$\text{(A.21.1.1)}\quad \begin{aligned} G^{KVS} = {} & \frac{\left[(a-A)+v(3-2\beta)x_1+v(2\beta-1)(x_2+x_3)\right]^2}{16b}-\frac{\gamma x_1^2}{2}+sx_1 \\ & \frac{\left[(a-A)+v(3-2\beta)x_2+v(2\beta-1)(x_1+x_3)\right]^2}{16b}-\frac{\gamma x_2^2}{2}+sx_2 \\ & \frac{\left[(a-A)+v(3-2\beta)x_3+v(2\beta-1)(x_1+x_2)\right]^2}{16b}-\frac{\gamma x_3^2}{2}+sx_3-3T \end{aligned}$$

Die Bedingung 1. Ordnung für ein Maximum lautet:

$$\text{(A.21.1.2)}\quad \begin{aligned} & \frac{\partial G^{KVS}}{\partial x_1}= \\ & \frac{v(3-2\beta)\left[(a-A)+v(3-2\beta)x_1+v(2\beta-1)(x_2+x_3)\right]}{8b}-\gamma x_1+s \\ & +\frac{v(2\beta-1)\left[(a-A)+v(3-2\beta)x_2+v(2\beta-1)(x_1+x_3)\right]}{8b} \\ & +\frac{v(2\beta-1)\left[(a-A)+v(3-2\beta)x_3+v(2\beta-1)(x_1+x_2)\right]}{8b}=0 \end{aligned}$$

$$\Rightarrow$$

$$\text{(A.21.1.3)}\quad \begin{aligned} & \frac{v(3-2\beta)(a-A+v(2\beta-1)(x_2+x_3))}{8b} \\ & +\frac{v(2\beta-1)(a-A+v(3-2\beta)x_2+v(2\beta-1)x_3)}{8b} \\ & +\frac{v(2\beta-1)(a-A+v(3-2\beta)x_3+v(2\beta-1)x_2)}{8b}+s \\ & =x_1\gamma-\frac{v^2(3-2\beta)^2x_1+2v^2(2\beta-1)^2x_1}{8b} \end{aligned}$$

$$\Leftrightarrow$$

$$\text{(A.21.1.4)}\quad \begin{aligned} & v(3-2\beta)(a-A+v(2\beta-1)(x_2+x_3)) \\ & +v(2\beta-1)(a-A+v(3-2\beta)x_2+v(2\beta-1)x_3) \\ & +v(2\beta-1)(a-A+v(3-2\beta)x_3+v(2\beta-1)x_2)+8bs \\ & =x_1(8b\gamma-v^2(3-2\beta)^2-2v^2(2\beta-1)^2) \end{aligned}$$

$$\Leftrightarrow$$

$$\begin{aligned}&v(2\beta+1)(a-A)+2v^2(3-2\beta)(2\beta-1)(x_2+x_3)\\ \text{(A.21.1.5)}\quad &+v^2(2\beta-1)^2(x_2+x_3)+8bs\\ &=x_1(8b\gamma-v^2(3-2\beta)^2-2v^2(2\beta-1)^2)\end{aligned}$$

$$\Leftrightarrow$$

$$\text{(A.21.1.6)}\quad \begin{aligned}&v(2\beta+1)(a-A)+v^2(12\beta-5-4\beta^2)(x_2+x_3)+8bs\\ &=x_1(8b\gamma-v^2(11-20\beta+12\beta^2)\end{aligned}$$

$$\Leftrightarrow$$

$$\text{(A.21.1.7)}\quad x_1=\frac{v(2\beta+1)(a-A)+v^2(12\beta-5-4\beta^2)(x_2+x_3)+8bs}{\left[8b\gamma-v^2(11-20\beta+12\beta^2)\right]}$$

Unter Verwendung der Symmetrieannahme werden die Forschungseinheiten der Unternehmen 1, 2 und 3 durch x^{KVS} ersetzt.

$$\text{(A.21.1.8)}\quad x^{KVS}=\frac{v(2\beta+1)(a-A)+2v^2(12\beta-5-4\beta^2)x^{KVS}+8bs}{8b\gamma-v^2(11-20\beta+12\beta^2)}$$

$$\Leftrightarrow$$

$$\text{(A.21.1.9)}\quad \begin{aligned}&x^{KVS}-\frac{2v^2(12\beta-5-4\beta^2)x^{KVS}}{8b\gamma-v^2(11-20\beta+12\beta^2)}\\ &=\frac{v(2\beta+1)(a-A)+8bs}{8b\gamma-v^2(11-20\beta+12\beta^2)}\end{aligned}$$

$$\Leftrightarrow$$

$$\text{(A.21.1.10)}\quad \begin{aligned}&x^{KVS}\left[8b\gamma-v^2(11-20\beta+12\beta^2)-2v^2(12\beta-5-4\beta^2)\right]\\ &=v(2\beta+1)(a-A)+8bs\end{aligned}$$

$$\Leftrightarrow$$

$$\text{(A.21.1.11)}\quad x^{KVS}=\frac{v(2\beta+1)(a-A)+8bs}{8b\gamma-v^2(1+2\beta)^2}$$

A.21.2. Herleitung der optimalen Gesamtangebotsmenge in der FuE-Kooperation unter Berücksichtigung von Kooperationsvorteilen und einer Subvention

$$\text{(A.21.2.1)}\quad Q^{KVS}=\frac{3(a-A)+3v(1+2\beta)x^{KVS}}{4b}$$

$$\Leftrightarrow$$

$$\text{(A.21.2.2)}\quad Q^{KVS}=\frac{3(a-A)+3v(1+2\beta)(\frac{v(2\beta+1)(a-A)+8bs}{8b\gamma-v^2(1+2\beta)^2})}{4b}$$

$$\Leftrightarrow$$

$$\text{(A.21.2.3)}\quad Q^{KVS} = \frac{24b\gamma(a-A) + 24bsv(1+2\beta)}{4b\left[8b\gamma - v^2(1+2\beta)^2\right]}$$

$$\Leftrightarrow$$

$$\text{(A.21.2.4)}\quad Q^{KVS} = \frac{6\left[(a-A)\gamma + sv(1+2\beta)\right]}{8b\gamma - v^2(1+2\beta)^2}$$

A.21.3. Herleitung des optimalen Subventionssatzes unter Berücksichtigung von Kooperationsvorteilen

Die Subventionssatz ist so zu bestimmen, daß gilt $x^{KVS} = x^{OSKV}$.

$$\text{(A.21.3.1)}\quad \begin{aligned} x^{KVS} &= \frac{v(2\beta+1)(a-A) + 8bs}{8b\gamma - v^2(1+2\beta)^2} \\ &= \frac{5v(1+2\beta)(a-A)}{16b\gamma - 5v^2(1+2\beta)^2} = x^{KVO} \end{aligned}$$

$$\Leftrightarrow$$

$$\text{(A.21.3.2)}\quad \frac{3\gamma v(2\beta+1)(a-A)}{16b\gamma - 5v^2(1+2\beta)^2} = s^{KV}$$

A.22. Gleichgewichtsprüfungen

Es soll untersucht werden, ob die abgeleiteten Lösungen die Eigenschaften von Nash-Gleichgewichten aufweisen. Dazu ist zu prüfen, inwiefern die Unternehmen einen Anreiz haben, von der jeweils abgeleiteten Aktion abzuweichen. Dies ist der Fall, wenn sie durch ein einseitiges Abweichen einen höheren Gewinn erzielen. Zum Zwecke der Prüfung muß deshalb in den Kooperationssituationen die Annahme der Durchsetzbarkeit der Kooperationsverträge aufgehoben werden. Ein Abweichen wäre sonst nicht möglich.

Es ist zu untersuchen, welche Aktion für ein Unternehmen optimal ist, wenn die beiden anderen Unternehmen die jeweils abgeleitete Aktion wählen. Entspricht die auf diese Weise ermittelte Aktion des Unternehmens auch in diesem Fall der abgeleiteten Aktion, hat das Unternehmen keinen Anreiz, davon abzuweichen. Somit liegt ein Nash-Gleichgewicht vor. Entspricht sie nicht der abgeleiteten Aktion, hat das Unternehmen einen Anreiz, von der abgeleiteten Aktion abzuweichen. In diesem Fall liegt kein Nash-Gleichgewicht vor.

A.22.1. Wettbewerb

Die gewählte Aktion der Unternehmen auf dem Gütermarkt führt gemäß den Bedingungen (3.1.2) dazu, daß sich dort ein Cournot-Nash-Gleichgewicht herausbildet. Ein einseitiges Abweichen von diesen Aktionen würde nicht zu einem höheren Gewinn führen. Es ist nun die Frage, ob auch die Bedingung

(3.1.7) die Eigenschaften eines Nash-Gleichgewichts aufweist. Diese Bedingung ist unter der Voraussetzung abgeleitet worden, daß sich auf dem Gütermarkt ein Nash-Gleichgewicht herausbildet. Sollte sich herausstellen, daß (3.1.7) die Eigenschaften eines Nash-Gleichgewichts aufweist, kann sich kein Unternehmen durch einseitiges Abweichen davon verbessern. Es genügt, die Prüfung für Unternehmen 1 durchzuführen, weil die Unternehmen vollkommen identisch sind. Die individuell beste Aktion des Unternehmens 1 ist gemäß A.2.8. gegeben durch:

(A.22.1.1) $$x_1 = \frac{(3-2\beta)\left[(a-A)+(2\beta-1)(x_2+x_3)\right]}{8b\gamma-(3-2\beta)^2}$$

Es ist nun zu prüfen, ob die Festlegung der Forschungseinheiten des Unternehmens 1 der Bedingung (3.1.7) entspricht, wenn die beiden anderen Unternehmen ihre Forschungseinheiten entsprechend dieser Bedingung festgelegt haben.

(A.22.1.2) $$x_1 = \frac{(3-2\beta)\left[(a-A)+(2\beta-1)2x^W\right]}{8b\gamma-(3-2\beta)^2}$$

$$\Leftrightarrow$$

(A.22.1.3) $$x_1 = \frac{(3-2\beta)\left[(a-A)+(2\beta-1)2\frac{(3-2\beta)(a-A)}{8b\gamma-3-4\beta+4\beta^2}\right]}{8b\gamma-(3-2\beta)^2}$$

$$\Leftrightarrow$$

(A.22.1.4) $$x_1 = \frac{(3-2\beta)\left[\frac{(a-A)8b\gamma-(a-A)\left[3+4\beta-4\beta^2\right]}{8b\gamma-3-4\beta+4\beta^2} \frac{+\left[16\beta-8\beta^2-6\right](a-A)}{8b\gamma-3-4\beta+4\beta^2}\right]}{8b\gamma-(3-2\beta)^2}$$

$$\Leftrightarrow$$

(A.22.1.5) $$x_1 = \frac{(3-2\beta)\left[\frac{(a-A)8b\gamma-(a-A)\left[9-12\beta+4\beta^2\right]}{8b\gamma-3-4\beta+4\beta^2}\right]}{8b\gamma-(3-2\beta)^2}$$

$$\Leftrightarrow$$

(A.22.1.6) $$x_1 = \frac{(3-2\beta)(a-A)\left[8b\gamma-(3-2\beta)^2\right]}{\left[8b\gamma-3-4\beta+4\beta^2\right]\left[8b\gamma-(3-2\beta)^2\right]}$$

$$\Leftrightarrow$$

(A.22.1.7) $$x_1 = \frac{(3-2\beta)(a-A)}{8b\gamma-3-4\beta+4\beta^2}$$

(A.22.1.7) stellt die Bedingung für die beste individuelle Aktion des Unternehmens 1 dar, wenn die beiden übrigen Unternehmen ihre Aktion gemäß Bedingung (3.1.7) wählen. (A.22.1.7) entspricht der Bedingung (3.1.7). Somit entspricht (3.1.7) der besten Aktion des Unternehmens 1, wenn die beiden übrigen Unternehmen (3.1.7) wählen. Da sich einseitiges Abweichen offensichtlich nicht lohnt, weist eine Festlegung der Forschungseinheiten gemäß (3.1.7) die Eigenschaften eines Nash-Gleichgewichtes auf.

A.22.2. Monopol

In diesem Fall muß geprüft werden, ob ein Unternehmen einen Grund dafür hat, von der kooperativen Festlegung der Angebotsmenge abzuweichen. Die beste individuelle Aktion des Unternehmens 1 auf dem Gütermarkt bei gegebenen Aktionen der übrigen Unternehmen ist gemäß (A.1.3) gegeben durch:

(A.22.2.1) $$q_1 = \frac{(a-A)+x_1+\beta(x_2+x_3)-b(q_2+q_3)}{2b}$$

Es ist nun festzustellen, wie die beste Entscheidung des Unternehmens 1 ausfällt, wenn die beiden übrigen Unternehmen ihre Angebotsmenge gemäß Bedingung (3.2.1.3) so festlegen, daß jedes Unternehmen genau ein Drittel der Gesamtangebotsmenge produziert.

(A.22.2.2) $$Q^{MP}/3 = q_M = \frac{(a-A)+(1+2\beta)(\frac{x_1+x_2+x_3}{3})}{6b}$$

Diese Bedingung wird in (A.22.2.1) eingesetzt.

(A.22.3) $$q_1 = \frac{(a-A)+x_1+\beta(x_2+x_3)-b2q_M}{2b}$$

$$\Leftrightarrow$$

(A.22.2.4) $$q_1 = \frac{(a-A)+x_1+\beta(x_2+x_3)}{2b} \\ \frac{-2b\left[\frac{(a-A)+(1+2\beta)(\frac{x_1+x_2+x_3}{3})}{6b}\right]}{2b}$$

$$\Leftrightarrow$$

$$q_1 = \frac{6(a-A)+6x_1+6\beta(x_2+x_3)}{12b} \tag{A.22.2.5}$$
$$\frac{-2\left[(a-A)+(1+2\beta)(\frac{x_1+x_2+x_3}{3})\right]}{12b}$$

$$\Leftrightarrow$$

$$q_1 = \frac{3\left[(a-A)+x_1+\beta(x_2+x_3)\right]}{6b} \tag{A.22.2.6}$$
$$\frac{-\left[(a-A)+(1+2\beta)\frac{x_1+x_2+x_3}{3}\right]}{6b}$$

(A.22.2.6) stellt die Bedingung für die beste individuelle Aktion des Unternehmens 1 dar, wenn die beiden übrigen Unternehmen ihre Aktion gemäß Bedingung (A.22.2.2) wählen. Es ist nun zu prüfen, ob die Aktion gemäß Bedingung (A.22.2.6) der Aktion gemäß Bedingung (A.22.2.2) entspricht. Ist das der Fall, ist einseitiges Abweichen nicht lohnend. Ist das hingegen nicht der Fall, ist es besser von (A.22.2.2) abzuweichen.

$$q_1 = \frac{3\left[(a-A)+x_1+\beta(x_2+x_3)\right]}{6b}$$
$$\frac{-(a-A)-(1+2\beta)\frac{x_1+x_2+x_3}{3}}{6b} \tag{A.22.2.8}$$
$$= q_M = \frac{(a-A)+(1+2\beta)(\frac{x_1+x_2+x_3}{3})}{6b}$$

$$\Leftrightarrow$$

$$9\left[(a-A)+x_1+\beta(x_2+x_3)\right]$$
$$-3(a-A)-(1+2\beta)\left(x_1+x_2+x_3\right) \tag{A.22.2.9}$$
$$= 3(a-A)+(1+2\beta)\left(x_1+x_2+x_3\right)$$

$$\Rightarrow$$

$$3\left[(a-A)+x_1+\beta(x_2+x_3)\right] \neq 0 \tag{A.22.2.10}$$

Gemäß (A.22.10) lohnt es sich für Unternehmen 1 von der Aktion abzuweichen, die durch Bedingung (A.22.2.2) gegeben ist. Demzufolge weist eine Situation, in der die Unternehmen sich gemäß Bedingung (A.22.2.2) verhalten, nicht die Eigenschaften eines Nash-Gleichgewichtes auf. Bedingung (3.2.1.7) wurde unter der Voraussetzung abgeleitet, daß Bedingung (A.22.2.2) gilt. Nachdem eine Situation unter den Voraussetzungen der Bedingung (A.22.2.2) nicht die Eigenschaften eines Nash-Gleichgewichts aufweist, gilt dies auch für eine Situation, die durch die Bedingung (3.2.1.7) gekennzeichnet ist. Dementsprechend kommt ein Monopol nicht zustande, wenn der Kooperationsvertrag nicht durchsetzbar ist.

A.22.3. Prüfung der FuE-Kooperation

In diesem Fall ist das Nash-Gleichgewicht für den Gütermarkt bereits gegeben. Die Bedingungen (3.1.2) stellen sicher, daß kein Unternehmen einen Anreiz hat, von seiner Aktion abzuweichen. Die Frage ist nun, ob die kooperative Festlegung der Forschungseinheiten die optimale Aktion jedes Unternehmens unter der Voraussetzung ist, daß die übrigen Unternehmen die kooperative Aktion (3.2.2.5) wählen (x^K wird in (A.2.8) eingesetzt).

(A.22.3.1) $$x_1 = \frac{(3-2\beta)\left[(a-A)+(2\beta-1)2x^K\right]}{8b\gamma-(3-2\beta)^2}$$

$$\Leftrightarrow$$

(A.22.3.2) $$x_1 = \frac{(3-2\beta)\left[(a-A)+(2\beta-1)2\dfrac{(1+2\beta)(a-A)}{8b\gamma-(1+2\beta)^2}\right]}{8b\gamma-(3-2\beta)^2}$$

$$\Leftrightarrow$$

(A.22.3.3) $$x_1 = \frac{(3-2\beta)(a-A)\left[\dfrac{8b\gamma-(1+2\beta)^2+(2\beta-1)2(1+2\beta)}{8b\gamma-(1+2\beta)^2}\right]}{8b\gamma-(3-2\beta)^2}$$

$$\Leftrightarrow$$

(A.22.3.4) $$x_1 = \frac{(3-2\beta)(a-A)\left[8b\gamma-(3+4\beta-4\beta^2)\right]}{\left[8b\gamma-(1+2\beta)^2\right]\left[8b\gamma-(3-2\beta)^2\right]}$$

(A.22.3.4) stellt die Bedingung für die beste individuelle Aktion des Unternehmens 1 dar, wenn die beiden übrigen Unternehmen ihre Aktion gemäß Bedingung (3.2.2.5) wählen. Es ist nun zu prüfen, ob die Aktion gemäß Bedingung (A.22.3.4) der Aktion gemäß Bedingung (3.2.2.5) entspricht. Ist das der Fall, ist einseitiges Abweichen nicht lohnend. Ist das hingegen nicht der Fall, ist es besser von (3.2.2.5) abzuweichen.

(A.22.3.5) $$x_1 = \frac{(3-2\beta)(a-A)\left[8b\gamma-(3+4\beta-4\beta^2)\right]}{\left[8b\gamma-(1+2\beta)^2\right]\left[8b\gamma-(3-2\beta)^2\right]} = \frac{(1+2\beta)(a-A)}{8b\gamma-(1+2\beta)^2} = x^K$$

$$\Leftrightarrow$$

(A.22.3.6) $(3-2\beta)\left[8b\gamma-(3+4\beta-4\beta^2)\right]=(1+2\beta)\left[8b\gamma-(3-2\beta)^2\right]$

$$\Leftrightarrow$$

(A.22.3.7) $$\begin{aligned}&8b\gamma(3-2\beta)-(3-2\beta)(3+4\beta-4\beta^2)\\&=8b\gamma(1+2\beta)-(1+2\beta)(9-12\beta+4\beta^2)\end{aligned}$$

$$\Leftrightarrow$$

(A.22.3.8) $$\begin{aligned}&8b\gamma(3-2\beta)-(9+6\beta-20\beta^2+8\beta^3)\\&=8b\gamma(1+2\beta)-(9+6\beta-20\beta^2+8\beta^3)\end{aligned}$$

$$\Leftrightarrow$$

(A.22.3.9) $8b\gamma(2-4\beta)=0$

$$\Leftrightarrow$$

(A.22.3.10) $\beta=\frac{1}{2}$

Für den Fall, daß gilt, $\beta=1/2$, entspricht Bedingung (A.22.3.4) der Bedingung (3.2.2.5). Somit lohnt sich ein Abweichen von der kooperativen Aktion nicht. Demgegenüber lohnt sich abweichendes Verhalten, wenn gilt $\beta\neq 1/2$. Daraus folgt, daß in allen diesen Situationen kein Nash-Gleichgewicht vorliegt. Das Zustandekommen einer FuE-Kooperation ist deshalb, abgesehen von einem Ausnahmefall davon abhängig, daß der Kooperationsvertrag durchsetzbar ist.

A.22.4. Gütermarktmonopol

In diesem Fall kann auf die Argumentation zum Monopol verwiesen werden. Auch ein Gütermarktmonopol kommt nicht zustande, wenn der Kooperationsvertrag nicht durchsetzbar ist.

A.22.5. Subvention im Wettbewerb

Die gewählte Aktion der Unternehmen auf dem Gütermarkt führt gemäß den Bedingungen (3.1.2) dazu, daß sich dort ein Cournot-Nash-Gleichgewicht herausbildet. Ein einseitiges Abweichen von diesen Aktionen würde nicht zu einem höheren Gewinn führen. Es ist nun die Frage, ob auch die Bedingung (5.2.3) die Eigenschaften eines Nash-Gleichgewichts aufweist. Diese Bedingung ist unter der Voraussetzung abgeleitet worden, daß sich auf dem Gütermarkt ein Nash-Gleichgewicht herausbildet. Sollte sich herausstellen, daß (5.2.3) die Eigenschaften eines Nash-Gleichgewichts aufweist, kann sich kein Unternehmen durch einseitiges Abweichen davon verbessern. Es genügt, die Prüfung für Unternehmen 1 durchzuführen, weil die Unternehmen vollkommen identisch sind. Die individuell beste Aktion des Unternehmens 1 unter Berücksichtigung einer Subvention ist gegeben durch (A.11.1.1.6). Nun wird Bedingung (5.2.3 = x^{WS}) in Bedingung (A.11.1.1.6) eingesetzt:

(A.22.5.1)
$$\frac{(3-2\beta)\left[(a-A)+(2\beta-1)2\dfrac{(3-2\beta)(a-A)+8bs}{8b\gamma-3-4\beta+4\beta^2}\right]+8bs}{8b\gamma-(3-2\beta)^2}=x_1$$

$$\Leftrightarrow$$

(A.22.5.2)
$$\frac{(3-2\beta)\left[\dfrac{(a-A)\left[8b\gamma-3-4\beta+4\beta^2\right]}{8b\gamma-3-4\beta+4\beta^2}\dfrac{+(4\beta-2)(3-2\beta)(a-A)+(4\beta-2)8bs}{8b\gamma-3-4\beta+4\beta^2}\right]+8bs}{8b\gamma-(3-2\beta)^2}=x_1$$

$$\Leftrightarrow$$

(A.22.5.3)
$$(3-2\beta)\left[\frac{(a-A)\left[8b\gamma-3-4\beta+4\beta^2\right]}{\left[8b\gamma-3-4\beta+4\beta^2\right]\left[8b\gamma-(3-2\beta)^2\right]}\frac{+(16\beta-8\beta^2-6)(a-A)+(4\beta-2)8bs}{\left[8b\gamma-3-4\beta+4\beta^2\right]\left[8b\gamma-(3-2\beta)^2\right]}\right]$$
$$+\frac{8bs\left[8b\gamma-3-4\beta+4\beta^2\right]}{\left[8b\gamma-3-4\beta+4\beta^2\right]\left[8b\gamma-(3-2\beta)^2\right]}=x_1$$

$$\Leftrightarrow$$

(A.22.5.4)
$$\frac{(3-2\beta)(a-A)\left[8b\gamma-3-4\beta+4\beta^2\right]}{\left[8b\gamma-3-4\beta+4\beta^2\right]\left[8b\gamma-(3-2\beta)^2\right]}\frac{+(3-2\beta)(16\beta-8\beta^2-6)(a-A)}{\left[8b\gamma-3-4\beta+4\beta^2\right]\left[8b\gamma-(3-2\beta)^2\right]}\frac{+8bs(4\beta-2)(3-2\beta)+8bs\left[8b\gamma-3-4\beta+4\beta^2\right]}{\left[8b\gamma-3-4\beta+4\beta^2\right]\left[8b\gamma-(3-2\beta)^2\right]}=x_1$$

$$\Leftrightarrow$$

(A.22.5.5)
$$\frac{(3-2\beta)(a-A)\left[8b\gamma-3-4\beta+4\beta^2\right]}{\left[8b\gamma-3-4\beta+4\beta^2\right]\left[8b\gamma-(3-2\beta)^2\right]}\frac{+(3-2\beta)(16\beta-8\beta^2-6)(a-A)}{\left[8b\gamma-3-4\beta+4\beta^2\right]\left[8b\gamma-(3-2\beta)^2\right]}\frac{+8bs(4\beta-2)(3-2\beta)+8bs\left[8b\gamma-3-4\beta+4\beta^2\right]}{\left[8b\gamma-3-4\beta+4\beta^2\right]\left[8b\gamma-(3-2\beta)^2\right]}=x_1$$

$$\Leftrightarrow$$

(A.22.5.6)
$$\frac{8b\gamma(3-2\beta)(a-A)-(3-2\beta)(a-A)(9-12\beta+4\beta^2)}{\left[8b\gamma-3-4\beta+4\beta^2\right]\left[8b\gamma-(3-2\beta)^2\right]}$$
$$\frac{+8bs(12\beta-4\beta^2-9)+8bs8b\gamma}{\left[8b\gamma-3-4\beta+4\beta^2\right]\left[8b\gamma-(3-2\beta)^2\right]}=x_1$$

Die Bedingung (A.22.5.6) stellt die beste Aktion des Unternehmens 1 dar, wenn die übrigen Unternehmen ihre Forschungseinheiten gemäß Bedingung (5.2.3) festlegen. Es ist nun zu prüfen, ob (A.22.5.6) der Bedingung (5.2.3) entspricht. Ist das der Fall, hat Unternehmen 1 keinen Anreiz seine Forschungseinheiten nicht gemäß Bedingung (5.2.3) festzulegen.

(A.22.5.7)
$$x_1=\frac{8b\gamma(3-2\beta)(a-A)-(3-2\beta)(a-A)(9-12\beta+4\beta^2)}{\left[8b\gamma-3-4\beta+4\beta^2\right]\left[8b\gamma-(3-2\beta)^2\right]}$$
$$\frac{+8bs(12\beta-4\beta^2-9)+8bs8b\gamma}{\left[8b\gamma-3-4\beta+4\beta^2\right]\left[8b\gamma-(3-2\beta)^2\right]}$$
$$=\frac{(3-2\beta)(a-A)+8bs}{8b\gamma-3-4\beta+4\beta^2}=x^{WS}$$

$$\Leftrightarrow$$

(A.22.5.8)
$$8b\gamma(3-2\beta)(a-A)-(3-2\beta)(a-A)(9-12\beta+4\beta^2)$$
$$+8bs(12\beta-4\beta^2-9)+8bs8b\gamma$$
$$=\left[(3-2\beta)(a-A)+8bs\right]\left[8b\gamma-(3-2\beta)^2\right]$$

$$\Leftrightarrow$$

(A.22.5.9) $$8bs(12\beta-4\beta^2-9)=8bs(-9+12\beta-4\beta^2)$$

Demnach entspricht die Bedingung (A.22.5.6) der Bedingung (5.2.3). Wenn die Unternehmen ihre Forschungseinheiten gemäß Bedingung (5.2.3) festlegen, handelt es sich um ein Nash-Gleichgewicht.

A.22.6. Subvention in der FuE-Kooperation

Wiederum ist das Nash-Gleichgewicht für den Gütermarkt bereits gegeben. Die Bedingungen (3.1.2) stellen sicher, daß kein Unternehmen einen Anreiz hat, von seiner Aktion abzuweichen. Die Frage ist nun, ob die kooperative Festlegung der Forschungseinheiten unter Berücksichtigung einer Subvention die optimale Aktion jedes Unternehmens unter der Voraussetzung ist, daß die übrigen Unternehmen die kooperative Aktion gemäß (5.2.7) wählen. Nun wird Bedingung (5.2.7 = x^{KS}) in Bedingung (A.11.1.1.6) eingesetzt. (A.11.1.1.6) entspricht der besten individuellen Aktion des Unternehmens 1, wenn eine Subvention vergeben wird.

(A.22.6.1) $$\frac{(3-2\beta)\left[(a-A)+(2\beta-1)2x^{KS}\right]+8bs}{8b\gamma-(3-2\beta)^2}=x_1$$

$$\Leftrightarrow$$

(A.22.6.2) $$\frac{(3-2\beta)\left[(a-A)+(2\beta-1)2\frac{(1+2\beta)(a-A)+8bs}{8b\gamma-(1+2\beta)^2}\right]+8bs}{8b\gamma-(3-2\beta)^2}=x_1$$

$$\Leftrightarrow$$

(A.22.6.3) $$(3-2\beta)\frac{\left\{(a-A)\left[8b\gamma-(3+4\beta-4\beta^2)\right]+(2\beta-1)16bs\right\}}{\left[8b\gamma-(1+2\beta)^2\right]\left[8b\gamma-(3-2\beta)^2\right]}$$
$$\frac{+8bs\left[8b\gamma-(1+2\beta)^2\right]}{\left[8b\gamma-(1+2\beta)^2\right]\left[8b\gamma-(3-2\beta)^2\right]}$$

$$\Leftrightarrow$$

(A.22.6.4) $$\frac{\left\{\begin{matrix}8b\gamma(3-2\beta)(a-A)-(3-2\beta)(a-A)(3+4\beta-4\beta^2)\\+(8\beta-3-4\beta^2)16bs\end{matrix}\right\}}{\left[8b\gamma-(1+2\beta)^2\right]\left[8b\gamma-(3-2\beta)^2\right]}$$
$$\frac{+8bs8b\gamma-8bs(1+2\beta)^2}{\left[8b\gamma-(1+2\beta)^2\right]\left[8b\gamma-(3-2\beta)^2\right]}$$

$$\Leftrightarrow$$

(A.22.6.5) $$\frac{8b\gamma(3-2\beta)(a-A)-(a-A)(9+6\beta-20\beta^2+8\beta^3)}{\left[8b\gamma-(1+2\beta)^2\right]\left[8b\gamma-(3-2\beta)^2\right]}$$
$$\frac{+(8\beta-3-4\beta^2)16bs+8bs8b\gamma-8bs(1+4\beta+4\beta^2)}{\left[8b\gamma-(1+2\beta)^2\right]\left[8b\gamma-(3-2\beta)^2\right]}$$

$$\Leftrightarrow$$

(A.22.6.6) $$x_1=\frac{8b\gamma(3-2\beta)(a-A)-(a-A)(9+6\beta-20\beta^2+8\beta^3)}{\left[8b\gamma-(1+2\beta)^2\right]\left[8b\gamma-(3-2\beta)^2\right]}$$
$$\frac{+(96\beta-56-96\beta^2)bs+8bs8b\gamma}{\left[8b\gamma-(1+2\beta)^2\right]\left[8b\gamma-(3-2\beta)^2\right]}$$

(A.22.6.6) stellt die Bedingung für die beste individuelle Aktion des Unternehmens 1 dar, wenn die beiden übrigen Unternehmen ihre Aktion gemäß Bedingung (5.2.7) wählen. Es ist nun zu prüfen, ob die Aktion gemäß Bedingung (A.22.6.6) der Aktion gemäß Bedingung (5.2.7) entspricht. Ist das der

Fall, ist einseitiges Abweichen nicht lohnend. Ist das hingegen nicht der Fall, ist es besser von (5.2.7) abzuweichen.

(A.22.6.7)
$$x_1 = \frac{8b\gamma(3-2\beta)(a-A)-(a-A)(9+6\beta-20\beta^2+8\beta^3)}{\left[8b\gamma-(1+2\beta)^2\right]\left[8b\gamma-(3-2\beta)^2\right]}$$
$$\frac{+(96\beta-56-96\beta^2)bs+8bs8b\gamma}{\left[8b\gamma-(1+2\beta)^2\right]\left[8b\gamma-(3-2\beta)^2\right]} = \frac{(1+2\beta)(a-A)+8bs}{8b\gamma-(1+2\beta)^2} = x^{KS}$$

$$\Leftrightarrow$$

(A.22.6.8)
$$8b\gamma(3-2\beta)(a-A)-(a-A)(9+6\beta-20\beta^2+8\beta^3)$$
$$+(96\beta-56-96\beta^2)bs+8bs8b\gamma$$
$$=\left[(1+2\beta)(a-A)+8bs\right]\left[8b\gamma-(3-2\beta)^2\right]$$

$$\Leftrightarrow$$

(A.22.6.9)
$$8b\gamma(3-2\beta)(a-A)-(a-A)(9+6\beta-20\beta^2+8\beta^3)$$
$$+(96\beta-56-96\beta^2)bs+8bs8b\gamma$$
$$=(1+2\beta)(a-A)8b\gamma-(1+2\beta)(a-A)(3-2\beta)^2$$
$$+8bs8b\gamma-8bs(3-2\beta)^2$$

$$\Leftrightarrow$$

(A.22.6.10)
$$8b\gamma(2-4\beta)(a-A)-(a-A)(9+6\beta-20\beta^2+8\beta^3)$$
$$+(96\beta-56-96\beta^2)bs$$
$$=-(a-A)(9+6\beta-20\beta^2+8\beta^3)$$
$$-bs(72-96\beta+32\beta^2)$$

$$\Leftrightarrow$$

(A.22.6.11) $8b\gamma(2-4\beta)(a-A)-(16+64\beta^2)bs=0$

$$\Leftrightarrow$$

(A.22.6.12) $\gamma(1-2\beta)(a-A)-(1+4\beta^2)s=0$

In (A.22.6.12) wird nun die Bedingung für den second best-Subventionssatz s^{KSB} eingesetzt.

(A.22.6.13) $\gamma(1-2\beta)(a-A)-(1+4\beta^2)\dfrac{3(1+2\beta)(a-A)\gamma}{16b\gamma-5(1+2\beta)^2}=0$

$$\Leftrightarrow$$

(A.22.6.14)
$$\frac{16b\gamma(1-2\beta)-5(1+4\beta+4\beta^2)(1-2\beta)}{16b\gamma-5(1+2\beta)^2}$$
$$\frac{-3(1+4\beta^2)(1+2\beta)}{16b\gamma-5(1+2\beta)^2}=0$$

$$\Leftrightarrow$$

(A.22.6.15) $$\frac{16b\gamma(1-2\beta)-(8+16\beta-8\beta^2-16\beta^3)}{16b\gamma-5(1+2\beta)^2}=0$$

$$\Leftrightarrow$$

(A.22.6.16) $$\frac{2b\gamma(1-2\beta)+(2\beta^3+\beta^2-2\beta-1)}{16b\gamma-5(1+2\beta)^2}=0$$

Setzt man in die Gleichung $\frac{2b\gamma(1-2\beta)+(2\beta^3+\beta^2-2\beta-1)}{16b\gamma-5(1+2\beta)^2}=z,\ z\in\mathrm{IR}$ unter Berücksichtigung der Modellannahmen alle möglichen Parameterwerte ein, so läßt sich eine Menge von Punkten im R^4 erzeugen. Auf die gleiche Weise läßt sich durch (A.22.6.16) eine Menge von Punkten im R^4 erzeugen. Diese stellt eine vernachlässigbare Teilmenge der zuerst erzeugten Menge dar. Daraus wird folgender Schluß gezogen: Im Regelfall hat Unternehmen 1 einen Anreiz, einseitig von (5.2.7) abzuweichen. Eine Festlegung der Forschungseinheiten gemäß (5.2.7) stellt im Regelfall kein Nash-Gleichgewicht dar. Demnach kommt eine FuE-Kooperation im Regelfall nicht zustande. Um sie dennoch zuwege zu bringen, muß der Kooperationsvertrag durchgesetzt werden.

Dies läßt sich durch die Betrachtung eines Spezialfalls verdeutlichen. In (A.22.6.16) wird nun eine Bedingung für $b\gamma$ eingesetzt. Die entsprechende Bedingung läßt sich aus der Bedingung 2. Ordnung für ein Maximum der Funktion G^{KS} in (A.11.2.11) ableiten. Diese lautet:
$\frac{\partial^2 G^K}{\partial x_1^2}=\frac{(3-2\beta)^2+2(2\beta-1)^2}{8b}-\gamma\leq 0$. Aufgelöst nach $b\gamma$ und unter Vernachlässigung des Ungleichheitszeichens ergibt sich: $\frac{(3-2\beta)^2+2(2\beta-1)^2}{8}=b\gamma$. Dies läßt sich weiter vereinfachen zu: $\frac{(11-20\beta+12\beta^2)}{8}=b\gamma$.

(A.22.6.17) $$\frac{2\frac{(11-20\beta+12\beta^2)}{8}(1-2\beta)+(2\beta^3+\beta^2-2\beta-1)}{16\frac{(11-20\beta+12\beta^2)}{8}-5(1+2\beta)^2}=0$$

$$\Leftrightarrow$$

(A.22.6.18) $$\frac{(11-20\beta+12\beta^2)(1-2\beta)+4(2\beta^3+\beta^2-2\beta-1)}{8(11-20\beta+12\beta^2)-20(1+2\beta)^2}=0$$

$$\Leftrightarrow$$

(A.22.6.19) $$\frac{(7-50\beta+56\beta^2-16\beta^3)}{(68-240\beta+16\beta^2)}=0$$

Der Zähler in (A.22.6.19) ist ein Polynom 3. Grades und weist daher maximal drei Nullstellen auf. Es ist die Frage, ob der Zähler in (A.22.6.19) im zulässigen Wertebereich eine Nullstelle besitzt. (A.22.6.19) nimmt für $\beta = 0$ einen positiven Wert an und für $\beta = 1$ einen negativen Wert an. Da (A.22.6.19) stetig differenzierbar ist, weist (A.22.6.19) im zulässigen Wertebereich mindestens eine, aber höchstens drei Nullstellen auf. Demnach läßt (lassen) sich mindestens ein Parameterwert (höchstens drei Parameterwerte) finden, für den (die) gilt, daß Unternehmen 1 keinen Anreiz hat, seine Forschungseinheiten abweichend von Bedingung (5.2.7) festzulegen. In allen übrigen Fällen hat Unternehmen 1 einen Anreiz, seine Forschungseinheiten nicht gemäß (5.2.7) festzulegen. Eine Festlegung der Forschungseinheiten gemäß (5.2.7) stellt in diesen Fällen kein Nash-Gleichgewicht dar. Da dies die große Mehrheit der Parameterwerte betrifft, wird der Schluß gezogen, daß eine FuE-Kooperation unter Berücksichtigung von Transaktionskosten nicht zustande kommt, wenn der Kooperationsvertrag nicht durchsetzbar ist.

A.22.7. FuE-Kooperation unter Berücksichtigung von Transaktionskosten

In diesem Fall ist das Nash-Gleichgewicht für den Gütermarkt bereits gegeben. Die Bedingungen (3.1.2) stellen sicher, daß kein Unternehmen einen Anreiz hat, von seiner Aktion abzuweichen. Die Frage ist nun, ob die kooperative Festlegung der Forschungseinheiten die optimale Aktion jedes Unternehmens unter der Voraussetzung ist, daß die übrigen Unternehmen die kooperative Aktion gemäß Bedingung (6.1.3) wählen. Wiederum ist die beste individuelle Aktion des Unternehmens 1 durch (A.2.8) gegeben. x^{KTK} wird in (A.2.8) eingesetzt:

(A.22.7.1) $$x_1 = \frac{(3-2\beta)\left[(a-A)+(2\beta-1)2x^{KTK}\right]}{8b\gamma-(3-2\beta)^2}$$

$$\Leftrightarrow$$

(A.22.7.2) $$x_1 = \frac{(3-2\beta)\left[(a-A)+(2\beta-1)2\dfrac{(2\beta+1)(a-A)-8bk}{8b\gamma-(1+2\beta)^2}\right]}{8b\gamma-(3-2\beta)^2}$$

$$\Leftrightarrow$$

(A.22.7.3) $$x_1 = \frac{(3-2\beta)(a-A)\left[8b\gamma-(1+2\beta)^2\right]}{\left[8b\gamma-(1+2\beta)^2\right]\left[8b\gamma-(3-2\beta)^2\right]} \frac{+(3-2\beta)(2\beta-1)2(2\beta+1)(a-A)}{\left[8b\gamma-(1+2\beta)^2\right]\left[8b\gamma-(3-2\beta)^2\right]} \frac{-(3-2\beta)(2\beta-1)16bk}{\left[8b\gamma-(1+2\beta)^2\right]\left[8b\gamma-(3-2\beta)^2\right]}$$

(A.22.7.3) stellt die Bedingung für die beste individuelle Aktion des Unternehmens 1 dar, wenn die beiden übrigen Unternehmen ihre Aktion gemäß Bedingung (6.1.3) wählen. Es ist nun zu prüfen, ob die Aktion gemäß Bedingung (A.22.7.3) der Aktion gemäß Bedingung (6.1.3) entspricht. Ist das der Fall, ist einseitiges Abweichen nicht lohnend. Ist das hingegen nicht der Fall, ist es besser von (6.1.3) abzuweichen.

$$x_1 = \frac{(3-2\beta)(a-A)\left[8b\gamma-(1+2\beta)^2\right]}{\left[8b\gamma-(1+2\beta)^2\right]\left[8b\gamma-(3-2\beta)^2\right]}$$

$$\text{(A.22.7.4)}\quad \frac{+(3-2\beta)(2\beta-1)2(2\beta+1)(a-A)}{\left[8b\gamma-(1+2\beta)^2\right]\left[8b\gamma-(3-2\beta)^2\right]}$$

$$\frac{-(3-2\beta)(2\beta-1)16bk}{\left[8b\gamma-(1+2\beta)^2\right]\left[8b\gamma-(3-2\beta)^2\right]}$$

$$= \frac{(2\beta+1)(a-A)-8bk}{8b\gamma-(1+2\beta)^2} = x^{TK}$$

$$\Leftrightarrow$$

$$\begin{aligned} &(3-2\beta)(a-A)\left[8b\gamma-(1+2\beta)^2\right] \\ \text{(A.22.7.5)}\quad &+(3-2\beta)(2\beta-1)2(2\beta+1)(a-A) \\ &-(3-2\beta)(2\beta-1)16bk \\ &= \left[(2\beta+1)(a-A)-8bk\right]\left[8b\gamma-(3-2\beta)^2\right] \end{aligned}$$

$$\Leftrightarrow$$

$$\begin{aligned} &(3-2\beta)(a-A)8b\gamma-(3-2\beta)(a-A)(1+2\beta)^2 \\ &+(3-2\beta)(2\beta-1)2(2\beta+1)(a-A) \\ \text{(A.22.7.6)}\quad &-(3-2\beta)(2\beta-1)16bk = \\ &8b\gamma(2\beta+1)(a-A)-8bk8b\gamma+8bk(3-2\beta)^2 \\ &-(3-2\beta)^2(2\beta+1)(a-A) \end{aligned}$$

$$\Leftrightarrow$$

$$\begin{aligned} &(2-4\beta)(a-A)8b\gamma \\ \text{(A.22.7.7)}\quad &+(a-A)(3-2\beta)\begin{bmatrix}(3-2\beta)(2\beta+1)-(1+2\beta)^2 \\ +(2\beta-1)2(2\beta+1)\end{bmatrix} \\ &-(3-2\beta)(2\beta-1)16bk+8bk8b\gamma-8bk(3-2\beta)^2 = 0 \end{aligned}$$

$$\Leftrightarrow$$

$$\text{(A.22.7.8)}\quad (2-4\beta)(a-A)\gamma+(4\beta^2-3-4\beta)k+8kb\gamma = 0$$

Setzt man in die Gleichung $(2-4\beta)(a-A)\gamma+(4\beta^2-3-4\beta)k+8kb\gamma = z,\ z \in IR$ unter Berücksichtigung der Modellannahmen alle möglichen Parameterwerte ein, so läßt sich eine Menge von Punkten im R^7 erzeugen. Auf die gleiche

Weise läßt sich durch (A.22.7.8) eine Menge von Punkten im R^7 erzeugen. Diese stellt eine vernachlässigbare Teilmenge der zuerst erzeugten Menge dar. Daraus wird folgender Schluß gezogen: Im Regelfall hat Unternehmen 1 einen Anreiz, einseitig von (6.1.3) abzuweichen. Eine Festlegung der Forschungseinheiten gemäß (6.1.3) stellt im Regelfall kein Nash-Gleichgewicht dar. Demnach kommt eine FuE-Kooperation im Regelfall nicht zustande. Um sie dennoch zuwege zu bringen, muß der Kooperationsvertrag durchgesetzt werden.

Dies läßt sich durch die Betrachtung eines Spezialfalls verdeutlichen. In (A.22.7.8) wird nun die in Anhang A.17.3. abgeleitete Bedingung $\frac{(1+2\beta)(a-A)}{8b} \geq k$ unter Vernachlässigung des Ungleichheitszeichens eingesetzt.

$$(2-4\beta)(a-A)\gamma + (4\beta^2-3-4\beta)\frac{(1+2\beta)(a-A)}{8b} + 8\frac{(1+2\beta)(a-A)}{8b}b\gamma = 0 \qquad \text{(A.22.7.9)}$$

$$\Leftrightarrow$$

$$8b\gamma(3-2\beta)(a-A) + (4\beta^2-3-4\beta)(1+2\beta)(a-A) = 0 \qquad \text{(A.22.7.10)}$$

$$\Leftrightarrow$$

$$8b\gamma(3-2\beta) + (8\beta^3-10\beta-4\beta^2-3) = 0 \qquad \text{(A.22.7.11)}$$

In (A.22.7.11) wird nun eine Bedingung für $b\gamma$ eingesetzt. Die entsprechende Bedingung läßt sich aus der Bedingung 2. Ordnung für ein Maximum der Funktion G^{KTK} in (A.17.1.1) ableiten. Diese lautet: $\frac{\partial^2 G^K}{\partial x_1^2} = \frac{(3-2\beta)^2+2(2\beta-1)^2}{8b} - \gamma \leq 0$. Aufgelöst nach $b\gamma$ und unter Vernachlässigung des Ungleichheitszeichens ergibt sich: $\frac{(3-2\beta)^2+2(2\beta-1)^2}{8} = b\gamma$. Dies läßt sich weiter vereinfachen zu: $\frac{(11-20\beta+12\beta^2)}{8} = b\gamma$.

$$8\frac{(11-20\beta+12\beta^2)}{8}(3-2\beta) + (8\beta^3-10\beta-4\beta^2-3) = 0 \qquad \text{(A.22.7.12)}$$

$$\Leftrightarrow$$

$$30-92\beta+72\beta^2-16\beta^3 = 0 \qquad \text{(A.22.7.13)}$$

(A.22.7.13) ist ein Polynom 3.Grades und besitzt demzufolge höchstens drei Nullstellen. Es ist die Frage, ob (A.22.7.13) im zulässigen Wertebereich eine Nullstelle besitzt. (A.22.7.13) nimmt für $\beta = 0$ einen positiven Wert an und für $\beta = 1$ einen negativen Wert an. Da (A.22.7.13) stetig differenzierbar ist, weist (A.22.7.13) im zulässigen Wertebereich mindestens eine, aber höchstens drei Nullstellen auf. Demnach läßt (lassen) sich mindestens ein Parameterwert (höchstens drei Parameterwerte) finden, für den (die) gilt, daß Unternehmen 1 keinen Anreiz hat, seine Forschungseinheiten abweichend von Bedingung (6.1.3) festzulegen. In allen übrigen Fällen hat Unternehmen 1 einen Anreiz, seine Forschungseinheiten nicht gemäß (6.1.3) festzulegen. Eine Festlegung der Forschungseinheiten gemäß (6.1.3) stellt in diesen Fällen kein Nash-Gleichgewicht dar. Da dies die große Mehrheit der Parameterwerte betrifft, wird der Schluß gezogen, daß eine FuE-Kooperation unter Berücksichtigung von Transaktionskosten nicht zustande kommt, wenn der Kooperationsvertrag nicht durchsetzbar ist.

A.22.8. FuE-Kooperation unter Berücksichtigung von Transaktionskosten und einer Subvention

In diesem Fall ist das Nash-Gleichgewicht für den Gütermarkt bereits gegeben. Die Bedingungen (3.1.2) stellen sicher, daß kein Unternehmen einen Anreiz hat, von seiner Aktion abzuweichen. Die Frage ist nun, ob die kooperative Festlegung der Forschungseinheiten die optimale Aktion jedes Unternehmens unter der Voraussetzung ist, daß die übrigen Unternehmen die kooperative Aktion gemäß Bedingung (6.3.2.1) wählen. Wiederum ist die beste individuelle Aktion des Unternehmens 1 durch (A.2.8) gegeben. x^{KTKS} wird in (A.2.8) eingesetzt:

$$\text{(A.22.8.2)}\quad x_1 = \frac{(3-2\beta)\left[(a-A)+(2\beta-1)2x^{KTKS}\right]}{8b\gamma-(3-2\beta)^2}$$

$$\Leftrightarrow$$

$$\text{(A.22.8.2)}\quad x_1 = \frac{(3-2\beta)\left\{\begin{matrix}(a-A)\\ +(2\beta-1)2\left[\dfrac{(1+2\beta)(a-A)-8bk+8bs}{8b\gamma-(1+2\beta)^2}\right]\end{matrix}\right\}}{8b\gamma-(3-2\beta)^2}$$

$$\Leftrightarrow$$

$$\text{(A.22.8.3)}\quad x_1 = (3-2\beta)\left\{\begin{matrix}\dfrac{8b\gamma(a-A)-(a-A)(1+2\beta)^2}{\left[8b\gamma-(1+2\beta)^2\right]\left[8b\gamma-(3-2\beta)^2\right]}\\ \dfrac{+2(2\beta-1)(1+2\beta)(a-A)}{\left[8b\gamma-(1+2\beta)^2\right]\left[8b\gamma-(3-2\beta)^2\right]}\\ \dfrac{-(2\beta-1)16bk+(2\beta-1)16bs}{\left[8b\gamma-(1+2\beta)^2\right]\left[8b\gamma-(3-2\beta)^2\right]}\end{matrix}\right\}$$

(A.22.8.3) stellt die Bedingung für die beste individuelle Aktion des Unternehmens 1 dar, wenn die beiden übrigen Unternehmen ihre Aktion gemäß Bedingung (6.3.2.1) wählen. Es ist nun zu prüfen, ob die Aktion gemäß Bedingung (A.22.8.3) der Aktion gemäß Bedingung (6.3.2.1) entspricht. Ist das der

Fall, ist einseitiges Abweichen nicht lohnend. Ist das hingegen nicht der Fall, ist es besser von (6.3.2.1) abzuweichen.

(A.22.8.4)
$$x_1 = (3-2\beta)\left\{\begin{array}{c}\dfrac{8b\gamma(a-A)-(a-A)(1+2\beta)^2}{\left[8b\gamma-(1+2\beta)^2\right]\left[8b\gamma-(3-2\beta)^2\right]} \\ \dfrac{+2(2\beta-1)(1+2\beta)(a-A)}{\left[8b\gamma-(1+2\beta)^2\right]\left[8b\gamma-(3-2\beta)^2\right]} \\ \dfrac{-(2\beta-1)16bk+(2\beta-1)16bs}{\left[8b\gamma-(1+2\beta)^2\right]\left[8b\gamma-(3-2\beta)^2\right]}\end{array}\right\}$$
$$= x^{KTKS} = \frac{(1+2\beta)(a-A)-8bk+8bs}{8b\gamma-(1+2\beta)^2}$$

$$\Leftrightarrow$$

(A.22.8.5)
$$\begin{aligned}&8b\gamma(a-A)(3-2\beta)-(a-A)(1+2\beta)^2(3-2\beta)\\&+2(2\beta-1)(1+2\beta)(3-2\beta)(a-A)\\&-(2\beta-1)(3-2\beta)16bk+(2\beta-1)(3-2\beta)16bs\\&=\left[(1+2\beta)(a-A)-8bk+8bs\right]\left[8b\gamma-(3-2\beta)^2\right]\end{aligned}$$

$$\Leftrightarrow$$

(A.22.8.6)
$$\begin{aligned}&8b\gamma(a-A)(3-2\beta)-(a-A)(1+2\beta)^2(3-2\beta)\\&+2(2\beta-1)(1+2\beta)(3-2\beta)(a-A)\\&-(2\beta-1)(3-2\beta)16bk+(2\beta-1)(3-2\beta)16bs=\\&8b\gamma(2\beta+1)(a-A)-64b^2k\gamma+8bk(3-2\beta)^2\\&-(3-2\beta)^2(2\beta+1)(a-A)\end{aligned}$$

$$\Leftrightarrow$$

(A.22.8.7)
$$\begin{aligned}&8b\gamma(a-A)(2-4\beta)\\&+(a-A)(3-2\beta)\begin{bmatrix}(3-2\beta)(2\beta+1)-(1+2\beta)^2\\+2(2\beta-1)(1+2\beta)\end{bmatrix}\\&-(8\beta-4\beta^2-3)16bk+(8\beta-4\beta^2-3)16bs\\&+64b^2k\gamma-8bk(9-12\beta+4\beta^2)=0\end{aligned}$$

$$\Leftrightarrow$$

(A.22.8.8)
$$\begin{aligned}&\gamma(a-A)(2-4\beta)+(4\beta^2-3-4\beta)k\\&+(8\beta-4\beta^2-3)2s+8bk\gamma=0\end{aligned}$$

$$\Leftrightarrow$$

(A.22.8.9)
$$\begin{aligned}&\gamma(a-A)(2-4\beta)+(4\beta^2-3-4\beta)k\\&+(16\beta-8\beta^2-6)s+8bk\gamma=0\end{aligned}$$

In (A.22.8.9) wird nun die Bedingung für den second best-Subventionssatz unter Berücksichtigung von Transaktionskosten s^{KTK} eingesetzt.

$$\begin{aligned}&\gamma(a-A)(2-4\beta)+(4\beta^2-3-4\beta)k\\ &+(16\beta-8\beta^2-6)\frac{3(1+2\beta)[\gamma(a-A)-(1+2\beta)k]}{[16b\gamma-5(1+2\beta)^2]}+8bk\gamma=0\end{aligned} \tag{A.22.8.10}$$

$$\Leftrightarrow$$

$$\begin{aligned}&\gamma(a-A)(2-4\beta)[16b\gamma-5(1+2\beta)^2]\\ &+(4\beta^2-3-4\beta)k[16b\gamma-5(1+2\beta)^2]\\ &+(16\beta-8\beta^2-6)3(1+2\beta)[\gamma(a-A)-(1+2\beta)k]\\ &+8bk\gamma[16b\gamma-5(1+2\beta)^2]=0\end{aligned} \tag{A.22.8.11}$$

$$\Leftrightarrow$$

$$\begin{aligned}&(a-A)(2-4\beta)16b\gamma^2+16b\gamma(4\beta^2-3-4\beta)k+128b^2\gamma^2k\\ &+(16\beta^4-96\beta^3+24\beta^2+104\beta+33)k\\ &-8bk\gamma\,5(1+2\beta)^2\\ &+(112\beta^2-8\beta-28-32\beta^3)\gamma(a-A)=0\end{aligned} \tag{A.22.8.12}$$

Setzt man in die Gleichung

$$\begin{aligned}&(a-A)(2-4\beta)16b\gamma^2+16b\gamma(4\beta^2-3-4\beta)k+128b^2\gamma^2k\\ &+(16\beta^4-96\beta^3+24\beta^2+104\beta+33)k\\ &-8bk\gamma(5+20\beta+20\beta^2)\\ &+(8\beta-28+192\beta^2-32\beta^3)\gamma(a-A)=z,\ z\in R\end{aligned}$$

unter Berücksichtigung der Modellannahmen alle möglichen Parameterwerte ein, so läßt sich eine Menge von Punkten im R^7 erzeugen. Auf die gleiche Weise läßt sich durch (A.22.8.12) eine Menge von Punkten im R^7 erzeugen. Diese stellt eine vernachlässigbare Teilmenge der zuerst erzeugten Menge dar. Daraus wird folgender Schluß gezogen: Im Regelfall hat Unternehmen 1 einen Anreiz, einseitig von (6.3.2.1) abzuweichen. Eine Festlegung der Forschungseinheiten gemäß (6.3.2.1) stellt im Regelfall kein Nash-Gleichgewicht dar. Demnach kommt eine FuE-Kooperation im Regelfall nicht zustande. Um sie dennoch zuwege zu bringen, muß der Kooperationsvertrag durchgesetzt werden.

A.22.9. FuE-Kooperation unter Berücksichtigung von Kooperationsvorteilen

Es ist zunächst zu prüfen, ob auf dem Gütermarkt ein Nash-Gleichgewicht vorliegt. Eine Festlegung der Angebotsmengen gemäß den Bedingungen in (A.20.1.16) unterscheidet sich von einer Festlegung der Bedingungen gemäß Bedingung (3.1.2). Deshalb wird geprüft, ob Unternehmen 1 einen Anreiz hat, von einer Festlegung gemäß Bedingung (A.20.1.16) abzuweichen, wenn die beiden übrigen Unternehmen ihre Angebotsmengen gemäß (A.20.1.16) festlegen. Gemäß (A.1.3) ist die optimale Aktion des Unternehmens 1 gegeben durch:

(A.22.9.1) $$q_1 = \frac{(a-A) + x_1 + \beta(x_2 + x_3) - b(q_2 + q_3)}{2b}$$

In diese Bedingung werden nun die Bedingungen für die Angebotsmengen der Unternehmen 2 und 3 eingesetzt, wenn sie diese gemäß (A.20.1.16) festgelegt haben. Es wird davon ausgegangen, daß die Forschungseinheiten jeweils gleichermaßen groß sind.

(A.22.9.2) $$q_1 = \frac{(a-A) + (1+2\beta)x - 2b\left[\frac{(a-A) + v(1+2\beta)x}{4b}\right]}{2b}$$

$$\Leftrightarrow$$

(A.22.9.3) $$q_1 = \frac{(a-A) + 2(1+2\beta)x - v(1+2\beta)x}{4b}$$

(A.22.9.3) stellt die optimale Aktion des Unternehmens 1 dar, wenn die beiden übrigen Unternehmen ihre Forschungseinheiten gemäß Bedingung (A.20.1.16) festgelegt haben. Es wird nun geprüft, ob (A.22.9.3) (A.20.1.16) entspricht.

(A.22.9.4) $$\begin{aligned} q_1 &= \frac{(a-A) + 2(1+2\beta)x - v(1+2\beta)x}{4b} \\ &= \frac{(a-A) + v(1+2\beta)x}{4b} = q^{KV} \end{aligned}$$

$$\Rightarrow$$

(A.22.9.4) $$\begin{aligned} &2(1+2\beta)x - 2v(1+2\beta)x \\ &\neq 0 \end{aligned}$$

Offensichtlich ist es für Unternehmen 1 lohnend, seine Angebotsmenge nicht gemäß (A.22.1.16) festzulegen, wenn die beiden übrigen Unternehmen dies tun. Dementsprechend liegt kein Nash-Gleichgewicht vor. Die Festlegung der Forschungseinheiten gemäß (7.1.4) fand unter der Voraussetzung statt, daß die Unternehmen ihre Angebotsmengen gemäß (A.22.1.16) festlegen. Da bereits die Festlegung der Angebotsmengen nicht die Eigenschaften eines Nash-

Gleichgewichts aufweist, gilt dies auch für die Forschungseinheiten. Eine FuE-Kooperation kommt unter Berücksichtigung von Kooperationsvorteilen ausschließlich dann zustande, wenn der Kooperationsvertrag durchgesetzt wird.

A.22.10. FuE-Kooperation unter Berücksichtigung von Kooperationsvorteilen und Subventionen

In diesem Fall läßt sich die gleiche Argumentation wie in A.22.9. anwenden. Wenn bereits die Festlegung der Angebotsmengen nicht die Eigenschaften eines Nash-Gleichgewichtes aufweist, kann die Festlegung der Forschungseinheiten, die unter dieser Voraussetzung statt fand, ebenfalls nicht die Eigenschaften eines Nash-Gleichgewichtes aufweisen.

Tabellenanhang

Tabelle A.1: Vergleich der Wohlfahrt und der Gewinne der Unternehmen unter Berücksichtigung von forschungsunabhängigen Transaktionskosten - Parameterwert $c = 0{,}06204$ -*)

Höhe des/der		Wohlfahrt		Gewinn der Unternehmen	
positiven externen Effekts	Transaktions-kosten	im Wettbewerb	in der FuE-Kooperation	im Wettbe-werb	in der FuE-Kooperation
0,00000001	0,06204	0,7915	0,7086	0,0855	0,0801
0,2	0,06204	0,8537	0,7487	0,0981	0,0833
0,5	0,06204	0,9088	0,8468	0,1116	0,0909
0,64354	0,06204	*0,9161*	*0,9161*	0,1152	0,0961
0,7	0,06204	0,9155	0,9488	0,1160	0,0984
0,9	0,06204	0,8979	1,0969	0,1164	0,1087
0,99999999	0,06204	0,8806	1,1962	*0,1152*	*0,1152*

*) Die übrigen Parameter des Modells wurden wie folgt gewählt: $a = 10$, $A = 7{,}5$, $b = 4$, $\gamma = 1$.

Tabelle A.2: Vergleich der Wohlfahrt und der Gewinne der Unternehmen unter Berücksichtigung von forschungsunabhängigen Transaktionskosten - Parameterwert $c = 0{,}046027$ -*)

Höhe des/der		Wohlfahrt		Gewinn der Unternehmen	
positiven externen Effekts	der Transak tionskosten	im Wettbewerb	in der FuE-Koopera-tion	im Wettbe-werb	in der FuE-Kooperation
0,00000001	0,046027	0,7915	0,7247	*0,0855*	*0,0855*
0,2	0,046027	0,8537	0,7647	0,0981	0,0887
0,5	0,046027	0,9088	0,8628	0,1116	0,0963
0,6125999	0,046027	*0,9156*	*0,9156*	0,1146	0,1002
0,7	0,046027	0,9155	0,9648	0,1160	0,1038
0,93413	0,046027	0,8926	1,1445	*0,1161*	*0,1161*
0,99999999	0,046027	0,8806	1,2122	0,1152	0,1205

*) Die übrigen Parameter des Modells wurden wie folgt gewählt: $a = 10$, $A = 7{,}5$, $b = 4$, $\gamma = 1$.

Tabelle A.3: Vergleich der Wohlfahrt und der Gewinne der Unternehmen unter Berücksichtigung von forschungsunabhängigen Transaktionskosten - Parameterwert $c = 0{,}01$ -*)

Höhe des/der		Wohlfahrt		Gewinn der Unternehmen	
positiven externen Effekts	Transaktions-kosten	im Wettbewerb	in der FuE-Kooperation	im Wettbe-werb	in der FuE-Ko-operation
0,00000001	0,01	0,7915	0,7607	0,0855	0,0975
0,07142857	0,01	0,8157	0,7731	0,0902	0,0985
0,27868	0,01	0,8730	0,8214	*0,1023*	*0,1023*
0,5	0,01	0,9088	0,8988	0,1116	0,1083
0,528739	0,01	*0,9113*	*0,9113*	0,1125	0,1092
0,7	0,01	0,9155	1,0008	0,1160	0,1158
0,708	0,01	0,9152	1,0057	*0,1161*	*0,1161*
0,9	0,01	0,8979	1,1490	0,1164	0,1260
0,99999999	0,01	0,8806	1,2483	0,1152	0,1325

*) Die übrigen Parameter des Modells wurden wie folgt gewählt: $a = 10$, $A = 7{,}5$, $b = 4$, $\gamma = 1$.

Tabelle A.4: Vergleich der Wohlfahrt und der Gewinne der Unternehmen unter Berücksichtigung von forschungsunabhängigen Transaktionskosten - Parameterwert $c = 0{,}3776225$ -*)

Höhe des/der		Wohlfahrt		Gewinn der Unternehmen	
positiven externen Effekts	Transaktions-kosten	im Wettbewerb	in der FuE-Kooperation	Wettbe-werb	in der FuE-Kooperation
0,00000001	0,3776225	0,7915	0,3931	0,0855	-0,0251
0,2	0,3776225	0,8537	0,4331	0,0981	-0,0218
0,5	0,3776225	0,9088	0,5312	0,1116	-0,0143
0,7	0,3776225	0,9155	0,6332	0,1160	-0,0068
0,9	0,3776225	0,8979	0,7814	0,1164	0,0035
0,99999999	0,3776225	*0,8806*	*0,8806*	0,1152	0,0100

*) Die übrigen Parameter des Modells wurden wie folgt gewählt: $a = 10$, $A = 7{,}5$, $b = 4$, $\gamma = 1$.

Tabelle A.5: Vergleich der Wohlfahrt und der Gewinne der Unternehmen unter Berücksichtigung von forschungsabhängigen Transaktionskosten - Parameterwert $k = 0{,}02$ -[1)]

Höhe des/der		Wohlfahrt		Gewinn der Unternehmen	
positiven externen Effekts	Transaktionskosten[2)]	im Wettbewerb	in der FuE-Kooperation	im Wettbewerb	in der FuE-Kooperation
0,00000001	0,0012	0,7915	0,7626	0,0855	0,0994
0,2	0,00190413	0,8537	0,7990	0,0981	0,1019
0,30805	0,002314	0,8793	0,826	*0,1038*	*0,1038*
0,5	0,00311429	0,9088	0,8899	0,1116	0,1083
0,556025	0,00336983	*0,9132*	*0,9132*	0,1132	0,1099
0,7	0,00408537	0,9155	0,9853	0,1160	0,1148
0,74229	0,004314	0,9137	1,0103	*0,1164*	*0,1164*
0,9	0,0052649	0,8979	1,1240	0,1164	0,1238
0,99999999	0,00596522	0,8806	1,2171	0,1152	0,1296

1) Die übrigen Parameter des Modells wurden wie folgt gewählt: $a = 10$, $A = 7{,}5$, $b = 4$, $\gamma = 1$.

2) Die Zahlen in der Spalte ergeben sich durch die Multiplikation des Parameters k mit der Menge der berechneten Forschungseinheiten.

Tabelle A.6: Vergleich der Wohlfahrt und der Gewinne der Unternehmen unter Berücksichtigung von forschungsabhängigen Transaktionskosten - Parameterwert $k = 0{,}172414$ für $1/2 < \beta$, $\frac{(2\beta + 1)(a - A)}{8b} = k$ für $\beta < 1/2$ -[1)]

Höhe des/der			Wohlfahrt		Gewinn der Unternehmen	
positiven externen Effekts	Parameters k	Transaktionskosten[2)]	im Wettbewerb	in der FuE-Kooperation	im Wettbewerb	in der FuE-Kooperation
0,00000001	0,078125	0	0,7915	0,7324	0,0855	0,0977
0,19281	0,1082515	0	0,8518	0,7324	*0,0977*	*0,0977*
0,2	0,109375	0	0,8537	0,7324	0,0981	0,0977
0,5	0,15625	0	0,9088	0,7324	0,1116	0,0977
0,7	0,172414	0,003172	0,9155	0,7580	0,1160	0,0978
0,9	0,172414	0,01058142	0,8979	0,8309	0,1164	0,0991
0,99999999	0,172414	0,01486323	0,8806	0,8806	0,1152	0,1003

1) Die übrigen Parameter des Modells wurden wie folgt gewählt: $a = 10$, $A = 7{,}5$, $b = 4$, $\gamma = 1$.

2) Die Zahlen in der Spalte ergeben sich durch die Multiplikation des Parameters k mit der Menge der berechneten Forschungseinheiten.

Tabelle A.7: Vergleich der Wohlfahrt und der Gewinne der Unternehmen unter Berücksichtigung von forschungsabhängigen Transaktionskosten - Parameterwert $\frac{(2\beta+1)(a-A)}{8b} = k$ -[1)]

Höhe des/der			Wohlfahrt		Gewinn der Unternehmen	
positiven externen Effekts	Parameters k	Transaktionskosten[2)]	im Wettbewerb	in der FuE-Kooperation	im Wettbewerb	in der FuE-Kooperation
0,00000001	0,078125	0	0,7915	0,7324	0,0855	0,0977
0,1928	0,10825	0	0,8518	0,7324	0,0977	0,0977
0,2	0,109375	0	0,8537	0,7324	0,0981	0,0977
0,5	0,15625	0	0,9088	0,7324	0,1116	0,0977
0,7	0,1875	0	0,9155	0,7324	0,1160	0,0977
0,93413	0,2240828	0	0,8926	0,7324	0,1161	0,0977
0,99999999	0,234375	0	0,8806	0,7324	0,1152	0,0977

1) Die übrigen Parameter des Modells wurden wie folgt gewählt: $a = 10$, $A = 7{,}5$, $b = 4$, $\gamma = 1$.

2) Die Zahlen in der Spalte ergeben sich durch die Multiplikation des Parameters k mit der Menge der berechneten Forschungseinheiten.

Tabelle A.8: Vergleich der Wohlfahrt und der Gewinne der Unternehmen unter Berücksichtigung von forschungsabhängigen Transaktionskosten - Parameterwert $k = 0{,}02$, $c = 0{,}05$ -[1)]

Höhe des/der		Wohlfahrt		Gewinne	
des positiven externen Effekts	der Transaktionskosten[2)]	im Wettbewerb	in der FuE-Kooperation	im Wettbewerb	In der FuE-Kooperation
0,00000001	0,0512	0,79146849	0,7126	0,085464	0,082733
0,03	0,051302	0,80186557	0,717055	0,087489	0,083034
0,04545455	0,051355	0,8070881	0,719482	0,088516	0,083199
0,07142857	0,051445	0,81565163	0,723765	0,090216	0,083492
0,2	0,051904	0,85370369	0,749006	0,098068	0,085244
0,5	0,053114	0,90880102	0,839895	0,111607	0,091598
0,66538	0,053905	*0,91614*	*0,91614*	0,11554	0,096812
0,9	0,055265	0,89789742	1,074029	0,116109	0,109021
0,99999999	0,055965	0,88064804	1,167094	0,11519	0,112959

1) Die übrigen Parameter des Modells wurden wie folgt gewählt: $a = 10$, $A = 7{,}5$, $b = 4$, $\gamma = 1$.

2) Die Zahlen in der Spalte ergeben sich durch die Multiplikation des Parameters k mit der Menge der berechneten Forschungseinheiten. Die forschungsabhängigen Transaktionskosten sind unberücksichtigt.

Tabelle A.9: Second best-Wohlfahrt ohne und mit Berücksichtigung von Kooperationsvorteilen*)

Höhe des		Wohlfahrt	
positiven externen Effekts	Parameters v	ohne Berücksichtigung von Kooperationsvorteilen	unter Berücksichtigung von Kooperationsvorteilen
0,00000001	1,1	0,7945	0,8058
0,03	1,1	0,8029	0,8159
0,04545455	1,1	0,8075	0,8214
0,07142857	1,1	0,8157	0,8313
0,2	1,1	0,8649	0,8915
0,5	1,1	1,0653	1,1511
0,7	1,1	1,3317	1,5356
0,9	1,1	1,8901	2,5231
0,99999999	1,1	2,4671	3,8949

*) Die übrigen Parameter des Modells wurden wie folgt gewählt: $a = 10$, $A = 7{,}5$, $b = 4$, $\gamma = 1$.

Tabelle A.10: Wohlfahrt im Wettbewerb und in der FuE-Kooperation unter Berücksichtigung von Kooperationsvorteilen*)

Höhe des		Wohlfahrt		Gewinn der Unternehmen	
positiven externen Effekts	Parameters v	im Wettbewerb	in der FuE-Kooperation	im Wettbewerb	in der FuE-Kooperation
0,00000001	1,1	0,7915	0,7779	0,0854637	0,1022127
0,07142857	1,1	0,8157	0,7928	0,0885161	0,1031246
0,2	1,1	0,8537	0,8262	0,0902160	0,1036888
0,39127	*1,1*	*0,8948*	*0,8948*	0,0980679	0,1069805
0,5	1,1	0,9088	0,9467	0,1116071	0,1186397
0,7	1,1	0,9155	1,0756	0,1160172	0,1307844
0,9	1,1	0,8979	1,2690	0,1164279	0,1484799
0,99999999	1,1	0,8806	1,4026	0,1151902	0,1604057

*) Die übrigen Parameter des Modells wurden wie folgt gewählt: $a = 10$, $A = 7{,}5$, $b = 4$, $\gamma = 1$.

Tabelle A.11: Wohlfahrt im Wettbewerb und in der FuE-Kooperation unter Berücksichtigung von Kooperationsvorteilen*)

Höhe des		Wohlfahrt		Gewinn der Unternehmen	
positiven externen Effekts	Parameters v	im Wettbewerb	in der FuE-Kooperation	im Wettbewerb	in der FuE-Kooperation
0,00000001	1,4	0,7914	0,8037	0,0854	0,1077
0,03	1,4	0,8018	0,8132	0,0874	0,1090
0,04545455	1,4	0,8070	0,8184	0,0885	0,1098
0,07142857	1,4	0,8156	0,8276	0,0902	0,1111
0,2	1,4	0,8537	0,8822	0,0980	0,1188
0,5	1,4	0,9088	1,0911	0,1116	0,1485
0,7	1,4	0,9155	1,3354	0,1160	0,1833
0,9	1,4	0,8978	1,7433	0,1164	0,2417
0,99999999	1,4	0,8806	2,0555	0,1151	0,2866

*) Die übrigen Parameter des Modells wurden wie folgt gewählt: $a = 10$, $A = 7{,}5$, $b = 4$, $\gamma = 1$.

Übersicht A.1: Von im allgemeinen bei FuE-Kooperationen üblicher Vertragsgestaltung abweichende vertragliche Gestaltung bei von der Europäischen Union geförderten FuE-Kooperationen

Verwertung der Ergebnisse	Ausschlußregelungen
Verpflichtung zur Verwertung getrennte Verwertung ausdrücklich erlaubt	kein Ausschluß der Lizenzvergabe an Dritte

Quelle: KOMMISSION (1988).

Übersicht A.2: Besondere Vertragsbedingungen bei von der Europäischen Union geförderten FuE-Kooperationen

Austausch **neuer** Kenntnisse und nichtausschließlicher Lizenzen zwischen den beteiligten Unternehmen		
Bedingungen	Entgelt	
- für das Vorhaben notwendig - für die Verwertung notwendig	unentgeltlich unentgeltlich	
Austausch **bestehender** Kenntnisse und nichtausschließlicher Lizenzen zwischen den beteiligten Unternehmen		
Bedingungen	Entgelt	
- für das Vorhaben notwendig - für die Verwertung notwendig	kostendeckend Vorzugspreis	
Weitergabe **neuer** Kenntnisse und nichtausschließlicher Lizenzen an Dritte		
Bedingungen	Entgelt	Dritte
- für das Vorhaben notwendig - für die gewerbliche Verwertung notwendig	kosten-deckend	Teilnehmer desselben Programms oder anderer Programme
- für FuE-Arbeiten notwendig - für gewerbliche Verwertung notwendig	Vorzugs-preis	Unternehmen der Gemeinschaft
Weitergabe **bestehender** Kenntnisse und nichtausschließlicher Lizenzen an Dritte		
Bedingungen	Entgelt	Dritte
- für FuE-Arbeiten notwendig	Vorzugs-preis	Teilnehmer desselben Programms oder anderer Programme

Quelle: KOMMISSION (1988).

LITERATURVERZEICHNIS

AMIT, R.; SCHOEMAKER, P. J. H.(1993): Strategic Assets and Organizational Rent, in: Strategic Management Journal, Vol. 14, S. 33 - 46.

ARBEITSKREIS DIE UNTERNEHMUNG IM MARKT (Arbeitskreis Hax) (1990): Synergie als Bestimmungsfaktor des Tätigkeitsbereiches (Geschäftsfelder und Funktionen) von Unternehmungen, in: Zeitschrift für betriebswirtschaftliche Forschung, 42. Jg., S. 963 - 973.

ARCHIBUGI, D.; PIANTA, M. (1992): The Technological Specialization of Advanced Countries, A Report to the EEC on International Science and Technology Activities, Brüssel, Luxemburg.

ARROW, K. J.(1971): Economic Welfare and the Allocation of Resources to Invention, in: ARROW, K. J.(1971): Essays in the Theory of Risk-Bearing, Amsterdam, London. S. 144 - 163.

D´ASPREMONT, C.; JAQUEMIN, A. (1988): Cooperative and Noncooperative R&D in Duopoly with Spillovers, in: American Economic Review, Vol. 78, S. 1133 - 1137.

D´ASPREMONT, C.; JAQUEMIN, A. (1990): Cooperative R&D in Duopoly with Spillovers: Erratum, in: American Economic Review, Vol. 80, S. 641 - 642.

BAIN, J. S. (1956): Barriers to New Competition, Cambridge.

BAUMOL, W. J. (1992): Horizontal Collusion and Innovation, in: Economic Journal, Vol. 102, S. 129 - 137.

BEA, F. X. (1988): Diversifikation durch Kooperation, in: Der Betrieb, 41. Jg., S. 2521 - 2526.

BERNINGHAUS, S. K.; VÖLKER, R.; EHRHART, K.-M. (1996): How to win the game of business, in: Die Betriebswirtschaft, 56. Jg., S. 509-529.

BERNSTEIN, J. I.; NADIRI, M. I. (1988): Interindustry R&D Spillovers, Rates of Return, and Production in High-Tech Industries, in: American Economic Review, Papers and Proceedings, Vol. 78, S. 429 - 434.

BÖNDEL, B. (1994): Chipindustrie, Sag niemals nie, in: Wirtschaftswoche, Nr. 19, S. 92 - 98.

BONDT, R. de; SLAETS, P.; CASSIMAN, B. (1992): The Degree of Spillovers and the Number of Rivals for maximum effective R&D, in: International Journal of Industrial Organization, Vol. 10, S. 35 -54.

BONDT, R. de; SLEUWAGEN, L.; VEUGELERS, R. (1988): Innovative Strategic Groups in Multinational Industries, European Economic Review, Vol. 32, S. 902 - 925.

BONDT, R. de; VEUGELERS, R. (1991): Strategic investment with spill-overs, in: European Journal of Political Economy, Vol. 7, S. 345 - 366.

BROCKHOFF, K. (1995): Zur Theorie des externen Erwerbs neuen technologischen Wissens, in: Zeitschrift für Betriebswirtschaft, 65. Jg., Ergänzungsheft 1, S. 27 - 41.

BROLL, U. (1991): Internationale Kooperation in Forschung und Entwicklung (Ökonomische Aspekte der Vertragsgestaltung), in: Oberender, P.; Streit, M. (Hrsg.): Marktwirtschaft und Innovation, Baden-Baden, S. 101 - 117.
BRAENDLI, P. (1995): Viele Vorbehalte gegenüber Patentschutz, in: FAZ, Dienstag, 13. Juni, Nr.135, S. B 15.
BÜRLI, A. et. al. (1992): Vorgehen beim Aufbau von CIM-Datenmodellen, in: io Management Zeitschrift, 61. Jg., S. 82 - 86.
BUNDESMINISTERIUM DER FINANZEN (1995): Bericht der Bundesregierung über die Entwicklung der Finanzhilfen des Bundes und der Steuervergünstigungen für die Jahre 1993 bis 1996 (Fünfzehnter Subventionsbericht), Bonn.
BUNDESMINISTERIUM FÜR FORSCHUNG UND TECHNOLOGIE (1993): Bundesbericht Forschung 1993, Bonn.
CARLTON, D. W.; CLAMER, J. M. (1983): The Need for Coordination Among Firms, with Special Reference to Network Industries, in: University of Chicago Law Review, Vol. 50, S. 446 - 465.
CAYSEELE, P. van (1987): Economies of Scope in Research and Development, in: Journal of Economics, Zeitschrift für Nationalökonomie, Vol. 47, S. 273 - 285.
CHIANG, A. C. (1984): Fundamental Methods of Mathematical Economics, Auckland et. al.
COASE, R. H. (1960): The Problem of Social Cost, In: Journal of Law and Economics, Vol. III, S. 1 - 44.
COHEN, W. M.; KLEPPER, S. (1996): A Reprise Of Size And R&D, in: The Economic Journal, Vol. 106, S. 925 - 951.
COHEN, W. M.; LEVINTHAL, D. A. (1990a): The implications of spillovers for R&D investment and welfare: A new perspective, in: LINK, A. N. (Hrsg): Advances in Applied Microeconomics, Vol. 5, London.
COHEN, W. M.; LEVINTHAL, D. A. (1990b): Absorptive Capacity: A New Perspective on Learning and Innovation, in: Administrative Science Quarterly, Vol. 35, S. 128 - 152.
COMMISSION OF THE EUROPEAN COMMUNITIES (1992): EC Research Funding, A Guide for Applicants, 3. Auflage, Brüssel, Luxemburg.
DASGUPTA, P.; STIGLITZ, J. (1980): Industrial Structure and the Nature of Innovative Activity, in: The Economic Journal, Vol. 90, S. 266 - 293.
DELBONO, F.; DENICOLO, V. (1990): R&D Investment in a Symmetric and Homogeneous Oligopoly, in: International Journal of Industrial Organization, Vol. 8, S. 297 - 313.
DIXIT, A. (1988): A general model of R&D competition and policy, in: R and D Journal of Economics, Vol. 19, S. 317 - 326.
DÜRR, H.-P. (1991): Kurzreferat, in: Max-Planck-Gesellschaft (Hrsg.): Berichte und Mitteilungen H. 1/92, München, S. 247 - 250.
DYBVIG, P. H.; SPATT, C. S. (1983): Adoption Externalities as Public Goods, in: Journal of Public Economics, Vol. 20, S. 231 - 247.

EICHNER, S. (1997): Wirtschaftssystembezogene Evaluation von staatlichen und supranationalen Interventionen, am Beispiel der forschungs-, technologie- und innovationspolitschen Förderprogramme der Europäischen Union, Europäische Hochschulschriften, Reihe V, Volks- und Betriebswirtschaft, Bd. 2160, Frankfurt a. M.

EL-AGRAA, A. M. (1997): UK Competitiveness Policy vs. Japanese Industrial Policy, in: The Economic Journal, Vol. 107, S. 1504 - 1517.

EWERS, H.-J.; FRITSCH, M. (1987): Zu den Gründen staatlicher Forschungspolitik, in: Jahrbuch für Neue Politische Ökonomie, Bd. 6, Tübingen.

FARELL, J.; SALONER, G. (1985): Standardization, Compatability, and Innovation, in: Rand Journal of Economics, Vol. 16, S. 70 - 83.

FISCHER, G.; SCHWARZER, U. (1992): Außer Atem, Manager Magazin, H. 11, S. 242 - 253.

FRANZ, M. (1995): F&E-Kooperationen aus wettbwerbspolitischer Sicht, Veröffentlichungen des HWWA-Institut für Wirtschaftsforschung Hambrg; Bd. 21), Baden-Baden.

GERSTENBERGER, W. (1992): Die Bedeutung einer nationalen/europäischen Halbleiterindustrie für die Wettbewerbsfähigkeit der Industrie und insbesondere als Standortfaktor für Anwenderindustrien der Mikroelektronik, ifo-Institut für Wirtschaftsforschung, München (unveröffentlicht), zitiert nach KLODT, H. (1992).

GIERL, H.; KOTZBAUER, N. (1992): Der Einfluß des FuE-Aufwandes auf den wirtschaftlichen Erfolg von Industrieunternehmen, in: Zeitschrift für betriebswirtschaftliche Forschung, 44. Jg., S. 974 - 989.

GRILICHES, Z. (1990): Patent Statistics as Economic Indicators: A Survey, in: Journal of Economic Literature, Vol. XXVIII, S. 1661 - 1707.

GROSSMAN, G. M.; HELPMAN, E. (1990): Comparative Advantage and Long-Run Growth, in: American Economic Review, Vol. 80, S. 796 - 815.

GROSSMAN, G. M.; SHAPIRO, C. (1986): Research Joint Ventures: An Antitrust Analysis, in: Journal of Law, Economics, and Organization, Vol. 2, S. 315 - 337.

GRUPP, H. (1993): Technologie am Beginn des 21. Jahrhunderts, Schriftenreihe des Fraunhofer-Instituts für Systemtechnik und Innovationsforschung (ISI), Heidelberg.

HÄUSLER, H.; HOHN, H.-W.; LÜTZ, S. (1993): The Architecture of an R&D Collaboration, in: SCHARPF, F. W. (Hrsg.): Games in Hierarchies and Networks: Analytical and Empirical Approaches to the Study of Governance Institutions, Schriften des Max - Planck - Instituts für Gesellschaftsforschung, Köln, Frankfurt a. M., S. 211 - 249.

HARHOFF, D.; KÖNIG, H. (1993): Neuere Ansätze der Industrie-ökonomik - Konsequenzen für eine Industrie und Technologiepolitik, in: Meyer-Krahmer, F. (Hrsg.): Innovationsökonomie und Technologiepolitik, Heidelberg, S. 47 - 67.

HASLBECK, C. (1995): Zentrale versus dezentrale Internalisierung externer Effekte bei unvollständiger Information, Finanzwissenschaftliche Schriften, Bd. 68, Frankfurt a.M. u.a.

HAX, H. (1986): Japan's Industrial Policy for New Technologies, in: Journal of Institutional and Theoretical Economics, Vol. 142, S. 181 - 183.

HAYEK, F. A. (1945): The Use of Knowledge in Society, in: American Economic Review, Vol. 35, S. 519 - 530.

HENRIQUES, I. (1990): Cooperative and Noncooperative R&D in Duopoly with Spillovers: Comment, in: American Economic Review, Vol. 80, S. 638 - 640.

HILPERT, H.G.; OCHEL, W.; PENZKOFER, H.; REINHARD, M. (1994): Wirtschafts- und Technologiepolitik und ihre Auswirkung auf den internationalen Wettbewerb: Das Beispiel der Halbleiterindustrie, Schriftenreihe des ifo Instituts für Wirtschaftsforschung Nr. 138, Berlin, München.

HIPPEL, E. v. (1987): Cooperation between rivals: Informal Know-how trading, in: Research Policy, Vol. 16, S. 291 - 302.

HOLLER, M. J.; Illing, G. (1991): Einführung in die Spieltheorie, Berlin et. al.

HTTP://EUROPA.EU.INT (1998), Internetrecherche am 23.3.1998

JAFFE, A. B. (1989): Characterizing the "technological position" of firms, with application to quantifying technological opportunity and research spillovers, in: Research Policy, Vol. 18, S. 87 - 97.

JAQUEMIN, A. (1988): Cooperative Agreements in R&D and European Antitrust Policy, in: European Economic Review, Vol. 32, S. 551 - 560.

JONES, C. E. (1995): R&D-Based Models of Economic Growth, in: Journal of Political Economy, Vol. 103, S. 759 - 784.

JORDE, T. M.; TEECE, D. J. (1990): Innovation and Cooperation: Implications for Competition and Antitrust, in: Journal of Economic Perspectives, Vol. 4, S. 75 - 96.

KAMIEN, M. I.; MULLER, E.; ZANG, I. (1992): Research Joint Ventures and R&D Cartels, in: American Economic Review, Vol. 82, S. 1293 - 1306.

KATZ, M L. (1986): Analysis of cooperative research and development, in: RAND Journal of Economics, Vol. 17, S. 527 - 543.

KATZ, M. L.; SHAPIRO, C. (1985): Network Externalities, Competition, and Compatability; in: American Economic Review, Vol. 75, S. 424 - 440.

KATZ, M. L.; ORDOVER, J. A. (1990): R&D Cooperation and Competition, in: Brookings Papers: Microeconomics 1990, S. 137 - 203.

KAUFER, E. (1985): Die Ökonomik des Patentsystems, in: BOMBACH, G.; GAHLEN, B.; OTT, A. E. (Hrsg.): Industrieökonomik: Theorie und Empirie, Schriftenreihe des Wirtschaftswissenschaftlichen Seminars Ottobeuren, Bd. 14, Tübingen, S. 54 - 63.

KAUFER, E. (1986): The Incentives to Innovate under Alternative Property Rights Assignments with Special Reference to the Patent System, in: Journal of Institutional and Theoretical Economics, Vol. 142, S. 210 - 226.

KERBER, W. (1991): Zur Entstehung von Wissen: Grundsätzliche Bemerkungen zu Möglichkeiten und Grenzen staatlicher Förderung der Wissensproduktion aus der Sicht der Theorie evolutionärer Marktprozesse, in: OBERENDER, P.; STREIT, M. E. (Hrsg.): Marktwirtschaft und Innovation, Baden-Baden, S. 9 - 52.

KEUTER, A. (1994): Determinanten der industriellen Forschung und Entwicklung, Europäische Hochschulschriften, Reihe V, Volks- und Betriebswirtschaft, Bd./Vol. 1623, Frankfurt a.M. et. al.

KLIMISCH, A.; LANGE, M. (1998): Zugang zu Netzen und anderen wesentlichen Einrichtungen als Bestandteil der kartellrechtlichen Mißbrauchsaufsicht, in: Wirtschaft und Wettbwerb, 48. Jg., S. 15 - 26.

KLODT, H. (1993): Theorie der strategischen Handelspolitik und neue Wachstumstheorie als Grundlage für eine Industrie und Technologiepolitik, in: MEYER-KRAHMER, F. (Hrsg.): Innovationsökonomie und Technologiepolitik, Heidelberg, S. 196 - 230.

KOMMISSION DER EUROPÄISCHEN GEMEINSCHAFTEN (1988): Musterverträge für den Bereich Forschung und Technologische Entwicklung, Brüssel.

KOMMISSION DER EUROPÄISCHEN GEMEINSCHAFTEN (1992a): Forschungs- und Technologieförderung der EG, 3. Auflage, Bonn.

KOMMISSION DER EUROPÄISCHEN GEMEINSCHAFTEN (1992b): EG-Forschung nach Maastricht, in: Euro-Info Mai, S. 1.

KOMMISSION DER EUROPÄISCHEN GEMEINSCHAFTEN (1992c): EG-Forschung nach Maastricht, in: Bulletin der Europäischen Gemeinschaften, Beilage 2/92, Brüssel, Luxemburg

KOMMISSION DER EUROPÄISCHEN GEMEINSCHAFTEN (1993): EG-Forschungs- und Technologieförderung für mittelständische Unternehmen, Brüssel.

KOMMISSION DER EUROPÄISCHEN UNION (1994): Eine Politik der industriellen Wettbewerbsfähigkeit für die europäische Union, in: Bulletin der europäischen Union Beilage 3/94, Brüssel, Luxemburg.

KROGH, G. v.; VENZIN, M. (1995): Anhaltende Wettbwerbsvorteile durch Wissensmanagement, in: Die Unternehmung, 45. Jg., S. 417 - 436.

LEAHY, D.; NEARY, J. P. (1996): International R&D Rivalry and Industrial Strategy without Government Commitment, in: Review of International Econimcs, Vol. 43, S. 322 - 338.

LEAHY, D.; NEARY, J. P. (1997): Public Policy Towards R&D in Oligopolistic Industries, in: American Economic Review, Vol. 87, S. 642 - 662.

LEVIN, R. C.; KLEVORICK, A. K.; NELSON, R. R.; WINTER, S.G. (1987): Appropriating the Returns from Industrial Research and Development, in: Brookings Papers in Economic Activities, 3, S. 783 - 820.

LEWIS, J. (1991): Strategische Allianzen, Frankfurt, New York.

LÜTZ, S. (1993): Die Steuerung industrieller Forschungskooperationen, Schriften des Max-Planck-Instituts für Gesellschaftsforschung, Köln, Bd. 13, Frankfurt/Main, New York.

MAMUNEAS, T.; NADIRI, M. I. (1996): Public R&D policies and cost behavior of the US manufactoring industries, in: Journal of Public Economics, Vol. 63, S. 57 - 81

MANSFIELD, E.; RAPOPORT, J.; ROMEO, A.; WAGNER, S.; BEARDSLEY, G. (1977): Social and Private Returns of Return from Industrial Innovations, in: Quartely Journal of Economics, Vol. 91, S. 221 - 240.

MANSFIELD, E. (1986): How rapidly does new Industrial Technology leak out?, in: Journal of Industrial Economics, Vol. 34, S. 217 - 223.

MARSHALL, A. (1958): Elements of Economics of Industry, Elements of Economics, Vol. I, Wiederabdruck der 3. Auflage, London.

MAS-COLELL, A.; WHINSTON, M. D.; GREEN, J. R. (1995): Microeconomic Theory, New York, Oxford.

MAURER, A. E. H. (1995): Forschungs- und Entwicklungskooperationen in der Wettbewerbspolitik der Europäischen Gemeinschaft, Europäische Hochschulschriften, Bd./Vol. 1766, Frankfurt a. M. et. al.

MEYER, D. (1993): Forschungs- und Entwicklungskooperationen, Zur Entscheidungspraxis nationaler und europäischer Kartellbehörden, in: Wirtschaft und Wettbewerb, 43. Jg., S. 193 - 205.

MEYER, M. (1995): Forschungssubventionen aus wettbewerbspolitischer Sicht, Veröffentlichungen des HWWA-Instituts für Wirtschaftsforschung - Hamburg, Baden-Baden.

MINDERLEIN, M. (1989): Markteintrittsbarrieren und Unternehmensstrategie: Industrieökonomische Ansätze und eine Fallstudie zum Personal Computer-Markt, Wiesbaden.

MUSGRAVE, R. A.; MUSGRAVE, P. B.; KULLMER, L. (1978): Die öffentlichen Finanzen in Theorie und Praxis, Bd. 1, Tübingen.

NELSON, R. R. (1959): The Simple Economics of Basic Scientific Research, in: Journal of Political Economy, Vol. 67, S. 297 - 306.

NELSON, R. R.; WINTER, S. (1982): An Evolutionary Theory of Economic Change, Cambridge, Mass., London.

NISHIDA, M. (1989): Appropriation and Spillover of Technology and International Industrial Organization, in: Osaka City University Economic Review, Vol. 24, January, S. 10 - 24.

OECD (1993): Basic Science and Technology Statistics, Paris.

OECD (1995): Wissenschafts- und Technologiepolitik, Bilanz und Ausblick 1994, Paris.

OUCHI, W. G.; BOLTON, M. K. (1988): The Logic of Joint Research and Development, California Management Review, S. 9 - 33.

PIGOU, A. C. (1950): The Economics of Welfare, Fourth Edition, 1950.

POYAGO-THEOTOKY, J. (1995): Equilibrium and Optimal Size of a Reserach Joint Venture in an Oligopoly with Spillovers, in: Journal of Industrial Economics, Vol. 43, S. 209 - 226.

PREISSNER-POLTE, A.; SCHWARZER, U. (1992): Mehr Licht, in: Manager Magazin, H. 9, S. 152 - 163.

PREISSNER-POLTE, A. (1992): Schlussverkauf, in: Manager-Magazin, H. 6, S. 108 - 119.

REED, R.; DEFILLIPPI, R. J. (1990): Causal Ambiguity, Barriers to Imitation, and Sustainable Competitive Advantage, in: Academy of Managemant Review, Vol. 15, S. 88 - 102.

REICHARDT, K.; WIMMERS, S.; KAYSER, G. (1992): Beteiligung an Forschungs- und Technologieprogrammen der EG: Chancen und Hemmnisse für kleine und mittlere Unternehmen, Schriften zur Mittelstandsforschung NF, Nr. 47, Stuttgart.

REUHL, G. (1994): Forschung und Entwicklung zwischen Politik und Markt: Die Steuerung von Forschung und Entwicklung in den USA, Japan und Europa, (Schriftenreihe Wirtschafts- und Sozialwissenschaften; Bd. 18) Ludwigsburg, Berlin.

ROMER, P. M. (1990): Endogenous technological Change, in: Journal of Political economy, Vol. 98, S. 71 - 102.

RÜDIGER, M. (1997): Theoretische Grundmodelle zur Erklärung von FuE-Kooperationen, in: Zeitschrift für Betriebswirtschaft, 68. Jg., S. 25 - 48.

SACHVERSTÄNDIGENRAT ZUR BEGUTACHTUNG DER GESAMTWIRTSCHAFTLICHEN ENTWICKLUNG (1995): Jahresgutachten 1995/96, Bundesratsdrucksache 769/95.

SALONER, G.; SHEPHARD, A. (1995): Adoption of technologies with networkeffects: an empirical examination of the adoption of automated teller machines, in: RAND Journal of Economics, Vol. 26, S. 479 - 501.

SATORI, A.; HÖHN, J.; GLÖCKNER, T. (1991): Nippon greift an, in: Wirtschaftswoche, Nr. 28, S. 62 - 71.

SCHERER, F. M.; ROSS, D. (1990): Industrial Market Structure and Economic Performance, Third Edition, Boston.

SCHLIEPER, U. (1988): Externe Effekte, in: Handwörterbuch der Wirtschaftswissenschaft (HdWW), Bd. 2, Stuttgart, S. 524 - 530.

SCHMIDT, I.; ENGELKE, H. (1989): Marktzutrittsschranken und potentieller Wettbewerb, in: Wirtschaftswissenschaftliches Studium, 18. Jg., S. 399 - 404.

SCHÖNBECK, K. (1991): Panik in Europa, in: Capital, H. 9, S. 106 - 109.

SCHRADER, S. (1991): Informal technology transfer between firms: Cooperation through information trading, Research Policy, Vol. 20, S. 153 - 170.

SCHUMACHER, D. u.a. (1995): Technologische Wettbewerbsfähigkeit der Bundesrepublik Deutschland, Deutsches Institut für Wirtschaftsforschung, Beiträge zur Strukturforschung, H. 155, Berlin.

SCHUMPETER, J. A. (1942): Capitalism, Socialism, and Democracy, New York.
SCHUMPETER, J. A. (1950): Kapitalismus, Sozialismus und Demokratie, Zweite, erweiterte Auflage, Bern.
SCHWALBACH, J.; ZIMMERMANN, K. F. (1991): Ein Poisson-Modell zur Schätzung von Produktionsfunktionen neuen Wissens, in: Zeitschrift für Betriebswirtschaft, 61. Jg., S. 441 - 449.
SCHWERIN, O. v. (1995): Den Wirtschaftsstandort Europa sichern, Die Forschungs- und Technologiepolitik der Europäischen Union, in: EU-Informationen, Nr. 2, S. 18 - 23.
SEADE, J. (1980): The Stability of Cournot Revisted, in: Journal of Economic Theory, Vol. 23, S. 15 - 27.
SEELER, K. J. (1993): Marktsstrukturelle Auswirkungen neuer Produktionstechnologien: Eine Analyse am Beispiel der Computerintegrierten Produktionstechnologien (CIM), Baden-Baden.
SIMPSON, R. D.; VONORTAS, N. S. (1994): Cournot Equilibrium with imperfectly appropiable R&D, in: Journal of Industrial Economics, Vol. 42, S. 79 - 92.
SOMMERLATTE, T. (1992): Die Deutsche Krankheit, in: Manager Magazin, H. 3, S. 92 -93.
SPENCE, M. (1984): Cost Reduction, Competition, and Industry Performance, in: Econometrica, Vol. 52, S. 101 - 121.
SPENCER, B. J.; BRANDER, J. A. (1983): International R&D Rivalry and Industrial Strategy, in: Review of Economic Studies, Vol. 50, S. 707 - 722.
STARBATTY, J. (1987): Die ordnungspolitische Dimension der EG-Technologiepolitik, in: ORDO Jahrbuch für die Ordnung von Wirtschaft und Gesellschaft, Bd. 38, S. 155 - 181.
STARBATTY, J.; VETTERLEIN, U. (1990): Die Technologiepolitik der Europäischen Gemeinschaft - Entstehung, ordnungspolitische Konformität, (Wirtschaftsrecht und Wirtschaftspolitik; Bd. 112), Baden-Baden.
STEPHAN, P. E. (1996): The Economics Of Science, in: Journal of Economic Literature, Vol. 34, S. 1199 - 1235.
SUZUMURA, K. (1992): Cooperative and Noncooperative R&D in an Oligopoly with Spillovers, in: American Economic Review, Vol. 82, S. 1307 - 1320.
TIROLE, J. (1992): The Theory of Industrial Organization, Cambridge, Mass., London.
TISDELL, C. (1994): Transaction Costs and Markets for Science, Technology and Knowhow, University of Queensland, Australia, Department of Economics, Discussion Paper No. 149.
VARIAN, H. L. (1992): Microeconomic Analysis, Third Edition, New York, London
VONORTAS, N. S.(1991): Cooperative Research in R&D-Intensive Industries, Aldershot, Brookfield, USA, Hong Kong, Singapore, Sydney.

VONORTAS, N. S.(1994): Inter-firm cooperation, with imperfectly appropriable research, in: International Journal of Industrial Organization, Vol. 12, S. 413 - 435.

WEIZSÄCKER, C. C. (1980): Barriers to Entry, Berlin, Heidelberg, New York.

WICHMANN, S. (1991): Den Gegner kopieren, in: Wirtschaftswoche, Nr. 25, S. 37 - 43.

WILLIAMSON, O. E. (1967): The economics of defense contracting: incentives and performance, in: Issues in Defense Economics, New York, S. 217.

WORLD ECONOMIC FORUM (1994): The World Competitiveness Report 1994, Genf.

ZACHER, H. F. (1991): Forscher und Forschungspolitik: Der Beitrag der Forscher zur forschungspolitischen Diskussion, Symposion der Max-Planck-Gesellschaft, Schloß Ringberg/Tegernsee, Mai 1991, in: Max-Planck-Gesellschaft (Hrsg.): Berichte und Mitteilungen H. 1/92, München.

ZANDER, U.; KOGUT, B. (1995): Knowledge and the Speed of the Transfer and Imitation of Organizational Capabilities, in: Organization Science, Vol. 6, S. 76 - 92.

ZIMMERMAN, M. B. (1982): Learning effects and the commercialization of new energy technologies: the case of nuclear power, in: Bell Journal of Economics, Vol. 13, S. 297 - 310.

ZISS, St. (1994): Strategic R & D with Spillovers, Collusion and Welfare, in: Journal of Industrial Economics, Vol. 42, S. 375 - 393.

FSC
www.fsc.org
MIX
Papier | Fördert gute Waldnutzung
FSC® C083411

Kolibri 360 GmbH
Ferdinand-Jühlke-Straße 7
99095 Erfurt, Deutschland
produktsicherheit@kolibri360.de

Druck:
CPI Druckdienstleistungen GmbH
im Auftrag der
Kolibri 360 GmbH
Ferdinand-Jühlke-Str. 7
99095 Erfurt